トランジスタ技術
SPECIAL

No.152

JN107139

自動運転に欠かせないカメラ/LiDAR/ミリ波レーダ/GNSSの基本から

クルマ/ロボットの
位置推定技術

CQ出版社

トランジスタ技術SPECIAL

No.152

CONTENTS

表紙／扉デザイン：ナカヤ デザインスタジオ（柴田 幸男）
表紙／扉写真：PIXTA　　本文イラスト：神崎 真理子

▶ 本書は，「トランジスタ技術」に掲載された記事を加筆・再編集したものです．

※ 表紙画像は，アイサンテクノロジー，江丸 貴紀 氏，実吉 敬二 氏，今井 宏人 氏の提供

第1部

自動運転と位置推定の世界

第1章　クルマ以外にも広く応用できる注目技術

自動運転と位置推定の「世界」

天野　義久 Yoshihisa Amano

位置推定が求められる背景

最近の産業界では，自己位置推定技術が注目されています．あまりにも広く使われる技術なので誰も全体像をつかめていない気がします．筆者なりに整理すると，目的が3段階あると思います．

● 目的①：地形と座標の測量

テレビで，東京の街や世界遺産遺跡(ピラミッドやマチュピチュ等)や富士山など，さまざまな立体造形の3次元精密測量地図を見かけるようになりました．本書の範囲をやや超えますが，これら精密測量にも自己位置推定技術が多用されています．

このような3次元精密地図は，ただの観賞用ではなく実利を生んでいます．例えば，建設現場を3次元精密測量することで，施工精度向上と工期短縮を目指すことが可能です．

このような3次元精密測量技術は，日常生活にまで入り込み始めています．スマートフォンや専用ゴーグルで楽しめるVR/AR(仮想現実／拡張現実)です．カメラ1台あれば実現できる自己位置推定技術Visual SLAM (Simultaneous Localization and Mapping) が使われる場合が多いようです．

自己位置推定技術と呼ばれてはいますが，その実態は総合的な3次元空間の認識技術とでも評すべきものです．

● 目的②：ルート案内

測量結果を基に，ルート案内が可能です．これは，おなじみのカーナビの世界です．ルート案内を受けて，運転は人間が行います．

● 目的③：ルート案内の先の「自動運転」

ルート案内を受けて，運転も機械が行えばそれが「自動運転」です．

自動運転といえば乗客を運ぶ「自動運転タクシー」をイメージするかもしれませんが，それだけではなく実際はもっと多様です．農業人口減少が懸念される農地では，すでに自動運転トラクタが製品化されています．建設現場でも，建設機械の自動運転化の研究が進んでいます．

現実的には，自動運転車の半分は，もともと人間が乗車できるよう設計されていない車になるでしょう．工場内の自動搬送車，オフィス内の自動掃除ロボット，自動配達ロボット等です．

本書がターゲットにする「位置推定」

ではその自動運転車ですが，「自律型」と「インフラ型(協調型)」という2つの方式があります．

1台の自動車の中で完結する自己推定技術を「自律型」と呼びます．本書もこの「自律型」に焦点を当てています．

一方で自動車よりもずっと小さな移動機では，移動機側には高度な自己位置推定機能は備わっていず，周囲のインフラ側に備わっている場合が大半です．先にこの「インフラ型」を説明します．

● その1：インフラ型

代表例は，スマートフォンにおけるGoogle Map上への位置表示でしょう．原理としては，まず接続中の基地局の情報から，スマートフォンが居るセルを絞り込みます．さらに，基地局のセクタ・アンテナ技術やアダプティブ・アンテナ技術を用いて，基地局から見たスマートフォンの方向を絞り込みます．自己位置推定機能は，スマートフォンではなく基地局インフラが行うのです(図1)．

そのほかに，準マイクロ波帯UWB(Ultra Wide Band)無線技術を使った方式もあります．2台のUWB通信機間の電波伝搬時間(ToF；Time of Flight)を精密測定し，そこから距離を計算します．

UWB基地局がUWB子機と通信して測距している様子を写真1に示します．各基地局を中心に距離を半

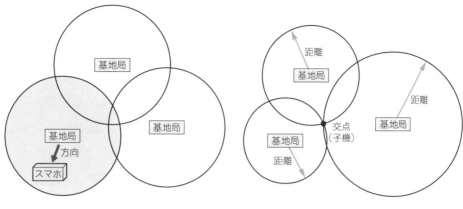

**図1　自己位置推定の
方式「インフラ型」**

（a）スマホの基地局が位置を推定する

（b）UWB（Ultra Wide Band）無線基地局を設定して
位置を推定する

径とした円を描くと，その交点に子機が居るという原
理です．

　屋外用ではこれと同じシステムの車への搭載が検討
されています．運転者がUWB子機キーを持って歩い
て近付くと，車のあちこちに分散配置されたUWB基
地局が運転者の位置を正確に把握してドアを開錠する，
というような用途が期待されています．

● その2：自律型

　自己位置推定とは実はとんでもなく広大な技術分野
であり，その中には例えばARやUWBのような分野
までが含まれます．おそらく1冊で全てをカバーでき
た書籍はまだ存在せず，本書も全てをカバーすること
はできません．

　本書は主に，1台の自動車の中で完結する自己推定
技術「自律型」を想定しています．

　自律型によく使われるセンサは4種類あります．「カ
メラ」，「LiDAR」，「ミリ波レーダ」に加えて，「GPS/
GNSS」です．

　4種類のセンサのうち3つは，カメラ，LiDAR，ミ
リ波レーダであり，自動運転の「三種の神器センサ」
とでも呼ぶべきものです．

　本書では，4種類のセンサ技術から掘り下げて，最
終的には，それらセンサを使った自己位置推定の例を
紹介します．

写真1　インフラ型自己位置推定技術の例…UWB測位システム
屋内用．2019年「スマート工場EXPO」展のフランスBeSpoon社展示
より

GPS/GNSSの進化の影響

　自動運転車は2013年頃から研究が増えました．当
時まだGPSの誤差が10m以上もあった時代に，
Googleの自動運転車が「三種の神器センサ」だけで
誤差を2cm以内に抑え，話題となりました．Google
が使った方法は，あらかじめメモリ上に蓄積した3次

元高精度地図と，現場でLiDARがリアルタイム測定
した3次元高精度地図をパターン・マッチングさせる
ことで自分の位置を把握する，というものでした（**図2**）．

　現在ではGPSが「cm級GNSS」へ進化しました．
わずか数万円で誤差2cmが実現できるとなると（2019
年時点），センサ戦略に見直しが迫られます．筆者は
自動車と農機の自動運転に近い世界に居ますが，両者
はGNSSに対する依存度が明らかに分かれました．

● 農機の世界における自動運転技術

　農地は，空を遮るものがなく衛星がよく見え，
GNSSを使いやすい環境です．

　逆に，地上には田んぼのあぜ道ぐらいしか凹凸がな
く，かつてGoogleが行ったように地上の特徴点を目
印に自己位置推定することは困難です．

　そのため自動運転の設計思想は，まず進路はGNSS
だけを頼りに決める，もし進路上に「三種の神器セン
サ」が障害物を発見すれば農機を単純に停車させる，

図2 自動運転研究のはしり…Google自動運転車の
「自律型」自己位置推定の原理
GPSの誤差が10m以上あった時代の方式

写真2 農機の自動運転の世界…進路は主にGNSSで決めて各種
センサで障害物を検知する
自動運転トラクタの自動停止実験の例. クボタ提供

となります. GNSSへの依存度が大きくなります(**写真2**).

クボタ等から自動運転トラクタ等が製品化されています.

● 自動車の世界における自動運転技術

一方で自動車の世界は, GNSSへの依存度が2つに分化したように思います.

1つは自動運転農機に近い設計思想, すなわち進路は主にGNSSで決めて, LiDAR等のセンサは前方の障害物発見に用いるという方法です(**写真3**). この設計思想はおそらく, そもそも運航ルートとして, トンネルや地下駐車場のようなGNSS衛星が見えない悪環境をあまり想定していないことから来るのでしょう.

一方で, 汎用的・本格的な自動運転車では, トンネル内や, 高層ビル群の谷間や, 屋内駐車場を普通に走り, GNSS衛星が見える保証がないため, GNSSへの依存度は低くなります. 今でも, 前述のGoogleのよ

写真3 自動車の自動運転の世界…農機のように進路は主に
GNSSで決めて各種センサで障害物を検知する方式も考えられるが…
詳しくは公表されていないが, 農機のように主にGNSSで進路を決めているのではないかと筆者が推察しているBOLDLYのNavya Arma

うに「三種の神器センサ」のパターン・マッチングによる自己位置推定技術が中心のようです.

人間が乗る自動運転車だけでなく, 工場内の自動搬送車も事情は同じです.

結局, いくらGPS/GNSSが進化したとしても, 自律型で使われてきた3種の神器センサも必要ということになります.

自律型でよく使われる
3大障害物センサ

いくらGPS/GNSSが進化したとしても「三種の神器」センサが求められる背景はわかったとして, なぜ3種類も必要なのでしょうか?

その理由は, 現状どのセンサも位置推定として完璧ではなく弱点を抱えており, 組み合わせて補い合う必要があるからです. これをセンサ・フュージョンといいます.

フュージョンの方針を決めるためには, 各センサの原理や性質を把握する必要があります. そのため本書では, 各センサの原理や特徴について解説しています.

ここではざっくりとそれぞれの特徴だけ紹介しておきます.

● センサ1:カメラ

カメラは, 三種の中で圧倒的に情報量が多く, 人間が目だけで運転していることを考えれば, 未来には自動運転の中心になると予想されるセンサです. 情報量の中で注目すべきは色情報です. 道路標識を読める唯一のセンサです. しかし改善されてきたとは言え, 距離の認識力が弱い, 光学的悪環境に弱い, という弱点があります.

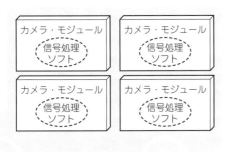
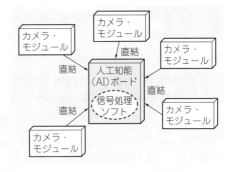

（a）これまで　　　　　　　　　　　　　　　　　（b）AI時代

図3　AI時代の車載カメラに起きつつある変化…信号処理は後段のAIボードに任せる

● センサ2：LiDAR

LiDARは，カメラと対比して説明するなら，色情報を失う代わりに，距離の認識力が優れたセンサです．現状ではバランス的に最も優れており，多くの自動運転車でメインセンサとなっています．しかし，非常に高価であること，機械回転式のものは故障しやすい，やはり光学的悪環境に弱い，という弱点があります．

● カメラやLiDARの弱点…光学的悪環境に弱い

光学的悪環境の代表は，濃霧でしょう．カメラやLiDARでは目の前に壁がそびえたつように見え，自動運転車が停止してしまいます．また，水たまりを走ってしまい水滴が跳ねたときには，それを障害物と誤認して緊急ブレーキをかけてしまったりします．

また改善が進んではいるようですが，夕日が横から差したり対向車のヘッドライトを浴びたりすると，カメラはしばしば飽和して白飛びします．それゆえ，晴天時の昼間ならば高性能にもかかわらず，カメラやLiDARだけではなかなか自動運転車を実用化できない状況です．

● センサ3：ミリ波レーダ

ミリ波レーダは，カメラやLiDARと比べると最も得られる情報量が少なく，得られる画像の解像度が低いという不利な立場にあります．そんな性能面で不利なミリ波レーダが使われ続ける一番の理由は，濃霧・降雨・夕日のような光学的悪環境に強いことです．

ミリ波レーダは，解像度が劣る不利な状況ですが，水面下で最近，思いがけないところから援軍が来ました．

「無線通信」と「レーダ」は電波を使う2大アプリです．車は「走るスマホになる」といわれ無線通信の重要度が増す一方です．そして前述の準マイクロ波帯UWBにおいて，「レーダと無線通信の融合」，すなわち1台の装置でレーダにも無線通信にも使える製品が実現しつつあります．「無線通信」という援軍によってミリ波レーダが地位向上を果たすかもしれません．

AI時代のセンサに起きている変化

自律型自動運転車の中央に人工知能（AI）ボードが載りはじめたことで，内部センサ・システムに変化が起きつつあります．多数のセンサを直結するための，多数の入力端子を備えていることです．

これに伴って，カメラでは劇的な変化が起きました．カメラ・モジュールでは，撮像素子の後ろにマイコン・ボードが付き，そのマイコン上の信号処理ソフトウェアにこそ付加価値がある，という形で高機能化してきました．

しかしAI時代の自動運転では，信号処理機能は，後ろに控えた人工知能ボードがのみ込んでしまい，カメラ・モジュールは歴史を逆行し，信号処理機能を失って単純化しました（図3）．

自己位置推定技術が巡り巡って，車やセンサの構造までも変えつつあります．

ちなみに，カメラとLiDARは，インターフェース仕様が確立されていたため，すでにこれら端子に直結できます．唯一ミリ波レーダだけは，インターフェース仕様がまちまちなため直結はできません．

自動運転の実際と使われているセンサ

宮崎 仁, 江丸 貴紀, 田口 海詩 Hitoshi Miyazaki, Takanori Emaru, Uta Taguchi

写真1 自動運転バスにはあちこちにセンサが取り付けられている

写真2 車両前方の屋根の上にあるLiDARと全方位カメラ
LiDARはディジタル・マップを参照して自己位置推定に, 全方位カメラは信号機の認識に使う

その1…路線バスの自動運転

　障害物センサは, 実際の自動運転の現場でどのように使われているのでしょうか. ここでは, 日本で初めて自動運転による営業運転を開始した路線バスを例に, 障害物センサの役割を紹介します.〈編集部〉

　少子高齢化による働き手不足が進み, バス, タクシ, トラックなどの職業ドライバも深刻な不足が予測されています.

　その問題を解決する有力な手段として期待されるのが自動運転です. 群馬大学と前橋市, 日本中央交通が共同で, 2018年12月から日本初の自動運転による路線バス運行の実証実験を行っています(写真1). この実証実験は, 自動運転の技術面はもちろん, 自治体や地域の事業者と連携した社会実験としても注目されています.

■ 自動運転のしくみ

　バスの車両には, 自動運転のために必要な各種のセンサやコンピュータなどが搭載されています(写真1). 特に, ルーフ上や前後左右のボディには, 自動運転技術に関心のある人なら見覚えのありそうなセンサが取り付けられています.

● センサ1…LiDAR

　前側と後側のルーフ上には, 円筒形のレーザ・センサ(いわゆるLiDAR)が搭載されています(写真2の右側).

　自動運転の実験車両で広く使われているレーザ・センサ(VLP-16, Velodyne Lidar)です. 2台のレーザ・センサを使ってバスの周囲の構造物, 建物などを認識して, あらかじめ用意したディジタル・マップの情報と照合し, バスの自己位置をリアルタイムで推定しています.

　群馬大学で自動運転の研究開発を行っている小木津武樹准教授によれば, 今回の自動運転バスではルーフ上のレーザ・センサは自己位置推定だけに使用しているそうです. マップとの照合に不要な周辺の車両や歩行者は, なるべく検出しないようにするためです. 2個のセンサはそれぞれ独立にセンシングと認識を行い, 系統を2重化しています.

● センサ2…全方位カメラ

　ルーフ上でもう1つ目立つのは, 黒いポール上の小型全方位カメラです(写真2の左側). これも, 自動運転の実験車両で使われているLadybug(Flir Systems)です. 一般には障害物監視や自己位置推定などにも用いられているカメラですが, 今回は交通信号の認識だけに使用しています.

大型のGPSアンテナ

写真3　車両中央付近の屋根の上にある GNSSセンサ
cm精度の測位が可能なRTK-GPSで位置推定に使っている

車両前部の レーザ・センサ

車両左側の レーザ・センサ

車両後部の レーザ・センサ

写真4　前後左右に1個ずつあるレーザ・センサ
周囲の車両や歩行者，障害物を認識し，安全に停止する

● センサ3…cm級GPS/GNSS「RTK-GPS」装置

さらに，ルーフ上にはもう1つ，GPS/GNSS装置のアンテナがあります．これも，自動運転の実験車両で広く使われているOEMStar(NovAtel)です．測位にはRTK方式を用いて，cmオーダでの自己位置推定を可能にしています（**写真3**）．

● センサ4…レーザ・センサ

一方，ボディには**写真4**のように前後左右に1個ずつ，計4個のレーザ・センサがあります．メーカなどは明らかにできませんが，実績のあるセンサだそうです．前後左右のレーザ・センサで周辺の車両，歩行者，障害物などを認識し，安全に停止できるようにしています．

● センサの組み合わせ方を工夫して高信頼を実現

小木津准教授によれば，今回の自動運転バスは次のような特徴があるそうです．
①各センサはなるべく1つの目的に絞って使用し役割を分担している
②各センサごとの処理を単純化し信頼性を確保する
③その上で自己位置推定であればGPS/GNSSと2個のレーザ・センサを使って3重の多重化を行うなど，システムとしては冗長性をもたせて信頼性を向上している

ほとんどのセンサや処理プログラムは群馬大学で使用実績があるもので，さらに今回の路線バス運行実験に先立って，1年以上も実証実験と改良を繰り返して完成度を高めてきました．

■ 実証実験のようす

● 運行条件

実証実験のようすを実際に乗車して確かめてみました（**写真5**）．

バスの運行区間は前橋駅-中央前橋駅間の約1km，途中停留所なしのシャトル・バスとして1日約50本を

写真5　日本初の自動運転による定期運行路線バス
一般の乗客を乗せて運行している

運行している営業路線です（**図1**，**表1**）．もちろん通常はドライバによる有人運転で運行していますが，2018年12月～2019年3月の約3カ月にわたって，3日ごとに自動運転と通常の有人運転を交互に繰り返すスケジュールでした（**表2**）．

● 運転席にドライバがいながらの自動運転

自動運転バスは，日野ポンチョをベースに群馬大学が開発した車両を使用し，料金箱や降車ボタンなど路線バスに必要な装備を備えています．自動運転について，技術的にはレベル4の無人運転も可能ですが，さまざまな状況下での安全性や乗客サービスを考慮してドライバが乗車し，すぐに手動で介入できるように常にハンドルに手を添えながら運転席に座っているというレベル2の運行を行っていました．

有人運行と同じように，100円の料金を料金箱に投入して乗車します．交通量が多い時間帯は要所でドライバが介入しますが，条件がよい場所ではドライバは手を添えているだけです．自動的にハンドルやブレーキが動いているのが見てわかりました．

バスの停留所や車内には自動運転の実証実験中であることが告知されていますが，ドライバが乗車していることもあり，利用者は気にすることもなく普通にバスに乗車していました．前橋駅を出発したバスは，車線数の多い駅前通りを走行して，約10分で中央前橋駅に到着しました．

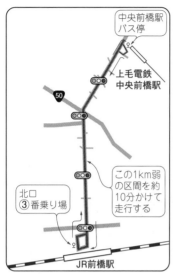

図1　自動運転バス実証実験では前橋駅と中央前橋駅の約1kmを往復した
料金は100円

表1　時刻表では1日約50本の運行がある
ラッシュ時で車が多いときなどはドライバが対応する

中央前橋駅発				JR前橋駅発 （北口③番）		
59	39	12	7	25	50	
	55	26	8	12	41	
	40	12	9	03	26	56
	40	10	10	26	56	
	40	10	11	26	56	
	40	10	12	26	56	
	40	10	13	26	56	
	40	10	14	26	56	
	40	10	15	26	56	
	40	10	16	26	56	
	40	10	17	26	56	
	40	10	18	26	56	
		10	19			

表2　実証実験のスケジュール例
2018年12月からスタートして，2019年3月末でいったん終了．○が自動運転車両運行日

日	月	火	水	木	金	土
10	11	12○	13○	14○	15	16
17	18○	19○	20○	21	22	23
24○	25○	26○	27	28		

(a) 2019年2月

日	月	火	水	木	金	土
					1	2○
3○	4○	5	6	7	8○	9○
10○	11	12	13	14○	15○	16○
17	18	19	20○	21○	22○	23
24	25	26○	27○	28○	29	30

(b) 2019年3月

■ 地域限定からはじめるのが現実的

● 自動運転に求められること

　この実証実験運行の大きな目的は，地域社会に根付いた移動手段としての自動運転バスというものを，地域の人たちに広く理解してもらうことです．小木津准教授によると，このアプローチは自動車メーカが進めている自動運転の研究開発とは大きな違いがあるそうです．

　自動車メーカでは，自家用車のドライバの運転の負担や事故の危険を減らすために自動運転を導入しようとしています．販売した自動車が走行するあらゆる環境をあらかじめ想定し，高速道路から一般道路，歩行者の多い市街地，駐車場内などの低速走行など，いつでもどんな環境下でも安全に自動運転できる必要があります．そのために，各種のセンサを複合して（センサ・フュージョン），きわめて複雑で高度なシステムを作り上げようとしています．

　自動運転に必要なディジタル・マップも日本中のあらゆる場所を網羅している必要があります．そのためのインフラ作りも進められています．しかし，一時的な工事や規制，道路標識や白線の損傷や摩耗，道路周辺の構造物や建物の状況などダイナミックに変化する状況を完全にカバーすることは困難です．自動運転車の側で実際の状況を逐次認識しながら，ダイナミックなマップを構築していく必要があります．

　想定外の状況に対応するために，あらかじめ収集した膨大な走行データを用いてAIで学習することも不可欠だと考えられています．さらに，走行しながらリアルタイムでAIの学習を進めることも考えられています．

● 地域限定なら安全性や信頼性を向上させやすい

　それに対して，小木津准教授はこれからの日本で最も深刻な問題となるのは地域におけるバス，タクシ，トラックなどの移動手段，輸送手段を支えるドライバの不足だと考えています．その抜本的な対策として，群馬大学では地域社会に根付いた自動運転バス，自動運転タクシ，自動運転トラックの実現を全国に先駆けて進めています．

　特定の地域や運行方法を想定した自動運転であれば，道路環境もかなり明確に想定でき，ディジタル・マップも常時最新の状態に保てます．そのため，センサなどのハードウェアも，ソフトウェアを含む全体のシステムもシンプルで信頼性が高くできます．今回，日本初の実証実験運行をいち早く実施できたのも，地域社会に根付いた独自の自動運転を指向して研究開発を続けてきた成果と考えられます．

　今回の実証実験運行の成果を踏まえて，群馬大学ではさらに無人化に向けての実証実験を進めていて，2020年には完全な自動運転での営業運行の実現を目指しているといいます．また，県内のバス，トラックなどの事業者に呼びかけて，車両やシステムと運営ノウハウの提供，ドライバの教育などを通じて幅広く自動運転の実証実験の輪を広げていくそうです．

　群馬大学ではこれまでも群馬県内だけでなく神戸市や札幌市で地元自治体と協力して自動運転の実証実験を重ねてきました．それらのニュースや今回の実証実験運行のニュースを見て，自動運転実現の共同プロジェクトの申し入れがすでに全国各地から集まったといいます．群馬大学では，それらに対応して自動運転システムの研究開発と実用化を進めるために，専用の走行試験コースやシミュレータ，ドライバのトレーニング施設などを備えた「次世代モビリティ社会実装研究センター（CRANTS）」を開設しました．　〈宮崎 仁〉

その2…積雪路の自動運転

　自動運転車は，白線や路肩，標識などを障害物センサで認識しながら走行します．天候がよいときは問題ありませんが，雨や霧，雪などの悪天候時は，標識や道路境界線の認識が困難になります．積雪路の自動運転は，従来の障害物センサだけでは実現できません．

　簡単な深層学習（Deep Learning）やサーモグラフィなどによる温度情報を画像処理で組み合わせることで，積雪路における走行領域推定の手法をいくつか紹介します． 〈編集部〉

■ 自己位置推定による自動運転が求められる背景

● 刻々と変化する地図「ダイナミック・マップ」による自動運転

　現在の自動運転では，図2(a)のように，ダイナミック・マップ（高精度空間情報）を使って自分がどこに居るかを推定し，あらかじめ決められた経路を走行するものが主流です．

　通常の地図は，一度作成すると情報が固定されて変化しません．ところが実際の地図情報は，新たな道の開通，工事による車線規制など，さまざまな状況によって絶えず変化します．このように刻々と変化する情報を盛り込んだ地図をダイナミック・マップと呼びます．

　ダイナミック・マップは，周辺車両や信号など，時々刻々と変化する「動的情報」，事故や渋滞，気象など緩やかに変化する「準動的情報」，交通規制や道路工事など一定期間は変化しない「静的情報」の3つの階層に分かれています．

　自己位置の推定には，GPSなどの衛星測位システム（GNSS）を使うのが一般的ですが，高い建物や歩道橋など上空をふさぐ障害物があると正しい測位ができません．そのため，障害物センサ（カメラ／ミリ波レーダ／LiDAR）を使って周囲の構造物を検出し，その結果を地図と比較して自分の位置を認識します．

● ダイナミック・マップは現実的じゃない場合がある…積雪地域の例

　北海道に代表される積雪寒冷地域では，積雪により車両周囲の状況認識が困難になります．これが技術的な課題となり，自動運転技術の実用化が遅れています．

　図2(b)に示すのは，降雪により状況が大きく変化した道路の例です．標識や道路境界線などが雪で覆われています．このように道幅が大きく変化するので，ダイナミック・マップの動的情報層を頻繁に更新する必要があります．

　ダイナミック・マップの動的情報層を頻繁に更新するには，多大なコストがかかります．人口密集地であれば更新のメリットがありますが，交通量の少ない過疎地域では現実的ではありません．低コストでも実現できる自動運転技術が求められます．

　筆者たちは，新たな障害物センサや画像処理技術を使うことで，積雪路における自己位置推定技術を研究開発しています．

■ 積雪路での自己位置推定に使ったセンサ

● センサ1…ステレオ・カメラ：走行路の検出

　写真6に示すのは，Omni Stereo（Occam Vision Group社）というステレオ・カメラです．

　5組のステレオ・カメラの情報を同期させることで，360°全方位パノラマの距離画像が得られます．表3に主な仕様を示します．

　図3に示すのは，Omni Stereoから得られた映像（RGB画像）と距離画像です．図4に示すとおり，80〜500 cmの範囲で距離が得られます．2つのカメラ画像を対応付ける特徴的なパターンが存在しない領域（真っ白なホワイト・ボードや真っ黒な床）では，距離情報が得られていません．

　図5に示すのは，Omni Stereoを使って積雪環境の

（a）通常時

（b）積雪時

図2　自動運転の唯一の誘導ツール高精度3次元地図「ダイナミック・マップ」は例えば積雪寒冷地では使えない

写真6　360°全方位パノラマの距離画像が取得できるステレオ・カメラ「Omni Stereo」

表3
Omni Stereo
の主な仕様

項　目	内　容
型名	OMNIS5U3MT9V022C
フレーム・レート	最高60 fps
水平方位	360°
垂直方位	58°
最短距離	12 cm
イメージ・センサ	MT9V022 × 10
インターフェース	USB 3.0
寸法［cm］	10.5 × 17.7 × 5.3
重量	1128 g

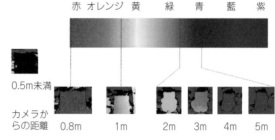

赤　オレンジ　黄　　緑　　青　藍　　紫

0.5m未満

カメラからの距離　0.8m　1m　2m　3m　4m　5m

図4　Omni Stereoによって得られる距離画像と色の関係

（a）RGB画像

ホワイト・ボードの距離情報が得られない

床の距離情報が得られない

（b）距離画像

図3　Omni Stereoで計測した距離画像
2つのカメラ画像を対応付ける特徴的なパターンが存在しない領域（真っ白なホワイト・ボードや真っ黒な床）では，距離情報が得られない

走行路を検出した例です．最初に入力画像に対して，簡単な深層学習（Deep Learning）を適用して，走行路の候補を検出します．その後，形状的な拘束条件を加えると，図5（a）のような大まかな領域を検出できま

す．図5（a）に対してハフ変換（画像中に含まれる直線を検出する手法），エンベロープ（包絡線）を行うことで，図5（b）のような結果が得られます．

（a）走行路の候補を検出

（b）最終的に検出した走行路

図5　雪道の走行路検出①：全方位ステレオ・カメラと深層学習の組み合わせ
撮影画像に対して複数処理を行うことで，走行路の検出に成功した

（a）サーモグラフィでわだち検出

（b）ハフ線変換でわだちを直線的に検出

（c）LiDARの3次元情報と合わせて走行路を検出

図6　雪道走行路検出②：LiDARとサーモグラフィの組み合わせ
サーモグラフィでわだちを検出し，LiDARの3次元情報を融合することで，走行可能領域の検出に成功した

● センサ2…LiDAR：クルマ走行後のわだち検出

　図6に示すのは，積雪環境でLiDARの距離画像とサーモグラフィの熱画像を融合させた映像です．

　図6(a)の熱画像よりクルマが走行した後のわだちが検出できています．この画像に対して，エッジ検出，クラスタリング処理，ハフ変換などを行い，LiDARの3次元情報を融合することで，3次元的に走行可能領域を検出することができました．　〈江丸　貴紀〉

◆◆参考文献◆◆
(1) 佐藤　健哉，渡辺　陽介，高田　広章；動的地理情報共有のためのアプリケーションプラットホームとしてのダイナミックマップの役割，電子情報通信学会誌，Vol.101, No.1, pp.85-90, 2018年1月.
(2) 渡辺　陽介，高田　広章；運転支援・自動運転のための高精度デジタルマップ，日本ロボット学会誌，Vol.33, No.10, pp.754-759, 2015年12月.
(3) ダイナミックマップ基盤株式会社.
https://www.dynamic-maps.co.jp/
(4) Daniel Herrera C., Juho Kannala, Janne Heikkila：Joint depth and color camera calibration with distortion correction, IEEE Transactions on Pattern Analysis and Machine Intelligence, Vol. 34, No. 10, pp. 2058-2064, 2012.
(5) M. W. M. G. Dissanayake, P. Newman, S. Clark, H. F. Durrant-Whyte, and M. Csorba；A solution to the simultaneous localization and map building(SLAM)problem, IEEE Transactions on Robotics and Automation, Vol.17, Issue 3, pp.229-241, 2001.

コラム　自動化の到達度合いを示す「自動運転レベル」

　表Aに示すのは，各プロジェクトの自動運転がどのレベルまで達成しているのかを判断するために，アメリカの非営利団体である自動車技術会(SAE, Society of Automotive Engineers)が2014年1月に策定した指標です．0～5で自動運転のレベルを定義しています．

　本稿執筆時点(2019年)で世界で最も進んだ自動運転プロジェクトはレベル4です．レベル5の実現を目指して各国では公道を使った実証実験を行っています．

　人間が自動車を運転して目的地に行くとき，「自分の位置確認」「周りの状況確認」「目的地に行くルート決定」「自動車の運転操作」を連携して行っています．コンピュータを使った自動運転も基本的には人間と同じ処理を行います．

　私たちが行っている行動を一つ一つ細かく分析し，機械で同程度の処理ができるようになったとき，自動運転社会が到来するでしょう．　　〈田口　海詩〉

◆◆引用文献◆◆
(A) JASO(公益社団法人 自動車技術会)テクニカルペーパ，自動車用運転自動化システムのレベル分類及び定義

表A[A]　自動化の到達度合いを示す自動運転レベル
自動運転に定義されるのはレベル3以上

レベル	名称	説明	限定領域
0	運転自動化なし	運転者が全ての運転操作を実施	適用外
1	運転支援	システムが前後，左右のいずれかの車両制御に関わる運転操作の一部を実施	限定的
2	部分運転自動化	システムが前後，左右の両方の車両制御に関わる運転操作の両方を実施	限定的
3	条件付運転自動化	システムが全ての運転タスクを実施．システムからの要請に対して応答が必要	限定的
4	高度運転自動化	システムが全ての運転タスクを実施．システムからの要請に対して応答が不要	限定的
5	完全運転自動化	システムが全ての運転タスクを実施．システムからの要請に対して応答が不要	限定なし

3大センサ「カメラ」「LiDAR」「ミリ波レーダ」の位置付け

天野 義久 Yoshihisa Amano

世界中で，自動運転を実現化する研究開発が展開されています．

先行して実用化された自動衝突回避ブレーキは，障害物や歩行者などの位置や動きを検知する認識技術により実現しました．この認識技術の中核となる障害物センサとして，写真1に示すカメラ，LiDAR，レーダの3つが「自動運転三種の神器」です．

障害物センサが自動運転車の「目」であるとすれば，「脳」となる運転制御技術の開発も進んでいます．AI（人工知能）を活用して自動運転を行うコンピュータ・ボードやソフトウェアも登場しています．

本稿では，これからの自動運転の中核を担うであろう障害物センサや信号処理コンピュータを紹介します．　　　　　　　　　　　　　　　〈編集部〉

3大障害物センサ…カメラ/LiDAR/レーダ

● 期待されること…360° 全周の監視

図1に示すのは，自動車に搭載されている障害物センサです．

2010年頃に発売された自動車は，前方に障害物セ

ンサを備えていましたが，2030年頃には多数の障害物センサを使ってクルマの周囲360°を死角なく囲むことができると予想されています．これは，「Cocoon（繭）レーダ」や「360° 全周レーダ」などと呼ばれています．

● 使い分け

代表的な車載用の障害物センサは，写真1に示すようにカメラ，LiDAR，ミリ波レーダの3つがあります．

3つのうちカメラは，人間の眼と同じ機能が期待されています．道路標識や白線を読み取れるのはカメラだけなので，自動車に搭載されるのは必然でしょう．

LiDARとミリ波レーダは，性質や目的が似ていて，ライバルの関係にあります．自分の周囲を上から俯瞰した地図をリアルタイムに作ることができます．自動車は，厳しいコスト削減要求があるため，どちらかに絞りたいところです．

● LiDARとミリ波レーダの住み分け

開発当初は，分解能が高くて高精細な3次元マッピングが可能なLiDARが優勢でしたが，現在は意外に

（a）カメラ

（b）LiDAR

（c）ミリ波レーダ

写真1　代表的な車載用の障害物センサ
それぞれ異なる特徴を持つ．LiDARとレーダは性質や目的が似ているが自動運転の「三種の神器センサ」といえる

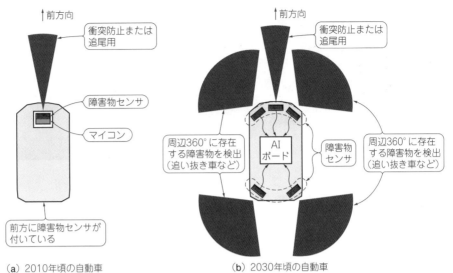

図1　車載の障害物センサの守備範囲は360°全周をカバーするようになる
前方のみに搭載されていた障害物センサは、360°全周を監視するために、四方に設置されるようになる

（a）2010年頃の自動車

（b）2030年頃の自動車

も拮抗しているという声を聞きます．ミリ波レーダが見直されたのは，耐環境性能が高いためです．

LiDARは，雨，雪，霧を透過できず，タイヤが跳ね上げた水しぶきも障害物と検知します．ミリ波レーダは，適度に物体を透過するので，水しぶきなどによる誤検知が少ないです．コスト・パフォーマンスと壊れにくさもミリ波レーダが勝ります．

ミリ波レーダの弱点であった分解能の低さも，信号処理技術の進化によって，解消されつつあります．

LiDARとミリ波レーダの出力信号の違い

● LiDAR：地図データが作りやすい「点群」が得られる

LiDARは，極細ビームが簡単に作れる光レーザを

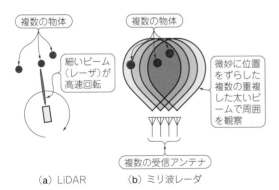

（a）LiDAR　　（b）ミリ波レーダ

図2　LiDARとミリ波レーダの測距メカニズム
LiDARは極細のレーザ・ビームを使って物体の位置を測る．物体とビームは1対1の関係なので，地図データが作りやすい．ミリ波レーダは，何本ものビームを重複させて物体の位置を計測している．物体とビームの関係は1対1ではないので，距離を得るまでに複雑な計算を要する

使っているので，高分解能化が容易です．

物体の測距データは「点群」と呼ばれます．図2（a）のように物体と極細ビームは1対1の関係なので，簡単な計算で容易に地図データが得られます．

● ミリ波レーダ：点群を得るまでに複雑な信号処理が必要

光よりも波長が長いミリ波レーダは，細いビームを作るのが困難です．この弱点を逆手に取って，意図的に180°近く広がった広角ビームを使います．図2（b）のように，複数の重複した太い受信ビームで周囲を観察し，それらの間の微妙な差から物体位置を逆算して推定します．物体と受信ビームの関係は1対1ではないので，距離を得るにはFFT（Fast Fourier Transform）などの複雑な計算によって，前述の微妙な差を検出します．

ミリ波レーダは，点群を得るまでの過程が長く，数学的に難解になる欠点があります．この欠点をポジティブにとらえれば，信号処理アルゴリズムによる差別化の余地があるともいえます．

信号処理用コンピュータとの関係

● AI時代は1台の高性能なコンピュータで処理する

2010年頃の自動車に搭載された障害物センサは，専用のマイコンと一体になってモジュール化された製品がほとんどでした．2030年頃には，全センサは単体で搭載され，中央に1台だけAI（人工知能）ボードで信号処理と自動運転を行うようになると予想されています．**写真2**に示すのは，NVIDIAの車載向けAIボードです．並列演算を高速に行うGPU（Graphics

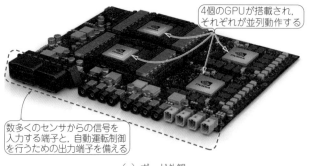

4個のGPUが搭載され,それぞれが並列動作する

数多くのセンサからの信号を入力する端子と,自動運転制御を行うための出力端子を備える

（a）ボード外観

車両検知　車線表示　白線検知

（b）本ボードで自動運転ソフトウェアを実行する（DRIVE ソフトウェア 8.0）

写真2　自動運転制御を1台でこなす車載コンピュータ・ボード
車載向けAIボードのNVIDIA DRIVE AGX Pegasus. 並列動作可能なGPUを4つ搭載する. 数多くのセンサ信号を入力する端子のほかに,自動運転制御用の出力端子も備える

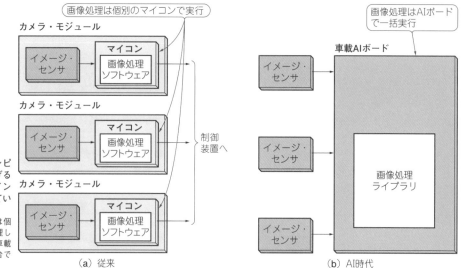

画像処理は個別のマイコンで実行

画像処理はAIボードで一括実行

図3　AI向けの車載コンピュータ・ボードとつなげるように障害物センサのインターフェースは変化している
カメラの場合の例. 従来は個別のモジュール単位で処理していたが, 将来は中央の車載コンピュータ・ボード1台で処理するようになる

（a）従来　　　　　　　　　　　　（b）AI時代

Processing Unit）が4個搭載されています. それぞれのGPUは並列動作が可能で, スーパー・コンピュータのような演算能力を持ちます. 数多くのセンサ信号を入力する端子と, 自動運転制御を行うための出力端子を備えています.

● 障害物センサのインターフェース

図1（b）に示すような, 全センサをAIボードに直結する流れは, カメラ, LiDAR, レーダの開発にも大きな影響を与えています.

カメラは, 図3のように変化していくと予想されます. 従来は図3（a）のように複数台のカメラ・モジュールがそれぞれマイコンを内蔵し, 画像処理は専用のソフトウェアで実行していました. 車載向けAIボードは, イメージ・センサを直結でき, 個別のマイコンは姿を消し, 図3（b）のように1台のAIボードで一括

して画像処理を行います. 画像処理はAIボードで汎用的なライブラリがメインになるでしょう.

これにより, 複数のカメラ画像を合成した360°サラウンド・ビュー処理などがやりやすくなります. 部品もコストも下がり, 合理的です.

● 信号処理ライブラリの標準化がキー

全センサがAIボードに直結され, ライブラリ化するかどうかは, インターフェースの標準化・簡略化にかかっています.

カメラはインターフェースの標準化が最も進んでいるため, ライブラリ化が先行しました. 次の対象はLiDARと予想されています. ミリ波レーダは, インターフェースの標準化が最も遅れているので, 最後までAIボードに直結されない可能性もあります.

第4章 センサを精度よく組み合わせるために
自動運転に利用されている位置推定の「技術」

目黒 淳一 Junichi Meguro

位置推定の位置付け

● 自動運転の根幹となる重要技術

自動車の自動運転にはさまざまな技術が用いられています．図1に自動運転の技術要素を示します．

ほとんどのレベル3以上の自動運転では，

- センサ(Sensor)
- 地図(Map Data)

の情報を用いて，

- 位置推定(Localization)
- 認識(Perception)
- 経路計画(Planning)
- 車両制御(Control)

の処理を行っています．

その中でも位置推定の技術は，自動運転の根幹となる重要な技術です．位置推定が失敗することは，自動運転が失敗することとほぼ同じことになります．本稿では，自動運転で使われている位置推定の技術について解説します．

● 主な方式

ここで，いわゆるレベル3以上の自動運転の位置推定には，以下の(1)〜(3)に示す手法が用いられます．多くの自動運転システムでは，運用されるの位置推定の難しさに応じて，これらの方法を単独で利用したり，複合して用いたりする場合もあります．

(1) 道路へ設置したインフラを利用した位置推定
(2) 地図を利用した位置推定
(3) 衛星測位を利用した位置推定

道路へ設置したインフラを利用した位置推定

● 最も古典的な方法…道路にセンサを埋める

まず道路にインフラを設置して，位置推定が実施する手法を紹介します．この方法は古典的な方法です．あらかじめ自動運転を実施する経路が決まっており，

道路へのインフラ設置の工事が可能な場合には，確実に自動運転が可能になる方法です．

この方法が用いられた例としては，2005年に開催された愛・地球博にて運用がされたIMTS(Intelligent Multi-mode Transit System)があります(**写真1**)．IMTSはトヨタ自動車が開発した車両であり，走行路中央に埋設された磁気マーカを用いて車両の位置を推定し，道路に沿った車両の制御を可能にしています．車々間を含む通信機能も備えており，隊列走行をしながら愛・地球博会場内での乗客の輸送を担っていました．

また，近年では廃線を利用した地域交通や空港での循環バスの自動運転に磁気センサを利用した位置推定が活用されています．

例えば，JR東日本管内のBRT(Bus Rapid Transit)で実施されたバス自動運転の技術実証の例があります．このシステムでは磁気マーカが使われています．その他のインフラとしては，標識等を利用する検討もされ

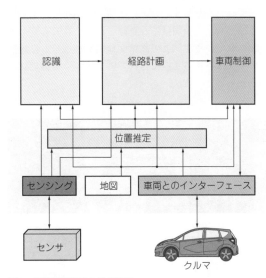

図1 自動運転技術の構成要素
自動運転のオープンソース・ソフトウェアAutowareを例に作成
https://tier4.jp/en/news/newarchitecture/から引用

写真1　自動運転の方式(1)…最も古典的な「道路に設置したインフラを利用した位置推定」
2005年に開催された愛・地球博で運用された「IMTS」．写真：編集部

ています．これらの道路インフラを利用することで自動運転が可能なレベルでの位置推定が可能になっています．

● 弱点…経路の変更が苦手

ただし，道路インフラを設置する方法は，一度決定した運行経路を容易に変更ができない問題があります．また，道路インフラを設置・管理するためのコストも必要となります．そのため，近年の道路インフラを活用する自動運転では，道路インフラを利用する場所は限定し，他のセンサ(cm級測位が可能なRTK-GNSSなど)を利用する方法も採用しています．

地図を利用した位置推定

レベル3以上の自動運転では，周囲の環境を認識し，最適な経路を計算するために高精度地図が利用されています．高精度地図はそれだけでなく，位置推定にも活用されています．この高精度地図を利用した位置推定の手法はさまざま提案されていますが，本稿ではその中から以下の方法，

図2　高精細なHD-MAPのベクタ形式の地図は位置推定にも利用できる

①高精細HD-MAPを利用する方法
②3次元点群を利用する方法
の例を紹介します．

● ① 高精細HD-MAPを利用する方法

HD(High Definition)-MAPは自動運転で利用されている高精細なベクタ形式(点と直線から地物が構成された形式)の地図です．HD-MAPにはベクタ形式で白線の位置や標識・信号の位置・付属情報が保存されています(図2)．この情報は，認識や経路計画に利用されますが，位置推定にも活用することができます．

図3に例を示します．図3では，LiDARやカメラの情報から白線や看板を検出し，HD-MAPに登録されている情報を照合することで位置を推定しています．HD-MAPには地物の種別や位置が登録されていますので，LiDARやカメラにより検出した情報と照合をすることで，自動運転車の位置を推定する方法となります．

別のいいかたをすれば，カメラを利用する場合では，HD-MAPの中からカメラに写ったように白線や標識が見える場所を探す方法となります．

LiDARを利用する場合も考え方は同じですが，LiDARを用いる場合は，照射する近赤外光の反射強度も利用できます．特に道路面に関しては，白線が重要な情報となります．白線は他のアスファルトの場所と比べて反射強度が著しく異なります．その特性を利用し，LiDARを用いて白線を抽出する方法も知られています．

● ② 3次元点群を利用する方法

3次元点群とは，空間の形状を点群で表現したものです(図4)．3次元点群はさまざまな方法で作成することができます．高精度地図を生成するための専用の車両であるMMS(Mobile Mapping System)や，自動運転で用いる3次元LiDARを用いたSLAM(Simultaneous Localization And Mapping)の技術でも作成することができます．位置推定に用いるのであれば，MMSでもSLAMでもどちらの方法で作成した

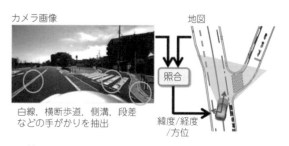

カメラ画像　　　　　　　　　　地図

白線，横断歩道，側溝，段差
などの手がかりを抽出　　　　緯度/経度/方位

図3(1)　高精細HD-MAPを利用した位置推定ではHD-MAPの中からカメラに写ったように白線や標識が見える場所を探す
原 孝介 氏の博士論文(1)から引用

| (a) 場所 | (b) 3次元点群 |

図4⁽²⁾　空間の形状を点群で表現した「3次元点群」
自動運転の検証用に生成された福島ロボット・テスト・フィールドの例．ハンディ型マッピングシステムで収集したデータからSLAMにより生成した

3次元点群でも構いません．

　汎用的なデータ・フォーマットとしてPCD（Point Cloud Data）フォーマットが利用されています．

　さて地図として用いる3次元点群が用意できたら，自動運転側の情報が必用です．自動運転車側ではLiDARを用いることが一般的となります．その2つの情報を計算により照合をすれば自動運転車の位置を推定することができます．別のいいかたをすれば，自動運転車から取得できた1スキャンのLiDARのデータが取得できる場所を，地図として用いる3次元点群から探すという計算を行います．

　ここで，その計算の方式はさまざまなものが提案されていますが，本稿ではNDT（Normal Distribution Transform）を紹介します．ほかの点群を照合する方法としては，ICP（Iterative Closest Point）も有名ですが，NDTはICPに比べ計算量の低減や，メモリ量の削減が可能という特徴があります．自動運転では，1 Hz〜10 Hz程度で位置推定の計算がされることが多いため，計算負荷の観点から，現状ではNDTが好まれています．NDTは自動運転用のオープンソース・ソフトウェアであるAutowareでも採用されている3次元点群の照合手法です．

　3次元点群を利用してNDTで位置を探す自動運転車を**写真2**に示します．3次元LiDARがルーフに搭載されていて，そのデータと3次元点群を照合することで，位置を推定します．

衛星測位を利用した位置推定

● 背景…cm級のGPS/GNSS測位が身近に
　最後に衛星測位を利用した位置推定を紹介します．GPS（Global Positioning System）に代表されるGNSS（Global Navigation Satellite System）を利用することでcm級の高精度な位置が推定可能になってい

写真2　ルーフに搭載した3次元LiDARデータと3次元点群をNDTで照合することで位置を推定する自動運転車両
アイサンテクノロジー提供

ます．特に近年は，マルチGNSS化と，多周波受信機の低価格化により，cm級の高精度測位が身近になりました．

● GPSはそのまま自動運転に使えない
　しかし，そのような一般化したGNSSがそのまま自動運転で使えるわけではありません．自動運転で用いるためには，ほかの方法と同様に位置結果の信頼性を保証する必要があります．特に，GPS/GNSSはマルチパスに起因する誤差があるため，自動車を使いたい環境である街中では，何時大きな誤差が発生するかわからない状況で，測位結果を利用しなければなりません．

● 自動運転でGPS/GNSSを使う方法①…地図/インフラと組み合わせる
　それでは，自動運転でGPS/GNSSを使う場合は，どのようにしたらよいのでしょうか？ 1つの簡単な解は，確実に衛星が見えるところだけGPS/GNSSを利用して，誤差が大きくなりそうなところは他の手法に

切り替える方法を採用することです．道路インフラのところで紹介をしたように，磁気センサとRTK-GNSSを組み合わせる方法は，お金はかかりますが既に実運用がされている方法になります．

また，高精度地図を利用する方法とGPS/GNSSも相互補完的に作用をします．高精度地図を利用する方法は周りに特徴がたくさんある場所で高精度に位置を計測することができます．一方，GPS/GNSSは空が開けている場所，つまり周囲にものがない場所で高精度に位置が推定することができます．例えば，**図5**に示すような周囲が田んぼに囲まれて，立体的な特徴に乏しい場所ではNDT位置推定が難しくなります．このように2つ以上の方法を用いて双方の利点を生かす方法も，現実的な方法となります．

● 自動運転でGPS/GNSSを使う方法②…慣性センサIMUと組み合わせる

ほかには，慣性センサ（IMU；Inertial Measurement Unit）と組み合わせるGNSS/IMUという方法があります．

慣性センサは，相対的な姿勢／位置を計測できるセンサで，GPS/GNSSとはとても相性がよいセンサです．慣性センサとうまく組み合わせることができれば，自動運転にも利用できるようなGNSS/IMUとなります．身近な例としては，カーナビに搭載されているGNSS/IMUがあります．

残念ながらカーナビに搭載されているGNSS/IMUでは自動運転には使うことはできません．現実には，慣性センサにも誤差がありますので，自動運転で使うのは簡単なことではありません．そのため，

（1）高価であるが高精度な慣性センサを利用する
（2）アルゴリズム改良により汎用的な慣性センサでも自動運転に使えるようにする

という2つの方法が採られています．

（1）は，高価であるが高精度な慣性センサを利用する方法で，リング・レーザ・ジャイロや光ファイバ・ジャイロが用いられます．ジャイロの性能としては，

0.1 DPH（Degree Per Hour）以下が用いられることが多くなります．DPHとはジャイロの誤差の安定性を示す単位でよく用いられており，静止状態で1時間ジャイロの角速度を積算した量を示します．つまり0.1DPHとは，1時間経過しても0.1度しか誤差が発生しないことを示します．

このレベルの慣性センサがあると，GPS/GNSSのマルチパスがあったとしても，慣性センサの値を信頼して，その誤差を除去することも可能となります．

しかし，その価格が問題となります．現状では，光ファイバ・ジャイロ1軸で軽自動車1台ぐらいの価格になります．コストをかければよい性能が出ることはわかってはいるのですが，なかなか普及しないのはこの価格が理由となっています．

一方，（2）はもっと安い価格の慣性センサを使ったとしても（1）と同等性能を実現することを目指している方法です．（2）の方法では，微細加工技術により量産可能なMEMS（Micro Electro Mechanical Systems）慣性センサ（MEMS-IMU）を使います．近年，MEMS慣性センサの性能も向上しており，1〜10 DPHの性能のジャイロが数万円程度で入手可能です（執筆時点）．マルチGNSSと汎用慣性センサの性能改善が合わさり，（2）の方法でも（1）の方法に近い位置精度が実現できるようになっています．

筆者もGNSS/IMUによる位置推定方法をオープンソース・ソフトウェア Eagleye で公開しています（https://github.com/MapIV/eagleye）．まだ完全に（1）の方法の置き換えをすることはできませんが，今後の改善によりさらなる高信頼化，高精度化を見込んでいます．

3次元点群の照合手法NDT

● 1m四方の立方体領域の点群の平均と分散で表現する

3次元点群の照合手法NDTを非常に簡単に説明すると，空間をボクセル（立方体の領域）に区切り，3次元点群の情報をボクセル単位で平均と分散で表現する方法です（**図6**）．

ボクセルの大きさは1m程度が用いられるため，極端にいえば自動運転で利用されるNDTでは1mぐらいの分解能でしか地図を持っていないということになります．

ただし，ボクセル内の点群の平均と分散は保持していますので，その情報を利用して自動運転車で取得したLiDARの点群と照合ができます．

● 空間をぼやっと把握しつつ特徴はしっかり注目できる

MMSやSLAMで作成された3次元点群は高密度で

図5[3]　立体的な特徴が乏しい田んぼなどでは3次元点群による位置推定が難しくなる

す．正確な情報はありますが，計算量が多くなってしまいます．

NDTではデータ量削減のために，空間をぼやっと把握しつつ，照合に必要な情報はしっかり残しているといえます．

1mのボクセルと聞くと，少し粗くしすぎではないかと思われるかもしれません．目的は屋外の道路で位置を推定することですので，空間をぼんやり見ることで特徴がしっかりあるところを注目しているという側面もあり，この粒度でも自動運転に十分な精度で位置を推定できます．もちろん環境に応じて最適な数値は変わりますので，狭い場所の自動運転をするときは，他の適切なパラメータを設定する必要があります．

◆引用文献◆
(1) 原 孝介；車両の自動運転に向けた走行レーン地図と車載カメラ画像の照合による自己位置推定に関する研究，慶応義塾大学 博士論文，2018年2月．
(2) 武村 健矢，山崎 雄大，高野瀬 碧輝，陳 泫兌，橘川 雄樹，目黒 淳一；ハンディ型マッピングシステムを用いた三次元点群の構築に関する検討，ロボティクスメカトロニクス講演会2020，2020年5月．
(3) 橘川 雄樹，加藤 真平，赤川 直紀，竹内 栄二朗，枝廣 正人；自動運転実証実験：位置推定精度の検証，国際交通安全学会誌，Vol.42，No.2，2017年10月．

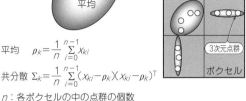

平均 $\rho_k = \dfrac{1}{n} \sum\limits_{i=0}^{n-1} x_{ki}$

共分散 $\Sigma_k = \dfrac{1}{n} \sum\limits_{i=0}^{n-1} (x_{ki} - \rho_k)(x_{ki} - \rho_k)^{\mathsf{T}}$

n：各ボクセルの中の点群の個数
x_k：ボクセルに含まれる点群の位置

図6　3次元点群の軽量照合手法NDTの処理イメージ
NDTでは空間をボクセルに区切り，その範囲における平均と共分散で位置の特徴を表現する．簡単化のために図では2次元で表現しているが，実際には3次元で表現したNDTを利用する．橘川 雄樹氏（マップフォー）から提供を受けた図を基に筆者が追記

第2部

位置推定技術①…
ステレオ・カメラ

第5章　動きや形をリアルタイム検出

ステレオ・カメラが自動運転に求められる理由

実吉 敬二，今井 宏人　Keiji Saneyoshi, Hiroto Imai

　自動衝突回避ブレーキなどの自動運転技術には，自車の経路上にある障害物を見つけるセンサが不可欠です．第2部では，障害物センサの中でもターゲットの形状や動き，相対速度を短時間に検出できるステレオ・カメラを例に，その要素技術を解説します．

　本章では，自動運転用の障害物センサに求められる機能と性能を考察します．　〈編集部〉

自動運転技術で広がる世界

● クルマの自動運転は当たり前

　ブレーキやアクセルだけでなくハンドル操作も自動になり，執筆時点ではまだ高速道路に限られますが，白線に沿って自律走行するクルマが市販されています．

　法律上，ハンドルから手を離してはいけないので，自動運転とは明言していませんが，その技術を使った車はすでに手に入ります．一般道でも，決まったルートや限られた地域で運行されるバスやタクシの自動運転の実証実験が各地で行われています．

● 物流，介護，お掃除…クルマ以外への応用も進む

　図1に示すように，自動運転技術が使えるのは，人が乗る自動車ばかりではありません．

　工場で使われる無人搬送車（AGV：Automated Guided Vehicle）は，ここ10年で出荷台数が3倍に増え，物流の世界にも広がっています．ホテルや病院で食事や医薬品，医療器具などを運ぶロボットも盛んに実証実験が進められています．

　私たちに身近なものでは掃除ロボットがすでに実用化されています．あの小さい体で部屋の隅々まで走り回ってきれいに掃除していく姿は犬や猫などのペットを想像して，愛らしくもあります．さらに介護ロボットや農作業ロボットなど，自律的に移動するロボットの需要は高まる一方です．

● かぎは障害物の検出技術

　自動運転車は，ナビゲーション・システムや手入力などであらかじめ決められた経路，もしくは領域内を走行します．経路，もしくは領域内のどこに自分が居るのかをしっかりと把握していないと走ることができません．

　屋外を走行する自動運転車は，GPS（Global Positioning System）などの衛星測位システム（GNSS，Global Navigation Satellite System）を使って自分の位置を把握します．現在開発されている自動運転車にはGNSSが搭載されています．

　屋内を走行する無人搬送車は，磁気テープ製の誘導ガイドを使う方式が多いです．LiDAR（Laser Imaging Detection and Ranging）を使って周囲の構造物との距離を検出し，それを地図と比較して，自分の位置を認識するシステムもあります．

　自律走行するためには，自分の位置がわかるだけでは不十分です．図2のように，GPSだけでは自分の進

白線に沿って走る
自動運転車

介護ロボット

無人搬送車

図1　自律走行システムで広がる世界

む経路上に障害物があっても見つけられないので，衝突してしまいます．

障害物を見つけるセンサがあれば，衝突を避けられます．本センサで得られる立体物の位置や動きの情報から危険性を判断し，止まったり迂回したりすることで衝突を回避します．

＊

本章では，この障害物検出センサについて解説します．どんな情報があれば衝突を回避できるのか，それを提供する障害物検出センサにどんな性能が求められるのかを一緒に考えてみましょう．

障害物検出センサに求められる機能と性能

● その1：障害物の境界を見つける

障害物との衝突を回避する方法は，ブレーキで止まるか，ハンドルで迂回するかの2通りがあります．

自動車学校は，スピードを落として止まる方法を優先して教えていますが，実際にはハンドルで障害物を避けることの方が多いと思います．歩いているときでも，ぶつかりそうだからと言っていちいち止まることはしないで，進む方向を変えて衝突を避けているでしょう．

迂回で衝突を避けるときに重要な情報は，**図3**に示すように衝突しそうな立体物がどこまで道を塞いでいるかです．特に立体物の横方向の境界がどこにあるのかを把握することが重要です．**図4(a)**のように横方向の分解能が高い画像データであれば境界を見つけるのは簡単です．**図4(b)**のように横方向の分解能が低いLiDARにとっては境界を見つけるのが難しいです．

● その2：短時間で障害物を検出する

今考えているのは衝突防止用のセンサなので，検出に時間が掛かり，その間に衝突してしまっては意味が

図2　GPSだけでは自動運転はできない
ナビなどの情報は静的だが，実際の道路状況は絶えず動的に変化している．自動運転の実現には障害物センサが必須

ありません．とはいえ，具体的な目標値がないと設計を進められません．ここでは，具体的な例を元に目標の処理速度を求めてみましょう．

自動車が時速36 km（秒速10 m）で進んでいるとき，歩行者が時速3.6 km（秒速1 m）で飛び出してきたとします．このとき，自動車が急ブレーキをかけたら，何mで止まれるでしょうか．

人間がかける急ブレーキの制動力は，重力加速度の7割程度です．重力加速度は1秒間に秒速9.8 mの割合で加減速するときを1 gと表現します．急ブレーキは0.7 gなので，かけてから進む距離は$0.5 \times$初速度$^2 \div 0.7 g$です．計算すると7.3 mになります．7.3 mより手前に歩行者が飛び出してくると必ず衝突するわけです．

自動車が進む間に歩行者が通り過ぎてしまえば，衝突しません．自動車の幅を1.7 m，歩行者の幅を0.5 mとすると，飛び出してから2.2秒後には通り過ぎるので，22 mより遠方で歩行者が飛び出した場合は衝突

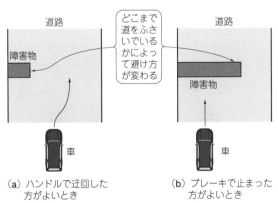

図3　障害物センサの重要機能①…立体物がどこまで道をふさいでいるかを見極める境界検出
飛び出している長さによってハンドルで避けたほうがよいのか，ブレーキをかけて止まったほうがよいのか判断する

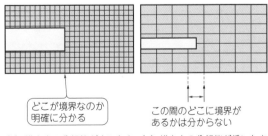

（a）横方向の分解能が高いとき（画像など）　（b）横方向の分解能が低いとき（LiDARなど）

図4　障害物の境界を正確に見つけるために，横方向の分解能が高いことはきわめて重要

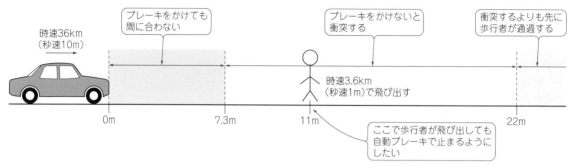

図5　障害物センサの重要機能②…短時間で障害物を見つけるリアルタイム性
11m先で歩行者が飛び出しても止まるようにすれば，衝突事故を半分に減らせる

しません.

　歩行者が飛び出してくる距離をランダムとします．もし図5のように22mの半分である11mから先の飛び出しに対して急ブレーキで停止できれば，衝突事故は半減します．ブレーキをかけて止まるまで7.3mなので，残り3.7mの間に歩行者を見つけて距離を検出し，衝突の可能性を判断しなければなりません．

　自動車の速度は毎秒10mなので，0.37秒の間にこれらの処理を行うことになります．

　衝突の可能性の判断には相対速度を使います．図6のように数点～10点の時間的に連続した距離データがあれば，高精度な速度情報が得られます．数点～10点の各点に算出には，30ms～50msの処理時間を要します．

● その3：障害物の動きを予測する

　衝突を回避するためには，位置だけではなく相対的な動きベクトルも予測することが重要です．人間が人混みでぶつからないように歩くとき，相手の動きを予測して衝突を避けます．これは，相手の動きを見て，その動きがそのまま続くとして図7のように軌跡を描き，将来の相手を避けるように自分の動きを作ってい

ます．

▶相手の相対速度ベクトルから衝突の可能性を検出

　これを自律走行車にやらせると，自分と相手の相対速度ベクトルを計測することになります．相手がこちらに向かってくる方向の速度と，直角方向の速度を計測してベクトルで表します．この相対速度ベクトルが短時間では変化しないと仮定して相手の動きを予測します．

　相対速度ベクトルは，時間的に連続する位置の差から求められます．位置の精度が正確に出ていないと，その差を取る相対速度ベクトルの精度はさらに落ちます．直角方向のベクトルは，距離が変わらないので物体の境界や模様などの動きから計測します．

▶横方向の分解能が高いセンサの方がベター

　LiDARは，平面までの距離を検出するセンサです．そのため，距離の変わらない横方向の動きは検出できないので，境界の動きから検出することになります．境界の動きは，前述したとおり横方向の分解能が画像よりも劣るので，図8に示すとおり簡単には高精度な相対速度が得られません．

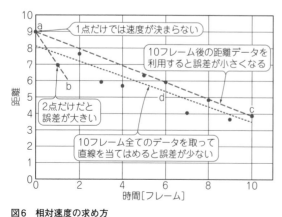

図6　相対速度の求め方
直線の傾きが速度．10フレーム後のデータを使うか，10フレームのデータを使って直線を当てはめる（最小2乗法）がよい

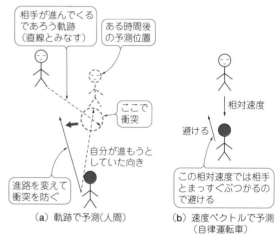

図7　障害物センサの重要機能③…障害物がどう動くかを予想する
自律走行車では相手の相対速度ベクトルを検出して衝突を回避する

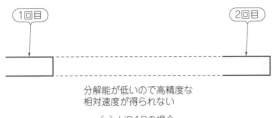

分解能が低いので高精度な
相対速度が得られない

（a）LiDARの場合

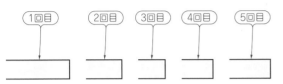

分解能が高いので高精度な
相対速度ベクトルが得られる

（b）ステレオ・カメラの場合

図8　横方向の動き検出にはカメラが向く
横方向の分解能が低いと，立体物が横に動いていても距離は変わらない
ので，境界を見るしかない．カメラであれば境界のほかに平面の模様も
見えるので，より高精度に横方向の動きを検出できる

　イメージ・センサを複数使って両眼視差を再現できるようにしたステレオ・カメラであれば，横方向の分解能が高く，模様も見えるので，高精度な相対速度ベクトルが求められます．

障害物を瞬時に捕らえる
ステレオ・カメラ

● 地球上の最強生物だけがもつ能力「両眼立体視」

　障害物検出センサとして，ステレオ・カメラは優れた性能をもっています．ステレオ・カメラは，両眼立体視の原理に基づいたカメラです．

　両眼立体視は，動物が進化の最後に獲得した外界認識法です．本格的な両眼立体視を行っているのはネコ科とヒトやサルの霊長類に限られています．ネコ科はライオンやトラ，ヒョウなどいずれも弱肉強食の動物界で頂点に君臨しています．まさに両眼立体視は史上最強の外界認識法といえるでしょう．両眼立体視の原理は次章で詳しく解説します．

● 人と同じように立体視できる

　あまりにも当たり前なので，普段は気づきにくいですが，人間も両眼立体視の恩恵を大きく受けています．お箸を片手に1本ずつ持ってその先端を合わせる遊びをした人も多いでしょう．片目をつぶって合わせようとしても，なかなか合わないのですが，両目で見ながらやると，いとも簡単に合わさります．
▶両眼立体視の威力を体験
　図9に示すのは，ランダム・ドット・ステレオグラムと呼ばれる絵です．両目で眺めていると突然立体物が浮き出て見えます．平面の絵画でも遠近法を駆使し

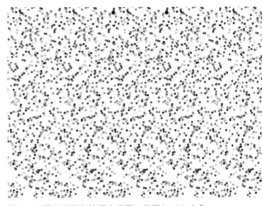

図9　人間の両眼立体視を実際に体験してみよう
フリー・ソフトウェアの「StereoPict」で生成したランダム・ドット・ステレオグラム画像．両目で眺めていると球体が浮き出て見える

て立体的に見せていますが，もともとは平面の絵なので，人間の知識と経験がなければ立体的には見えません．ランダム・ドット・ステレオグラムは，遠近法を使わず，左右の眼で見たときの同じ物体が写る位置のずれから，知識や経験なしに機械的に距離を検出します．この絵を片目で見ても何が描いてあるのかはわからないので，知識や経験は使いようがありません．遠近法で立体感を持たせるのは一種の錯覚ではないでしょうか．2つの眼で見れば平面であることをたちどころに見破ります．

ステレオ・カメラが
自動運転に向く理由

● ① 立体形状の物理データを得ることができる

　両眼立体視で見れば，立体物は浮き上がって見えます．

　図10のようにステレオ・カメラでも立体物は類似した距離の塊になるので，1つのグループに見えます．このグループを抽出すれば，ただちにその位置が3次元的にわかり，形を立体的に把握できます．空間的に占める範囲もわかります．

　位置や形が3次元的にわかると，その立体物がどこにあっても絶対的な大きさ（高さや幅など）を計測できます．普通の画像では遠くになると小さくなりますが，人間が遠くで見えても近くで見えても「身長160cm」と計測できます．その立体物が地面の上にあるのか，空中に浮いているのかもわかります．これを利用すれば，歩行者の候補を大幅に絞り込めます．

● ② すべての被写体を一度に計測

　ステレオ・カメラは，立体物までの距離を測る単なる距離センサではありません．ステレオ・カメラで得られるのは立体画像です．

　画像なので，視野の範囲に写る立体物はすべて同時

（a）原画像

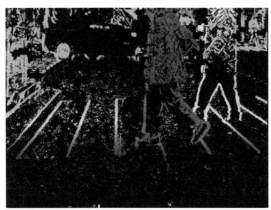

（b）ステレオ・カメラで撮った立体画像

同じ距離のグループから
歩行者を検出

（c）同じ距離のグループとして歩行者だけを抽出

図10　ステレオ・カメラによる立体物の抽出
ステレオ・カメラで撮影した立体画像に対し，同じ距離のグループをまとめるだけで，立体物を区別できる

に検出できます．画像に写ればよく，種類も問いません．クルマでも歩行者でも得体のしれない立体物でも検出します．

　LiDARだと反射率の低い立体物は検出できませんが，ステレオ・カメラだと暗い立体物として検出します．衝突回避の観点から，どんな立体物でも検出する

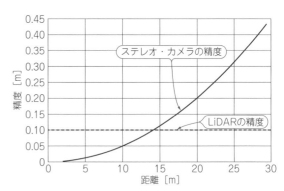

図11　ステレオ・カメラはターゲットが近づくほど測距精度が高くなる（視差が±1画素の精度のときの測距精度）
逆に遠くにあるものほど測距精度が悪くなる

べきです．

　ステレオ・カメラは，路面や壁面の形状も検出できます．車載ステレオ・カメラは，クルマの振動で揺れますが，路面形状の情報を使って道路面に固定された座標系に変換すれば，揺れの影響を取り除けます．

● ③近くにある物ほど高精度に計測できる

　ステレオ・カメラは，LiDARやミリ波レーダよりも距離の測定精度が劣ると言われています．LiDARやミリ波レーダは，測定範囲10 mくらいの近距離用で±2 cm，50 m以上測れる遠距離用で±10 cm程度の測距精度が距離に関係なく得られます．

　図11に示すとおり，ステレオ・カメラは距離の2乗に反比例して精度が変わります．100 mで使う遠距離用のカメラは，100 m先での精度は悪く±5 mも誤差があります．10 m先では±5 cm，2 m先ではわずか±2 mmになります．

　目的が衝突回避であれば，遠方の測距精度は重要ではありません．100 m先の障害物に対しては，95 mと105 mのどちらでブレーキを踏み始めてもかまいません．近づくにつれ測距精度が高まると，それに応じてブレーキ制動も精細にしていき，最後はmm単位で正確に停止させます．

　LiDARやミリ波レーダでは，このような精細な制御はできません．人間も両眼立体視で障害物を見ながらブレーキをかけていることを思い出してください．実際にそのような制御をしていると思います．

● ④160 fpsも可能！ 高いリアルタイム性

　ステレオ・カメラで距離画像を求めるためには，膨大な計算が必要です．752×480画素の小さな画像でも，コンピュータの命令数に換算して，1秒間に140万回の命令を実行します．今どきの高性能CPUであれば難なくこなせますが，小さなマイコンでは荷が重いです．

コラム1　目的地まで自走するぶつからないクルマを目指して

運転免許をもつ若い人が減少しています.

警察庁の統計によっても20代で運転免許を持っている人の割合は2004年に9.2％であったのが2009年には7.7％, 2014年は6.6％にまで減少しました. この理由の1つに, 自動車の利便性より自動車事故を起こしたときの精神的, 金銭的な負担の方が重いと感じるという意見もあります.

自動車が自ら事故を防いでくれたらこのような不安材料はなくなり, 利便性や運転する楽しさを満喫できます. メーカでは自動車側で事故を未然に防ぐ研究開発が始まり, 自動衝突回避ブレーキが実用化されました. 自動運転ブームのきっかけは, 間違いなくこの自動衝突回避ブレーキの発売です.

自動車が自分で走ったり止まったりすることは同じでも, 「ぶつからない自動車」と「自動運転」は大きく異なります.

自動運転は, 行きたい場所へ何の苦労もなく行けてしまうという人間が昔から思い描いていた夢の機能です. そのため, 人間が自分の意志で自動運転ボタンを押します.

自動運転が困難なときは, 自動車から「無理!」と言ってきて人間に運転を戻します. ぶつかりそうになって「無理!」と言われても人間だって困ります. ぶつからない自動車はそのようなときに人間に代わって運転して, 衝突を回避します.

自動運転車は, スムーズで快適な乗り心地を目指して開発が進められています. でもぶつからない自動車の運転は急ブレーキに急ハンドルで, とても快適とは言えません. ぶつからない自動車と自動運転, この2つが合わさって, 安全で快適な理想の自動車になります. 〈実吉 敬二〉

コラム2　両眼立体視のできない動物はどうやって立体物を認識している?

両眼立体視を行なう動物はネコ科とヒトやサルの霊長類に限られます.

ほとんどの動物は眼が2つあるにもかかわらず, 単眼で世界を見ています. 脳の中に左右の網膜の位置情報を融合する部分がないためです. 眼が2つあるのは, 視野を広げるためだけです.

単眼で見る世界は平面の世界です. これを立体的に見るために, さまざまな工夫をしています. その代表例が, 動きを利用した立体物検出です.

ある物体に注視して頭を動かすと, 背景だけが大きく動くので, 手前の立体物を識別できます. 動き

の大きさから, おおよその距離も見積もれます. この識別方法を動的ステレオ法と呼びます. 頭を動かすときの移動量は, その都度変わるので, 高精度な認識はできません. 動かなくてはならないので, 敵に見つかりやすいデメリットもあります.

両眼立体視は, 1つの眼を左右に動かして距離を測っているようなイメージです. 頭を動かさなくても, 瞬間的に立体物を識別し, 距離が測れます. 動かないので, 敵にも見つかりません. 眼の間隔は固定されているので, 得られる距離も正確です. 〈実吉 敬二〉

第2部では, FPGA(Field Programmable Gate Array)を使って距離画像を生成しました. 処理を並列化, パイプライン化することで, 安価なFPGAでも10％ぐらいのリソースで60 fps(1秒間に60枚の画像)の距離画像を生成する回路が構成できます. 私たちは, 130万画素のステレオ・カメラで160 fpsの処理にも成功

しています. 処理速度はカメラ自体の撮像速度に制限されているため, もっと速いカメラがあれば, さらに高速に処理できます. 機械的に動く部分がなく, たくさんの対象物から同時に来る光を検出するだけなので, 撮像素子や回路の工夫次第でいくらでも高速化できます.

ステレオ・カメラによる測距&衝突予測の原理

実吉 敬二，今井 宏人 Keiji Saneyoshi, Hiroto Imai

　自動運転に使う障害物センサには，ターゲットの形状，動き，相対速度を短時間に検出できる性能が求められます．前章で紹介したステレオ・カメラであれば，いずれの性能も実現できます．

　本章では，ステレオ・カメラがどのように実現されているのか，その原理を解説します．　〈編集部〉

両眼立体視の測距原理

● 人間は両眼の「視差」から距離を求める

　人差し指を目の前に立てたまま遠くを見ると，指は2本に見えます．指の見える位置が左右の眼で違うからです．指を遠ざけると，2本に見える指の間隔は狭まり，近づけると広がります．この指の間隔を視差といいます．視差を使えば距離が求められます．これが両眼立体視のしくみです．

● ステレオ・カメラも基本は同じ

　ステレオ・カメラでも同じやり方で距離が求められます．

　図1を見てください．左右のカメラはお互いに平行に置いてあります．2つのカメラの焦点距離は等しくなっています．このとき，物体と物体が左右のカメラに写る位置の関係は，図中の撮像面に記したとおりです．物体との距離は，図に示した2つの三角形が相似であることから，$Z : B = f : D$の関係から次式が成立します．

$$Z = \frac{Bf}{D} \quad\cdots\cdots\cdots\cdots\cdots\cdots\cdots\cdots (1)$$

　ただし，Z：距離，B：カメラ間距離，f：焦点距離，D：視差

　式(1)より，距離と視差は反比例の関係にあることがわかります．このとき，画像の中心を原点とした画面座標を(i, j)，実空間の座標を(x, y, z)とすると，式(1)より画面座標を実空間座標に次式で変換できます．

$$x = \frac{B}{D}i \quad , \quad y = \frac{B}{D}j \quad\cdots\cdots\cdots\cdots\cdots\cdots (2)$$

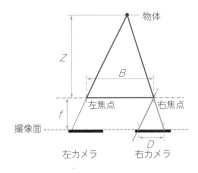

赤三角形と緑三角形の相似関係から，
$$Z = \frac{B \times f}{D}$$
ただし，
Z：距離，B：カメラ間距離，f：焦点距離，D：視差

図1　ステレオ・カメラの原理
物体が写る位置が左右カメラで違う．位置の差を視差と呼ぶ．焦点を頂点とした緑色の三角形と，物体を頂点とした赤色の三角形は相似関係にある．焦点距離f，カメラ間距離Bは既知の値なので，視差Dが分かれば物体までの距離Zが求められる

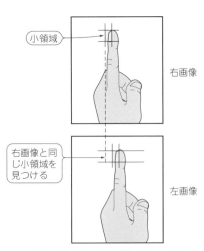

図2　視差の求め方…左右画像に写っている同じパターンを見つける

25	28	34
33	47	39
60	77	61

右画像の輝度

17	19	23
22	38	44
56	80	75

左画像の輝度

※実際には4×4
画素の領域

輝度は数値($I_{r,i,j}$, $I_{l,i,j}$)
で表されている

同じ位置にある輝度の差の絶対値を
求め，それを領域全体にわたって次
式のように足し合わせる

$$SAD(d) = \sum_{j=1}^{n} \sum_{i=1}^{m} |I_{l,i+d,j} - I_{r,i,j}|$$

位置(i, j)からd
画素移動した左画
像領域内の位置
($i+d$, j)の輝度

右画像領域内
の位置(i, j)
の輝度

図3　同じパターンかどうかは輝度情報をもとに評価する
評価関数SAD（Sum of Absolute Difference）で行っていること

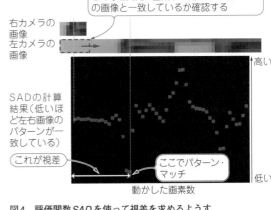

この小領域を1画素ずつ動かして右カメラ
の画像と一致しているか確認する

右カメラの画像
左カメラの画像

SADの計算
結果（低いほ
ど左右画像の
パターンが一
致している）

これが視差

ここでパターン・
マッチ

高い

低い

動かした画素数

図4　評価関数SADを使って視差を求めるようす
左画像の小領域を1画素ずつ右へ動かして，どのくらい右画像とパター
ンが一致しているか調べる

衝突を検知するまでの過程

● ステップ1：視差を求める

　左画像に写った物体と同じパターンを右画像から見
つけられれば，視差が求まります．図2に示すのは，
そのイメージです．

　まず，右画像を4×4画素程度の大きさの小領域に
分割します．次に，1つ1つの領域に描かれているパ
ターンと同じパターンを左画像から見つけます．

　同じパターンであるかどうかの評価には，SAD
（Sum of Absolute Difference）と呼ばれる評価関数を
使います．この評価関数は次式で表されます．

$$SAD(d) = \sum_{j=1}^{n} \sum_{i=1}^{m} |(I_{l,i+d,j} - \overline{I_l}) - (I_{r,i,j} - \overline{I_r})|$$
$$\cdots\cdots\cdots\cdots\cdots\cdots\cdots\cdots\cdots\cdots\cdots (3)$$

　ここで，$I_{r,i,j}$は右画像の領域内の(i, j)輝度，$\overline{I_r}$は右
画像の領域の輝度平均値，$I_{l,i+d,j}$は右画像の領域の位
置からd画素移動した左画像の領域内の位置($i+d, j$)
の輝度，$\overline{I_l}$は左画像の領域の輝度平均値です．

　式(3)では，図3のように小領域内の同じ位置にあ
る画素の輝度差の絶対値を取り，それを領域全体にわ
たって加算しています．パターンが完全に一致すると
計算結果はゼロになります．実際には完全に一致する
ことはありえませんが，近いほど値は低くなります．
図4に示すように，左画像の領域を1画素ずつずらし
ながらSADを計算し，探索範囲内で最も値が小さく
なったときの移動量を視差Dとします．

● ステップ2：カメラ位置の校正とひずみ補正

　パターンの探索方向が，画像の横方向（i方向）のみ
である点に注目してください．

　図5を見ると，左右画像の小領域の同じパターンは，

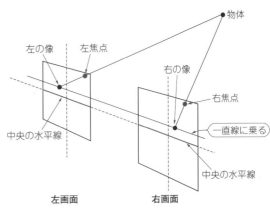

物体

左の像　左焦点

右の像

右焦点

一直線に乗る

中央の水平線

中央の水平線

左画面　　　右画面

（a）理想

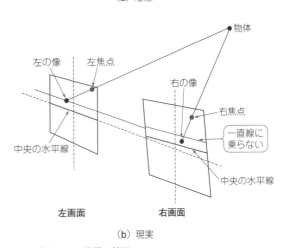

物体

左の像　左焦点

右の像

右焦点

一直線に
乗らない

中央の水平線

中央の水平線

左画面　　　右画面

（b）現実

図5　左右カメラ位置の校正
同じパターンは1つの直線上に乗っているのが理想だが，現実的には取
り付け時や経年劣化により誤差を生じるので，電子的に調整する

必ず撮像面と図が描かれている面の交わる直線上に存
在します．撮像素子の掃引方向がこの直線と一致して
いれば，掃引方向にのみ探索をかければよいことにな

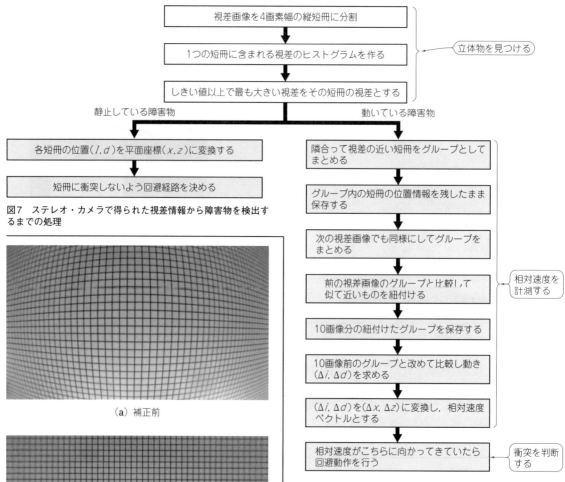

図7 ステレオ・カメラで得られた視差情報から障害物を検出するまでの処理

図7のフローチャート内テキスト:

視差画像を4画素幅の縦短冊に分割

1つの短冊に含まれる視差のヒストグラムを作る

しきい値以上で最も大きい視差をその短冊の視差とする

立体物を見つける

静止している障害物

各短冊の位置(l, d)を平面座標(x, z)に変換する

短冊に衝突しないよう回避経路を決める

動いている障害物

隣合って視差の近い短冊をグループとしてまとめる

グループ内の短冊の位置情報を残したまま保存する

次の視差画像でも同様にしてグループをまとめる

前の視差画像のグループと比較して似て近いものを紐付ける

10画像分の紐付けたグループを保存する

10画像前のグループと改めて比較し動き(Δi, Δd)を求める

(Δi, Δd)を(Δx, Δz)に変換し，相対速度ベクトルとする

相対速度を計測する

相対速度がこちらに向かってきていたら回避動作を行う

衝突を判断する

（a）補正前

（b）補正後

図6 画像の補正
画像がひずんでいると，左右領域の同じパターンが一致しなくなるので補正する

りより。こうすると，探索作業がずいぶんと楽になります．

　直線と一致させるためには，あらかじめ左右画像の撮像素子の掃引方向と高さ方向をぴったり一致させておく必要があります．画像がひずんでいると，直線にもならないので，解消しておく必要があります．

　左右の直線は，精度0.1画素くらいで合わせるのが理想ですが，撮像素子の画素は5 μm程度しかありません．撮像素子を位置精度0.5 μmで取り付け，時間が経ってもずれないようにするのは難しいです．そのため，実際には電子的に調整します．

　正方格子の模様が描かれた板を用意し，それを撮影して格子がひずまず，左右画像の水平位置が等しくなるように画像の変換テーブルを作りました．**図6**に示すのは，変換前後の画像です．具体的なやり方は，次章で解説します．

　ほかにも，常に左右の画像を監視して，ずれが大きくなると自動的に調整しています．この機能がないとメンテナンスが大変です．

● **ステップ3：立体物を見つける**

　図7に示すのは，立体物を見つけるまでの処理の流れです．

　立体物は，カメラに対してほぼ直立しているので，カメラからの距離がほぼ等しく，同じ距離の塊として検出できます．障害物は，自車（ここではほぼ直方体の形状とする）が進む空間内に飛び出している立体物です．障害物が地面に接しているのか，空中に浮いているのかは関係ないので，視差画像を高さ方向に圧縮してデータ数を減らし，扱いやすくします．

図8 視差画像を短冊状に分割したようす

図10 立体物のある短冊を棒として表示したようす
目的は障害物を回避することなので，必ずしも立体物の形状を高精度に検出する必要はない

▶手順1：視差画像を短冊状に分割する

図8のように視差画像を幅4画素の縦長短冊で分割します．それぞれの短冊の中にある視差のヒストグラムを取得します．このとき，個々の視差データについて高さを計算し，自車よりも上のデータはヒストグラムに含めないようにします．

▶手順2：短冊ごとにヒストグラムを作る

図9に示すのは，ある短冊から得られたヒストグラムです．視差の頻度（データ個数）が多い距離に立体物が存在しています．

▶手順3：立体物のあるところに棒を立てる

視差と短冊画面上の横座標iから，実空間上での座標(x, z)に変換すると，その位置に地面から自車の高さまで，棒が立っていることと同じになります．すべての短冊の位置に棒を立てると，立体物のあるところに図10に示すような棒の群ができます．棒にぶつからないように経路を決めれば，衝突を回避できます．

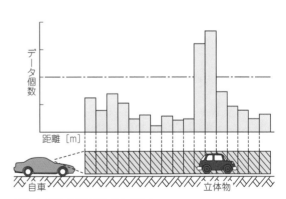

図9 短冊内の視差のヒストグラム
データ個数が多い所に立体物が存在している

● ステップ4：相対速度を計測する

静止している障害物だけであれば，動きの予測は不要です．得られた位置情報を使って，回避経路を生成

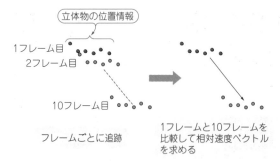

図11 相対速度ベクトルの求め方
この方法を使えば短時間でも高精度な相対速度ベクトルが求められる

すればよいです.

　動いている障害物が相手だとそうはいきません. 相対速度を計測して動きを予測します. 相対速度は, x方向とz方向, あるいは向かってくる方向とそれに垂直な方向, というように, 直行する速度成分を計測し, それをベクトルで表します. これを相対速度ベクトルと呼びます. 衝突するかどうかは, 相対速度ベクトルが自車に向かっているかで決まります. いかに早く正確に相対速度ベクトルを求めるかが, 障害物センサの優劣を決めます.

▶手順1：短冊をグループ化する

　相対速度は, 時間的に連続して得られる短冊の位置の変化から求めます.

　短冊は立体物の一部を表すので, よほど細い立体物でない限り短冊が1本だけ存在することはなく, 立体物は何本かの短冊の塊になっています. それを1グループとします. 次の画像でその塊がどこに移動したかを短冊間のマッチングで求めます. その移動量から相対速度ベクトルがわかります.

　マッチングは横方向（短冊のi座標）と奥行方向（短冊のd座標）の2次元で行います. 評価関数は, ステレオ・マッチングにも利用したSADで問題ありません.

▶手順2：相対速度ベクトルを求める

　60 fpsだと時間間隔が16.7 msと短いので, 立体物は大して動きません. そのため, マッチングの探索範囲は小さくて済みますが, 移動量が微小なので, 相対速度の精度が低くなります.

　そこで, 10フレーム分の短冊と, 前フレームから引き継いだグループ番号をともに保存しておきます. 図11のように10フレーム前の同じグループ番号の短冊とマッチングを取ることで, 精度の高い相対速度ベクトルが得られます. 相対速度を求める時点で視差空間（i-d空間）から実空間（x-z空間）に変換します.

　静止立体物に対してこの処理を行うと, 自車の速度ベクトルを高精度に求められます. このベクトルをつなげていけば自車の軌跡が得られます. 出発点からつ

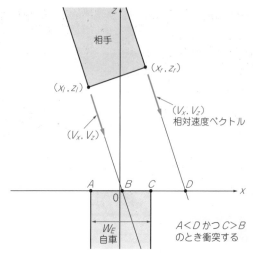

図12 衝突するかどうかの判断
相対速度ベクトル, 自車の幅, 相手の幅から衝突の可能性を判断する. 衝突すると判断したときは, 衝突するまでの時間を算出する

ないでいけば今の自分の位置がわかります. この手法をビジュアル・オドメトリと呼びます.

● ステップ5：障害物かどうかを判断する

　相対速度ベクトルがわかれば, 衝突するかどうかの判断は簡単です. 相手の相対速度ベクトルがこちらに向かっているかどうかで判断できます.

　相手との距離を相対速度ベクトルの絶対値で割れば, 衝突するまでの時間がわかります. これは, 衝突回避を達成するための重要な情報で, TTC（Time to Collision）と呼ばれます.

　相手の位置の角度$\tan^{-1}(x/z)$と, 相対速度の角度$\tan^{-1}(v_x/v_z)$が一致していれば衝突します. 実際には自車も相手も幅があるので, 正面衝突でなくても自車と相手が重なれば衝突します.

　自車の右端からみた相手の左端の相対速度ベクトルが自車の右側に反れている, または自車の左端からみた相手の右端の相対速度ベクトルが自車の左側に反れていれば衝突しません. 衝突しないための条件は, 自車の幅をW_E, 短冊グループの右端と左端の位置をそれぞれ(x_r, z_r), (x_l, z_l)とすると, 次式で表されます.

$$\tan^{-1}\frac{V_x}{V_z} > \tan^{-1}\left(\frac{x_l - \dfrac{W_E}{2}}{z_l}\right)\text{または}$$

$$\tan^{-1}\frac{V_x}{V_z} < \tan^{-1}\left(\frac{x_r - \dfrac{W_E}{2}}{z_r}\right) \cdots\cdots\cdots (4)$$

　図12に示すのは, このときの座標系です. 相手の左右端は, 実空間の座標に変換しておきます. 衝突すると判断したときは, 距離を相対速度で割って, 衝突までの時間を出力します.

第7章

数千円のFPGA＆カメラでも自作できる

ステレオ・カメラの
信号処理&設計の実際

実吉 敬二，今井 宏人 Keiji Saneyoshi, Hiroto Imai

　ここまで解説してきたステレオ・カメラは，数千円のカメラ・モジュールとFPGAボードがあれば自作できます．

　本稿では，実際に図1に示すような距離画像を表示するステレオ・カメラの製作を例に，実際の信号処理や設計について解説します．

　ステレオ・カメラは，車載や屋外の移動ロボットなど，いろいろな用途が考えられますが，今回は時速2～3kmで走行する屋内移動ロボットを想定します．ほかの用途への応用も可能なので，適宜読み替えてください．　　　　　　　　　〈編集部〉

ハードウェアの設計①
…画像処理チップの検討

● 単純な計算を素早く大量にこなしたい

　装置の全体ブロックを図2に示します．

　ステレオ・カメラの距離画像は，膨大な計算を経て出力されます．ステレオ画像処理で計算の中心になるのは，前章の式(3)で紹介した評価関数SADです．この式には減算と絶対値計算，そして加算しかありません．そしてこの単純な計算が大量に行われます．

　計算用のハードウェアには，CPUやGPU（Graphic

図1　ステレオ・カメラから出力した視差画像の表示例
弱パターン除去処理を施してある

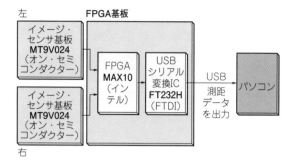

図2 本稿で解説する自律走行ロボット用ステレオ・カメラ全体のブロック

Processing Unit），FPGA（Field Programmable Gate Array）などが考えられます．

● どれがステレオ・カメラに向く？

▶CPU：単純な計算を大量にこなすのには向かない

CPUは，1つずつ順番に計算をこなしていくだけなので，時間がかかります．

同時に複数の計算を行うには，コア数を増やすしかありません．それでも数個から数十個が限界です．ステレオ・カメラ画像処理の場合，計算自体は単純なので，高機能なCPUをいくつも使うのはもったいないです．

▶GPU：同じ計算を繰り返すだけならオーバースペック

GPUは，数百～数千個の演算回路を内蔵しています．それらは，縦横につながれていて並列にパイプライン処理を実行します．

機能的にはCPUの一種なので，演算回路の一つ一つは汎用的な計算が行えるように作られています．そのため，ある特定の計算だけを行わせると，ほかの部分はリソースとしても電力としても無駄になります．GPUが想定していない特殊な計算をさせようとする

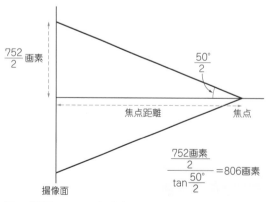

図3 視野角からレンズの焦点距離*f*を求める方法
車輪走行のロボットは，急激に横を向くことはないので，50°程度の視野があれば問題ない

と，途端に効率が下がります．

▶FPGA：GPUの1/10の電力で高速処理が可能

FPGAは，演算回路の1つ1つを目的に沿って設計できるプログラミングのできるハードウェアです．

専用の回路を作れるので，特殊な計算も効率よく実行でき，無駄な電力も発生しません．数千～数万個の演算回路を構成できるので，CPUやGPUと比べて，性能をけた違いによくすることも可能です．

今回ステレオ画像処理をGPUで実行したところ，30 Wの電力を消費しましたが，FPGAでは3 Wでした．ロジック数数万程度の安価なFPGAでも60 fpsで距離画像を生成できます．

ハードウェアの設計②　…カメラ部の検討

● ステップ1：ステレオ・カメラの基本設計

▶手順1：カメラのパラメータ（*Bf*値）を決める

徒歩よりも移動速度が遅いので，検出範囲は私たちが歩くときに特に障害物に注意する5 m程度で問題ないでしょう．

精度は人間が目で見た感じから，距離5 mで25 cm程度にします．ステレオ・カメラの精度は，距離の2乗に反比例するので，距離1.6 mでは2.5 cm，50 cmでは2.5 mmです．

距離5 mで25 cmなので，精度は5 ％ですが，視差は0.5画素程度の精度で測れます．5 mの距離を視差10画素で測定すると，式(1)から視差の精度 $\varDelta d = \pm 0.5$画素なので5 ％です．

$$\varDelta Z = \frac{Bf}{d} - \frac{Bf}{d + \varDelta d}$$

$$= \frac{Bf \varDelta d}{d(d + \varDelta d)} \fallingdotseq \frac{Bf \varDelta d}{d^2} \fallingdotseq \frac{Z \varDelta d}{d}$$

$$誤差[\%] = \frac{\varDelta Z}{Z} \times 100 = \frac{100}{d} \varDelta d \cdots\cdots (1)$$

ただし，$\varDelta Z$：測距精度，d：視差，B：カメラ間距離，f：焦点距離

*Bf*値は前章の式(1)で計算します．ここでの*Bf*値は50画素・m（距離1 mのときの視差）です．これで*Bf*値が決まりました．比較画像における探索範囲は128画素とします．最大視差が128画素となり，距離にすると0.39 m（＝50/128）です．これが最小検出距離です．

▶手順2：焦点距離とカメラ間距離を決める

今回作成するステレオ・カメラの視野角は，標準的な水平画角である50°とします．車輪走行のロボットは，急激に横を向くことはないので，この程度の視野があれば問題ありません．

この視野角からレンズの焦点距離*f*を求めます．焦点距離を求めるには，イメージ・センサのサイズが必要です．ここでは入手しやすい752×480画素の素子

を選びます.

焦点距離は，**図3**のとおり画素単位で$(752/2)\tan$ $(50°/2) = 806$画素です．Bf値は50なので，基線長（カメラ間の距離）Bは6.2 cmになります．具体的なCMOSセンサにはMT9V024（オン・セミコンダクター）を選びました．画素の大きさは$6\,\mu m \times 6\,\mu m$です．1画素当たり$6\,\mu m$になり，焦点距離fは$806 \times 6\,\mu m$で4.8 mmと求まります.

● ステップ2：カメラ・モジュールを選ぶ

個人レベルでカメラ・システムを製作するなら，単体のイメージ・センサを選ぶよりも，基板として完成しているモジュールを使う方が便利です.

レンズ部分は，Sマウントと呼ばれるM12P0.5のねじが切ってあるものが便利です．いろいろなレンズと交換できて便利ですが，今回はひずみの少ないピン・ホール・レンズを使います．ピン・ホール・レンズを使うと，前章で紹介したひずみ補正の処理が不要です.

カメラ・モジュールは，製品によって画像データの出力インターフェースが異なります．USBやイーサネット，MIPI（Mobile Industry Processor Interface）など，さまざまですが，それほど高速ではなく，処理基板との距離が短くて，FPGAに直接入力する場合は，単純なパラレル出力が最適です．ほかのインターフェースで出力しても，FPGA内部ではパラレルにするので，接続するための労力が無駄です.

● ステップ3：ステレオ・カメラを仕立てる

カメラが決まったら，それを2つ横につなげて，ステレオ・カメラに仕立てます.

2つのカメラの位置は後で調整するので，基板に空いている取り付け穴に対して±0.5 mm程度の隙間ができる，小さめのねじを使うとよいでしょう．固定方法はいろいろ考えられますが，実験を行うには**図4**のように1本のL形アルミ・アングルでも十分です.

● ステップ4：カメラとFPGAを接続する

カメラ・モジュールMT9V024の場合，次に示すような信号をFPGAと接続します.

- 10ビットまたは12ビットのデータ・ライン
- データと同期したクロック（PIXCLK）
- フレーム有効/無効インジケータ（FRAME_ VALID）
- 1ライン内のデータの有効/無効インジケータ（LINE_VALID）
- システム・クロック
- 設定用シリアル通信インターフェース

これらの信号は，FPGAのI/Oピンに接続します．接続ピンを選ぶときは，I/Oバンクの電圧や特殊な用

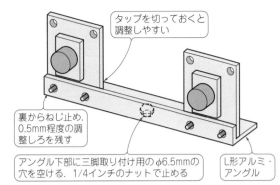

図4　2つのカメラを固定する方法
1本のL形アルミ・アングルにカメラ・モジュールを固定する．調整しやすいように

途に割り当てられていないか慎重に確認します．今回は，FPGA内部の処理は8ビットで行います.

● ステップ5：パソコンとFPGAを接続する

パソコンとの接続には，USB変換ICのFT232H（FTDI）を使います.

本チップはUSB 2.0対応ですが，転送モードは245モードと言われる高速な転送モードを使います．WVGAのサイズの画像を1/60秒で2枚送ります.

FPGAとのシリアル接続は，データ・バスとリード，ライトがあるくらいでシンプルです．USBコネクタ側も送信，受信の配線が1本ずつあるだけです.

▶その他

あとはコンフィギュレーション用のEEPROMとの接続用にクロックやデータ・ラインがあります.

● ステップ6：パソコンに通信用ソフトウェアをインストールする

通信するために，パソコン側にデバイス・ドライバをインストールします．パソコン上で視差画像を利用した処理ソフトウェアを作るために，ライブラリやヘッダもインストールします．ともにFTDI社のホームページから入手できます.

https://www.ftdichip.com/Drivers/D2XX.htm

*

FPGAから送られてきた画像は，USBのライブラリを使ってバッファに格納します．視差画像の形式を確認しながら，原画像と視差画像に分離します.

視差画像は，**図1**のように視差に応じて色を付けるときれいです．視差が大きいときは赤，小さくなるにつれて黄色，緑，水色，青と変化させます．RGBの混合比を連続的に替えていくことで実現します．最大視差の半分くらいで黄色，その半分くらいで緑，としていくと見栄えがよくなります.

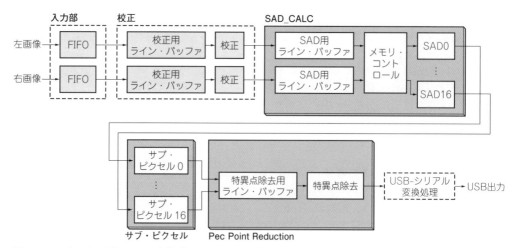

図5　ステレオ・カメラ用FPGAの内部ブロック
HDLソースコードを使ってステレオ・カメラを動作させるには，入力部，校正，パソコン用インターフェースの回路が別途必要となる

信号処理部の設計

　FPGA内部の全体ブロックを**図5**に示します．各ブロックごとに動作を解説します．

● 入力部

　視差は，左右の画像にずれがないことを前提に求めています．

　左右画像に時間的なずれがあると，動いている物体の撮像される時間が左右で異なることになり，そのずれが視差に加わります．画像を取り込むタイミングがずれていても同じです．

　左右のカメラは同時にスタートさせ，可能な限り時間差が出ないようにします．そうは言っても多少のずれは生じる可能性があります．そこでライン・バッファ(FIFO)を用意し，LINE_VALIDが早く来たほうの画像をライン・バッファに溜め，もう一方のLINE_VALIDが来たタイミングで読み出します．これによって，左右画像で処理する位置がずれないようにします．

● 校正処理

　左右のカメラの相対的な位置が違うと，左右の走査線の位置が一致せず，探索が行えません．ところが，ぴったり一致させるには，精度0.5 μmの位置精度が要求されます．これを実現するのは難しいです．ここでは，電子的に画像を並進，回転させることで，左右の位置が一致するようにします．

▶校正可能な範囲

　並進，回転によって動く範囲を包含するライン・バッファを用意します．機械的な取り付け精度を±6画素まで許容すれば，必要なライン・バッファの本数は上下6本ずつ，合わせて12本です．

　図6に示すのは，校正処理のイメージです．並進させるときの最小ステップは，0.1画素以下の1/16画素にします．回路規模を半分に抑えるために，右画像を下げる代わりに，左画像を上げることにしました．回転は，画像中央を回転中心にします．最小ステップは，左右端が1/16画素動く回転とします．回路規模を半分に抑えるために，右画像を左回転させる代わりに，左画像を右回転させることにします．最大並進と最大回転量は，ともに3画素として，全体で12ライン幅に

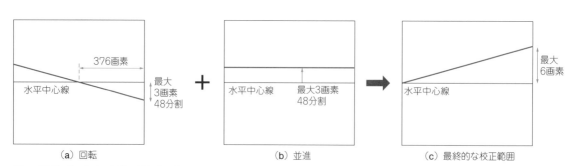

図6　校正処理のための画像の回転と並進
右画像の左回転は，左画像の右回転と同じなので，左右の画像はどちらも右回転のみとする．上下への並進も同様

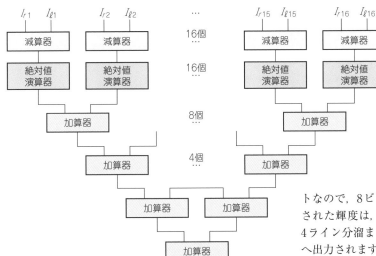

図7 評価関数SAD計算回路の構成

収まるようにします．

▶校正量の決め方

校正する並進量や回転量は，左右画像の中で特徴的な領域を何点か選んでマッチングすると，そのずれ量から正確に求められます．私たちは，視差画像を見ながらきれいな画像になるように，目視で合わせています．

▶校正画像の生成方法

並進量と回転量から実際の画像を構成する方法は次のとおりです．これらの量は最小ステップを単位として0〜48までの値にしておきます．

並進量をt，回転量をrとすると，校正後の画像の位置(i_c, j_c)に対応する校正前の画像の位置(i_u, j_u)は，次式で求められます．

$$(i_u, \ j_u) = \left(i_c\cos\theta + j_c\sin\theta, \ j_c\cos\theta - i_c\sin\theta + \frac{t}{48} \right)$$

$$\text{ただし} \ \theta = \tan^{-1}(r/48/376) \cdots\cdots\cdots\cdots (2)$$

376画素は，今想定している画像素子の画像中心から端部までの画素数です．θが小さいので，近似すると次式になります．

$$(i_u, \ j_u) = \left(i_c + j_c\theta, \ j_c - i_c\theta + \frac{t}{48} \right) \cdots\cdots\cdots (3)$$

$(i_u, \ j_u)$の値は実数です．これを整数部と小数部に分けると，次式で表せます．

$$(i_u, \ j_u) = (i_{int} + i_{dec}, \ j_{int} + j_{dec}) \cdots\cdots\cdots\cdots (4)$$

校正後の輝度$B(i_c, \ j_c)$は，次のとおり校正前の輝度から変換されます．

$$B(i_c, \ j_c) =$$
$$(1 - i_{dec})\ (1 - j_{dec})B(i_{int}, \ j_{int}) + (1 - i_{dec})j_{dec}B$$
$$(i_{int}, \ j_{int} + 1) + i_{dec}(1 - j_{dec})B(i_{int} + 1, \ j_{int})i_{dec}j_{dec}B$$
$$(i_{int} + 1, \ j_{int} + 1) \cdots\cdots\cdots\cdots\cdots\cdots (5)$$

長い式ですが，掛け算と加減算だけなのでFPGAでの計算コストはさほど掛かりません．輝度が8ビッ

トなので，8ビットの固定小数点で計算します．校正された輝度は，4ラインのバッファに書き込みます．4ライン分溜まると，次のステレオ・マッチング処理へ出力されます．マッチング処理が行われている間に，次のラインの校正された輝度が，別の4ライン・バッファに書き込まれていきます．

● **ステレオ・マッチング処理**

この処理が，視差画像を求める上で一番重要な処理です．

評価関数SADの計算を実際に行いますが，FPGAの正負符号の処理を減らすために，展開した次式で計算します．

$$SAD(d) = \sum_{j=1}^{n} \sum_{i=1}^{m} |(I_{l,\ i+d,j} + \overline{I_r}) - (I_{r,i,j} + \overline{I_l})|$$
$$\cdots\cdots\cdots\cdots\cdots\cdots\cdots\cdots (6)$$

図7に示すのは，SAD計算回路の構成です．左右画像のそれぞれの領域の平均値を算出します．領域内の4×4素を ピラミッド状に組み合わせて総和の計算を行ったあと，下位ビットを削って平均値にします．

式(6)の絶対値内の2つの()の処理は16個×2の加算器を並べ処理します．単純な加算なので，ここは組み合わせ回路で構成しています．領域内の同じ位置に当たる2つの()の演算結果に対し，大小比較と減算を行うことで16個の絶対値後の値が算出されます．

これを再度ピラミッド状に組み合わせて総和を取れば，式(6)のFPGA化は完成です．

式(6)は，任意の1領域に対するSAD計算です．基準画像の視差は，比較画像の同じ位置から領域を横移動し，探索範囲内でSADが最小になったときの横移動量です．基準画像の1領域の視差を算出するには，探索範囲分のSAD計算を行う必要があります．

SAD計算に必要なデータは，基準画像と比較画像の領域でそれぞれの4×4画素です．基準画像の領域は探索範囲内で固定なので，16画素をレジスタで保持します．比較画像の領域は，探索範囲内で横移動します．横移動は，4×4画素の縦1列の4画素をシフトします．

▶少ないリソースで多くの計算をこなせる回路設計

SADは視差算出において一番計算量が多い回路で

す．そのため，可能な限り短い時間かつ少ないリソースで，FPGAの品質（タイミング）を保てる詳細な設計を行うことが重要です．領域シフトのときも，単純にライン単位でバッファに格納すると，1ポート・メモリを使用した場合，1シフトのデータがそろうまでに最低4クロック必要です．

私たちのFPGA開発では，4ラインをバッファに格納する際に工夫し，1クロックで縦4画素がリードできるようにしています．SAD計算過程で画素データをいつまでラッチしなければいけないかも考慮しました．ある領域のSAD算出完了前に次の領域の処理を開始する設計をしています．探索範囲分のSADを計算しながら，同時にSAD値の大小比較を行います．SAD値が小さいときのシフト量を上書き保持する事で視差を算出します．

● SAD計算回路の並列化

これまでに求めた視差は，基準画像の1領域の視差なので，領域の数だけ計算を行います．領域の数は，1領域のサイズと画像のカラム数により決まります．また，領域が4×4であれば，4ラインの間に全てのSAD計算を終える必要があります．

カラム数をX，探索範囲を128とすると，領域の数は$4/X$です．単純に考えると$4X$の間に$4/X \times 128 = 32X$の処理を終える必要があります．仮にこの差をクロック周波数で補うとすると，ピクセル・クロックの8倍もの周波数でSAD演算を行うことになります．

1画素当たりの処理時間が46 nsであれば，752×480画素の画像に対し60 fpsの速さで処理できます．周波数だと21.7 MHzです．今回のFPGAは100 MHz程度まで動かすと安定していたので，4倍までは速くできますが，8倍は難しそうです．

そこで回路をもう1つ作って，処理能力を2倍に高めます．基準画像に接続しているレジスタを2倍に増やして，隣の領域も書き込みます．比較画像に接続し

ているシフト・レジスタも2倍に増やします．この増やしたレジスタに，もう1つのSAD計算回路を接続します．これだけで処理能力が2倍になります．

● サブ・ピクセルの算出

視差は，SADの最小値に対応する画素ずれから求めるので，結果は画素単位の整数値になります．もし1画素以下のサブ・ピクセル精度で視差を求めることができれば，距離の精度が上がります．

ここでは，最小値を取った画素のSADと，その両隣の画素のSADを用いて，視差の精度をサブ・ピクセルまで高めます．これを2直線近似と呼びます．図8のように，SADの変化を2本の直線で近似して，その交点の位置の視差を真の視差とします．

ほかにも放物線を当てはめる方法があります．2直線で近似する方法はより正確なのですが，ノイズに弱い欠点があるため，今回は採用しませんでした．

▶計算方法

具体的には，最小のSAD値をb，その左側のSAD値をa，右側をcとします．真の視差は最小値を取ったときの視差d_0に対して，次式に示す分だけずれた位置になります．

$$\Delta d = 0.5 \times (a - c)/(c - b) \quad a < c$$
$$\Delta d = 0.5 \times (a - c)/(a - b) \quad a > c \cdots\cdots (7)$$

この式を見るといくらでも精度を上げられるように見えますが，そうではありません．

実際は，SADが左右画像の小領域のパターンの差から計算されるので，輝度の揺らぎや校正の正確さに影響されて精度が落ちます．その結果，実用的には1/4ピクセル程度の精度になります．

▶FPGAへの実装方法

FPGAへの実装にもこれを利用します．式には除算がありますが，答えは-0.5から0.5までの0.25刻みの値なので，5通りしかありません．絶対値で考えれば0.0，0.25，0.5の3通りです．浮動小数点で厳密に計算するまでもありません．

$a < c$のとき$E = c - b$，$a > c$のとき$E = a - b$，$G = |a - c|$とすると，真の視差は次式で表されます．

$$0 \leqq 0.5 \times \frac{G}{E} < 0.125 のとき \Delta d = 0$$

$$0.125 \leqq 0.5 \times \frac{G}{E} < 0.375 のとき \Delta d = 0.25$$

$$0.375 \leqq 0.5 \times \frac{G}{E} < 0.5 のとき \Delta d = 0.5 \cdots\cdots (8)$$

さらに式を変形すると，次式のようになります．

$$0 \leqq G < \frac{E}{4} のとき \Delta d = 0$$

$$\frac{E}{4} \leqq G < \frac{3E}{4} のとき \Delta d = 0.25$$

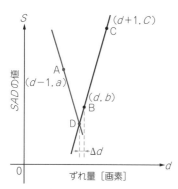

図8 サブ・ピクセルの求め方
$a < c$のとき，Dは，BとCを通る直線と，その直線と傾きが逆でAを通る直線の交点

$$\frac{3E}{4} \leqq G < E \text{ のとき } \Delta d = 0.5 \cdots\cdots\cdots\cdots (9)$$

$E/4$は下位2ビット・シフトで計算できます．また$3E/4$は$E/4 + E/2$と考えると，下位2ビット・シフトと下位1ビット・シフトの加算で求められます．これでΔdが求まるので，あとはGの符号を考慮し，bにΔdを加算もしくは減算すれば，サブ・ピクセルの計算は完了です．

● 特異点の除去

SADの計算で対象とする小領域は，機械的に画面を分割しているので，探索範囲に同じようなパターンが偶然存在する可能性があります．

画像にはノイズがつきもので，たまたま同一物体よりも，別の物体にある類似パターンのSADのほうが小さくなることがあります．そうすると正しい視差が得られません．

多くのミス・マッチングはランダムに発生します．その個数も全体のデータ数に比べると少なく，ミス・マッチングは周囲の視差と特異的に異なる値になる場合が多いです．得られた視差が，周囲と比べてあまりにも異なっている場合は，誤りとして**図9**のように処理します．

▶具体的な方法

1つの小領域の視差と周囲の8カ所の3×3視差でヒストグラムを作ります．

特異点除去を行うため，N番目と$N \pm 1$番目をライン・バッファに格納します．$N+2$ライン目用も用意し，計4つのライン・バッファを使います．

ライン・バッファの大きさは，画像のラインに対して1/4の大きさになります．データ幅は探索範囲により変わります．探索範囲が256であれば視差の最大値は256なので8ビットです．

横軸を視差にする場合，探索範囲分（256個）の投票箱は用意せず，9個の投票箱を用意してヒストグラム

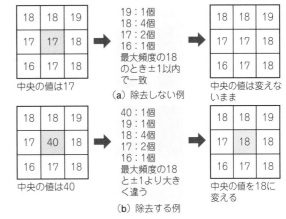

図9 ミス・マッチングを減らすための特異点除去の方法
ノイズなどにより発生した特異的なデータ（特異点）を除去する

をとります．投票数は9個なので，視差値と頻度をペアにします．そして9個の視差を順に投票します．すでに同じ視差の投票箱があったらそこに1を加えます．なければ新たに投票箱を作って1を入れます．ノイズや画像の揺らぎによる微小な誤差を考慮し，対象の視差値±1の視差も投票に加えます．

投票が終わったらその結果を使って中央の視差に対して処理をします．中央の視差が最大頻度の視差の±1画素であれば，そのままにします．異なるときには，最大頻度の視差と置き換えます．

● 視差画像の出力

視差画像は小領域単位で出力されます．小領域が4×4画素であれば，原画像に比べて1/16の大きさです．視差にはサブ・ピクセルの視差も加わります．

視差画像は，原画像の数ライン遅れでリアルタイムに出力されます．受け取り側でも2つの画像を同時に受けてこのメリットを生かしたいです．そこで，視差画像と原画像を同期させて，**図10**のように両方の画像を一緒にして送ります．

(4m, 4n)画素の視差	(4m, 4n)画素の輝度	(4m, 4n)画素サブ・ピクセル	(4m, 4n+1)画素の輝度	予備	(4m, 4n+2)画素の輝度	予備	(4m, 4n+2)画素の輝度

(a) 4mライン

(4m, 4n)画素の視差	(4m+1, 4n)画素の輝度	(4m, 4n)画素サブ・ピクセル	(4m+1, 4n+1)画素の輝度	予備	(4m+1, 4n+2)画素の輝度	予備	(4m+1, 4n+3)画素の輝度

(b) 4m+1ライン

(4m, 4n)画素の視差	(4m+2, 4n)画素の輝度	(4m, 4n)画素サブ・ピクセル	(4m+2, 4n+1)画素の輝度	予備	(4m+2, 4n+2)画素の輝度	予備	(4m+2, 4n+3)画素の輝度

(c) 4m+2ライン

(4m, 4n)画素の視差	(4m+3, 4n)画素の輝度	(4m, 4n)画素サブ・ピクセル	(4m+3, 4n+1)画素の輝度	予備	(4m+3, 4n+2)画素の輝度	予備	(4m+3, 4n+3)画素の輝度

(d) 4m+3ライン

図10 ステレオ・カメラから出力される画像データのフォーマット

（正しい視差が得られていない）

（視差情報をきれいに表示）

（a）校正前 　　　　（b）校正後

図11　電子的な校正を行うときれいな視差画像が得られる
フラクタル板と呼ばれるランダムな模様の板を使って調整する

　原画像は，ライン・バッファを数段入れて，視差画像と同期させておきます．そして画素ごとに原画像と視差画像を交互に送ります．

　視差画像は，4バイト単位で，1バイト目が視差，2バイト目がサブ・ピクセル，残りの2バイトは予備です．

　このようにして原画像と視差画像の送信タイミングにずれがないようにします．視差画像は4ラインずつ同じデータを送ります．

　以上でFPGAによる視差画像の生成ができました．最後にこれをパソコンに送って表示します．

調整と校正

● ステップ1：カメラ位置の調整
▶ 手順1：仮止め

　あらかじめカメラ・モジュール2台を隣どうしでL形アルミ・アングルに固定し，ステレオ・カメラの形に仕上げておきます．ただし仮止めです．
▶ 手順2：カメラ間隔を調整する

　2つのカメラの位置を調整します．この調整で距離精度などのカメラの性能が決まるので，慎重に作業します．

　周りを見渡して，1m以上の直線を探します．窓の桟，机の縁，ベランダの手すりなど適当な被写体を見つけます．そこにカメラの間隔と等しい2本の線状の印を細いペンなどで記しておきます．

　カメラを三脚に付けて，1mくらい手前に置き，動作させて画像をディスプレイに写します．ディスプレイには，画像の中心を通る水平線と垂直線を描いておきます．カメラの位置を調整し，直線がどちらのカメラでも中心を通って水平になるようにします．

　直線にカメラ間隔で描いておいた印のうち，右のカメラで右側の印が乗るようにします．元々適当にカメラを取り付けてあるのでぴったりとはいきません．大体でよいです．
▶ 手順3：L形アングルの角度を調整する

　L形アルミ・アングルの水平方向の縁が，見付けた直線と平行になるように，三脚の調整機構を使って調整します．このときカメラに写る直線の位置が大きくずれてしまったら，前述した調整を繰り返します．
▶ 手順4：イメージ・センサの位置を微調整する

　イメージ・センサの位置を片方ずつ調整します．

　取り付けねじを少し緩め，ディスプレイを見ながら，できるだけ4画素以内になるように画面に描いた水平線と机の縁などの直線が一致するようにします．左画像は，カメラ間隔で描いた左側の線，右画像は右側の線より4画素くらい垂直線が内側にくるように調整します．

　この4画素が重要です．こうすると視差にオフセットが乗り，無限遠でも探索範囲がマイナスになることを防ぎます．カメラ・モジュールのねじはしっかりと締めてください．

● ステップ2：電子的な校正

　カメラの調整が済んだ視差画像を見ても，思ったほど綺麗に写っていないと思います．どんなにていねいにカメラを組み立てても，0.1画素程度の調整が必要なためです．よほど器用でない限り，手による調整はできません．

　今回製作したステレオ・カメラは，電子的な微調整ができます．回転と並進，それぞれ48段階で調整します．

　左右画像でそれぞれ1方向にしか動かしません．右画像を下げようと思ったら左画像を上げます．視差画像を見ながら値を振っていきます．図11(a)のように，初めはよく出なかった視差が，図11(b)のようにきれいな視差になっていきます．この調整に用いている模様板は，近くで見ても遠くで見てもランダムな模様に見えるフラクタル板です．ステレオ・カメラは森や草原など不規則なパターンが得意です．そのためフラクタル板は，とてもきれいな視差画像を生成してくれます．

実　験

● 実験1：ステレオ・カメラのパラメータを確認する

　視差から距離に変換するためには前章の式(1)を使います．

　先ほど視差にオフセットを付けましたが，このオフセットの値も式の中に入れます．すると，距離Zは次式のとおりです．

$$Z = \frac{Bf}{D - D_\infty} \quad\cdots\cdots\cdots\cdots\cdots\cdots\cdots (10)$$

　この式の中のBfと最大視差D_∞を計測によって求めます．フラクタル板をカメラから適当な距離に置きます．可能であれば視差が100，50，25，12画素くらいになるところに垂直になるように置きます．

　視差画像を撮影し，それぞれのフラクタル板の視差を求めます．そのときフラクタル板内で複数の視差を

求め平均します．そして表計算ソフトウェアのExcel
などを使って距離の逆数に対応する値として表を作り
ます．式(10)は次のように変形できます．

$$D = \frac{Bf}{Z} + D_\infty \quad\cdots\cdots\cdots\cdots\cdots\cdots (11)$$

これは，視差が距離の逆数の1次式になっていること
を示しています．表の値をグラフ化して直線を当ては
めることで,その傾きと切片からBfとD_∞が求められます．

図12に示すのは，私たちのカメラで測った例です．
遠距離用に作ったので，実際の距離は4～19m，さら
に窓の外の風景を使って188mも測りました．

グラフを作り直線を当てはめると，Bf = 469.2画素・m，
D_∞ = 26.2画素になりました．D_∞が大きくなったのは,
オフセットを付けるときに取付位置を外側にし過ぎた
ためです．

● **実験2：距離精度を確認する**

得られたパラメータを使って，違う距離に置いたフ
ラクタル板を測ってみました．

表1に測定結果を示します．どの距離でも10cm未
満の誤差に収まっています．

4mでは，3mmしかなかった誤差が5cm近くまで
広がっています．原因はフラクタル板の設置が不適切
だったためです．ステレオ・カメラによる測定結果が,
設置精度の問題を指摘できるほどによい精度であるこ
とを実証しました．

● **実験3：1cm刻みで距離を測ってみる**

今度は，ある点からの距離の差（相対距離）を測って
みました．フラクタル板を4m，7m，12mに置き，
そこを出発点に1cm刻みで視差を測定しました．

図13に測定結果を示します．結果をグラフにして,
直線を当てはめてから，測定点の揺らぎを標準偏差で
求めました．標準偏差は多くても0.1画素程度で，経

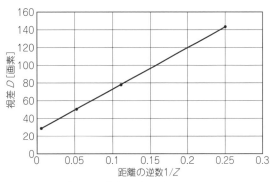

距離 Z	距離の逆数 1/Z	D
4m	0.2500	143.55画素
9m	0.1111	78.24画素
19m	0.0526	50.63画素
188m	0.0053	28.9画素

（a）計測値

直線を当てはめ，傾きと切片を求める
Bf = 469.2［画素・m］，D_∞ = 26.2画素

（b）計測値をグラフ化

図12　実験1：ステレオ・カメラのパラメータ（Bf値とD_∞）の測定結果

表1　実験2：距離精度を測った結果

視差 D	測定距離 Z	真の距離
65.05画素	12.07 m	12 m
93.19画素	7.00 m	7 m
144.81画素	3.95 m	4 m

験的ばらつき（0.25画素）よりもよい値を示しました．

精度が上がった理由は，フラクタル板で得られた複
数の視差を平均したためです．視差は0.25画素で離散
的になっているわけではなく，連続的にばらついてい
るので，平均を取ると精度がよくなります．これを利
用して，目標物に対して複数の視差を取り，平均する
ことで精度の向上を図っています．

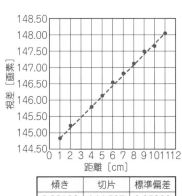

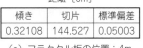

傾き	切片	標準偏差
0.32108	144.527	0.05003

（a）フラクタル板の位置：4m

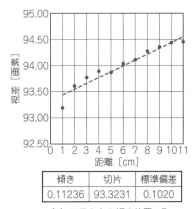

傾き	切片	標準偏差
0.11236	93.3231	0.1020

（b）フラクタル板の位置：7m

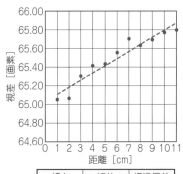

傾き	切片	標準偏差
0.07655	65.0298	0.0747

（c）フラクタル板の位置：12m

図13　実験3：1cm刻みで距離を測った結果
測定点の揺らぎの標準偏差を求めた結果，誤差は多くても0.1画素になった．これは複数得られる視差を平均化したためである

コラム　ステレオ・カメラを屋外でも使えるようにする追加処理

　本章では詳しく解説できませんでしたが，実用的なステレオ・カメラに必要な追加回路がいくつかあります．次の3つの回路は，特に重要な処理です．

● ①ひずみ補正

　レンズにはひずみがつきものです．本特集では，ピンホール・レンズを使ったので，ひずみ補正が不要でした．

　実際にはさまざまなレンズを使うので，どうしてもひずみ補正は必要です．ここでは，ひずみ補正の方法について解説します．

▶手順1：格子板を用意する

　はじめに，前章図6のような格子板を用意します．視野よりも大きなシートを用意し，カメラのピントを無限に合わせた状態で，あまりボケない位置まで近づけて撮影します．

　撮影距離は1～2mくらい，シート幅は1～3mくらいです．かなり大きなシートですが，分割や接合をすると精度が落ちるので，1枚で作成します．私たちは，ターポリンという素材を使っています．格子の印刷は，横断幕の印刷会社に依頼しています．格子間隔と格子線幅が10：1，撮影した時に格子間隔が30画素程度になる大きさで印刷します．

▶手順2：カメラ・モジュールの位置を調整する

　カメラ・モジュールは，2台を組み合わせて，ステレオ・カメラの形にしておきます．

　固定は仮止めです．2つのカメラが格子面に対して，できるだけあおりがつかず平行になるように設置します．このときカメラを動作させておいて，画面で映像を見ながら調整すると楽です．格子のひずみが上下や左右で対象になるように位置を調整します．

▶手順3：イメージ・センサの位置を調整する

　イメージ・センサの位置を調整します．画面には，画像の中心を通る垂直・水平な線を入れておき，同じ格子線が左右で同じ高さになるように調整します．

　ここが重要なのですが，格子線の横方向位置は，左右画像の中心が，基線長（カメラ間隔）に3～5画素足した位置にあるようにします．

　カメラ・モジュールの固定ねじを少し緩めて，手で慎重に位置調整して，再び締めます．雑になってはいけませんが，最後の調整は電子的に行われるので，あまり神経質に位置を動かさなくてもOKです．

▶手順4：格子の撮像画像から画面座標を求める

　撮像した格子像から適当な画像処理ソフトウェアを使って格子点の画面座標を求めます．

　私のおすすめは，格子点付近の縦横の格子線を最小2乗法で直線近似し，それらの交点を求める方法です．補正後にあるべき格子点の像は任意に作れるので理想的な正方格子を作ります．その理想格子点の位置に対応する補正前の格子点の位置が，上で求めた格子点の位置です．格子点以外の位置は格子点間の線形補間で求めます．FPGAで変換するので，変換テーブルは格子点のみにしてテーブルが膨大にならないようにします．

　OpenCVなどのひずみ補正は，私たちの方法に比べると精度が低いので，使っていません．

　ステレオ・カメラは補正校正が命です．

● ②弱パターン処理

　パターンのないところや弱いところは，ステレオ・マッチングがうまくいかず，ミス・マッチングが多発します．そういう箇所は，視差を出さないようにします．

　視差が求められるのは，パターンのある所だけです．パターンのある所とは，輝度変化のある箇所のことで，隣り合う画素の輝度の差を取って，あるしきい値以上のときに「パターンあり」と判断します．

　視差は左右の画素の間に生じますが，ここでは便宜上，左側の画素に視差を与えます．あとは視差画像が出来てくるタイミングを見計らって，画素ごとに視差データを取捨します．

● ③オクルージョン問題の解決

　右カメラでは見えるのに，左カメラでは見えないとき，ステレオ・マッチングができなくて，でたらめな視差が求められてしまうことをオクルージョン問題と呼びます．

　この問題の解決には，バック・マッチング法がよく用いられます．

　オクルージョンにより誤って対応付けされてしまった左画像の小領域は，右画像の正しい領域ともマッチングしているはずです．それは左画像を基準画像として右画像とマッチングを取ればわかります．

　この小領域は，右画像を基準画像にした通常のステレオ・マッチングでも同じ視差が得られているはずです．通常のマッチングでも，左画像を基準画像にした時でも，同じ視差が得られた場合にのみその小領域の正しい視差とします．そうでないときは，視差を与えないようにします．これによってオクルージョンの問題が解決します．　　　〈実吉　敬二〉

第 3 部

位置推定技術②···LiDAR

第8章 高精度3次元マップ作りに

LiDAR の基本原理

江丸 貴紀, 田口 海詩 Takanori Emaru, Uta Taguchi

LiDAR(Light Detection and Ranging)は, 光の飛行時間ToF(Time of Flight)を使ってターゲットまでの距離を測定する技術, およびその技術を使ったセンサの総称です. LiDARは, カメラやミリ波レーダなど, ほかの障害物センサよりも高い距離精度をもちます. 障害物の検出にはレーザ光を使っているので, 電波の反射率の低い段ボール, 木材, 発泡スチロールなども検出できます.

光速は, 1秒間に約30万km(地球7周半)と非常に高速ですが, 有限です. psオーダの微小な時間を計測できれば, ターゲットまでの距離が測れます.

100m以上の比較的遠距離にあるターゲットに対しても高精度に距離を測れるため, 自動運転用のダイナミック・マップの作成に向きます. ダイナミック・マップと照合して, 自分の位置を認識する自己位置推定処理にも向いています.

本稿では, このLiDARについて紹介します.

〈編集部〉

あらまし

● ビームの細いレーザ光を使った方位分解能が高い測距センサ

LiDARは, パルス状に発光するレーザ照射に対する散乱光を測定し, 遠距離にある対象までの距離を計測するセンサです(写真1). LiDARという単語は, Light

（a）Velodyne社のLiDAR

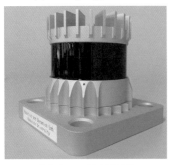

（b）Ouster社のLiDAR

写真1 レーザ光を使った測距センサ
LiDAR(Light Detection and Ranging)

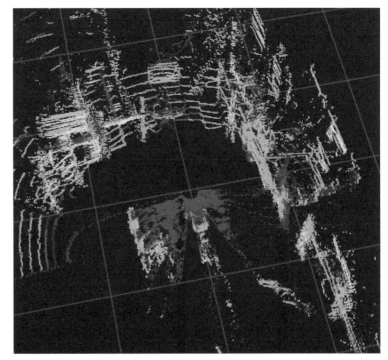

図1 LiDARで計測した3次元空間データ
室内におけるHDL-32e(Velodyne Lidar)の測定例. HDL-32eの場合, 100m先でも2cm精度

Detection And Ranging（光検出と測距），もしくは
Laser Imaging Detection And Ranging（レーザ画像検出と測距）の頭文字を取っています．

　自動運転用センサや先進運転支援システム（ADAS，Advanced Driver Assistance System）を実現するためには必須のセンサとして位置づけられており，世界市場規模は2017年の25億円から2030年には約200倍の5000億円にまで拡大すると予想されています．

● ブレイクスルーには低価格化が必須

　自動運転の分野では，グーグル・カーが採用していることでも有名な米国Velodyne Lidar社の製品が広く用いられています．ほかにも米国Quanergy Systems社，コンチネンタル社（ドイツ），ボッシュ社（ドイツ）などの製品があります．日本においてもリコー，パイオニア，日本信号などが研究開発を進めています．

　LiDARは高価です．Velodyne Lidar社の製品HDL-32eは2019年時点で数百万円します．自動運転技術の普及のためにはLiDARの低価格化が必須で，各社がその開発にしのぎを削っています．パイオニアは，2022年以降に1万円以下での提供を目標に掲げています．

● できること…100m先でもcm精度で測距できる

　図1に示すのは，HDL-32e（Velodyne Lidar）を使って部屋の中を計測したデータです．このセンサは，32個のレーザ送受信センサを内蔵していて，水平全方位360°，垂直視野41.3°の3次元イメージングが可能です．1秒間に約700000ポイントを測定し，測定精度は約±2cm，測定距離は1〜100mまで対応しています．

　図2に示すように，映像（RGB画像）とHDL-32eの距離データを重ね合わせることもできます．

〈江丸　貴紀〉

図2　LiDARの測距情報を実際の映像（RGB画像）と重ね合わせたようす
重ね合わせには精密なキャリブレーションが必要だが，サーモグラフィ等の別の画像と組み合わせれば，雪道をクルマが走行した跡（わだち）を検出することもできる

自動運転での役割

● 自車の周囲を高精度にスキャンできる

　私たち人間がクルマで目的地に行くときは，「自分の位置確認」，「周りの状況確認」，「目的地に行くルートの決定」，「自動車の運転操作」を連携して行っています．

　自動運転車も基本的には同じです．自動運転システムの基本機能には，自己位置推定，物体認識，経路計画，車両制御などがあります．自己位置推定や物体認識には，周囲の構造物までの距離情報を使います．この距離情報を取得するセンサとして，LiDARが注目されています．

● 高精度な3次元マップ作りに向く

　自己位置推定は，自分がどこに居るかを把握するための処理です．自動運転車は，自己位置推定を行った上であらかじめ決められた経路を走行します．

　GPSなどの衛星測位システム（GNSS：Global Navigation Satellite System）や3D-LiDARで情報を取得し，前もって作成済みの高精度3次元地理空間情報（ダイナミック・マップ）と照らし合わせて自分の正確な位置を把握します．

　人間が，目で見た風景と記憶の中にある特徴的な空間情報から自分の正確な位置を把握するのと同じです．ダイナミック・マップは，ビルなどの建物情報以外に自動運転の判断に使う車線，横断歩道，道路標識の位置など特徴的な空間情報を含みます．ダイナミック・マップは，高性能な3D-LiDARを使って作成しています．

　自己位置推定に使う3D-LiDARは，写真2に示すように，クルマの屋根に取り付けられることが多いです．

原　理

● 360°全周をレーザ光で照らす

　図3に示すのは，3D-LiDARが距離を計測する原理

写真2　3D-LiDARを搭載した自動運転車
自動車の屋根の上に取り付けて，自動車全方向の周辺位置情報を取得している

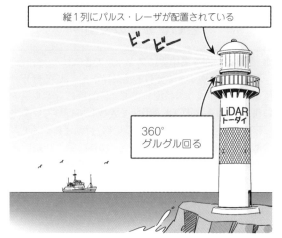

縦1列にパルス・レーザが配置されている

ビー　ビー

LiDAR
トーダイ

360°
グルグル回る

図3　3D-LiDARの動作原理
3D-LiDARの原理は1列に並べられた複数個のパルス・レーザをグルグルと360°回転させることで，全方向の3次元位置情報を得ることができる

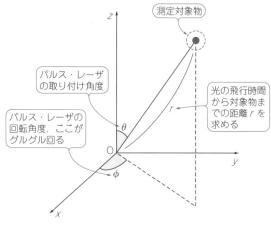

測定対象物

パルス・レーザ
の取り付け角度

パルス・レーザの
回転角度．ここが
グルグル回る

光の飛行時間
から対象物ま
での距離 r を
求める

（a）極座標系

$$x = r \sin\theta \cos\phi$$
$$y = r \sin\theta \sin\phi$$
$$z = r \cos\theta$$

（b）極座標系から直交座標系への変換式

図4　3D-LiDARの取得する極座標データ
3D-LiDARは測定対象物までの距離 r とレーザ発光角度（θ, ϕ）の極座標データとして取得される．極座標データは3D地図情報である x, y, z 直交座標に変換可能である

のイメージです．3D-LiDARを灯台に例えて説明します．

灯台は，塔のてっぺんに360°回転するサーチライトが設置されています．夜間にサーチライトをぐるぐる回すことで，海上を航行する船舶を照らし，位置を知らせます．このサーチライトを縦1列に複数個並べたパルス・レーザに置き換えると3D-LiDARの基本的な構造と同じになります．

パルス・レーザ1個では，1点（1次元）の距離データしか得られません．パルス・レーザを縦1列に複数個並べると，線（2次元）の距離データが得られます．これを360°回転させると，面（3次元）の距離データが得られます．

● **出力される距離情報データの形式**

3D-LiDARは，パルス・レーザの発光角度と光の

飛行時間から距離情報を得ます．距離情報のデータ形式は，**図4**(a)に示すような極座標系です．

3D-LiDARが1回転しながら情報を収集すると，1万個以上の点の集まりになります．**図5**に示すような点がたくさん集まった3次元空間のデータ形式を点群（point cloud）と呼びます．3D-LiDARで得られた極座標系の点群は，**図4**(b)に示す座標変換を行うと，ダイナミック・マップとして使える x, y, z 座標系情報に変換できます．

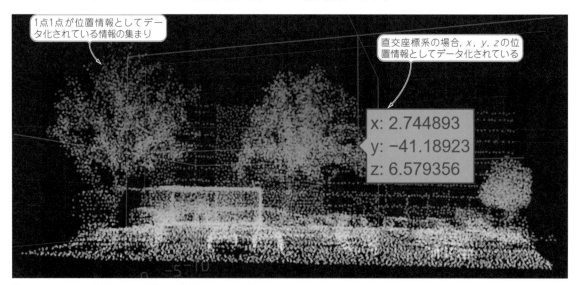

1点1点が位置情報としてデータ化されている情報の集まり

直交座標系の場合，x, y, z の位置情報としてデータ化されている

x: 2.744893
y: −41.18923
z: 6.579356

図5　3D-LiDARで取得した距離データ（点群：point cloud）
3D-LiDARで取得した情報は点の位置情報の集まりとしてデータ化される．このような3次元情報データ形式を点群データ（point cloud）と呼ぶ

パルス・レーザの配置間隔で
3D情報を取得する

前方の車と人物

自由視点変換で視点
を変えると車の陰で
データ取得できない
部分は黒く見える

この黒い部分は車の陰
となってLiDARで撮
影できなかった部分

Velodyne LiDAR

図6　3D-LiDARで取得した情報と実際の映像
自動車の自動運転を行うときに取得した3D-LiDARからの距離情報．3D-LiDARで取得した点群データを自由視点変換処理により上空から見た画像にして表示している

　図6に示すのは，クルマに3D-LiDARを取り付けて取得した周辺情報です．カメラで見た画像と3D-LiDARで取得した情報を対比させています．

　3D-LiDARで取得したデータは，1つ1つが距離情報とてデータ化されているので，ソフトウェアによっ て視点位置を自由に動かせます．真上から俯瞰した表示に変換することもできます．

　このように，3次元データの視点を変えて表示する画像変換処理を自由視点変換処理と呼びます．

〈田口　海詩〉

コラム　自己位置推定と高精度3次元マッピングを同時に行う「SLAM」

　SLAM（Simultaneous Localization And Mapping）は，自己位置推定情報（Localization）と地図情報（Mapping）を互いにフィードバックしあうことで，高精度な自己位置推定と地図作成を同時に行う手法です．

　図Aに示すのは，屋内環境でSLAMを利用して3次元地図を生成した例です．障害物センサとGNSS（Global Navigation Satellite System，全球測位衛星システム）から得られる自己位置情報を組み合わせて生成しました．LiDARなど高精度な障害物センサを使って，信頼性の高いSLAMが実現できるようになりました．　　　　　　　　〈江丸　貴紀〉

図A　SLAMを利用して屋内の3次元地図を生成した例

キーテクノロジ…
微少時間を正確に測る TDC 回路

田口　海詩 Uta Taguchi

図1に示すのは，3D-LiDARの内部ブロックです．
図の中にある微小時間計測回路で光の飛行時間
(ToF：Time Of Flight)を測定し，距離情報を得て
います．光は1ns(10^{-9}秒)で約30cm進むので，
距離計測を行うには1ns以下の分解能をもつ微小時
間計測回路を使います．

従来の微小時間の計測には，1Gsps(サンプル/秒)
以上のオシロスコープや，TAC(Time-to-
Amplitude Converter)と呼ばれる回路を使ってい
ました．いずれも高価な測定器なので，大学や大手
メーカの研究機関向け装置でしか使われませんでし
た．ところが，これらと同じ時間分解能をもつ
TDC回路(Time to Digital Convertor)を搭載した
安価なICが数年前に登場し，微小時間計測の常識
が変わりました．

TDC回路は，LiDARなどToF方式の測距センサ
のほかに，素粒子の性質を調べる理化学機器や，ガ
ンの診断などに使われるPET(Positron Emission
Tomography)に使われています．静電容量式セン
サやひずみゲージでは，放電時間をTDCで計測す

ることで，測定精度を高めている例もあります．ひ
ずみゲージの分解能は，従来のマイコン内蔵A-D
コンバータだと12ビット程度ですが，TDCを使う
と28ビットまで高められます．

本稿では，TDC回路の動作原理と応用事例を解
説します．また，実際のICを使って，実際の微小
時間計測を体験してみます．　　　　　〈編集部〉

1ns以下の時間を測る「TDC」とは

● ロジックICの伝搬遅延で時間を測る

図1のTDC(Time to Digital Converter)は，高速ロ
ジックの伝搬遅延時間を使って微小時間を計測する回
路です．半導体プロセスの進化により，高速ロジック
が汎用的に製造できるようになったため，安価に入手
できるようになりました．

図2に示すのは，ディジタル・ロジックICの伝搬
遅延時間です．入力に対し，一定時間遅れてから信号
が出力されます．

伝搬遅延時間は，ロジックICのシリーズ(LSやHC

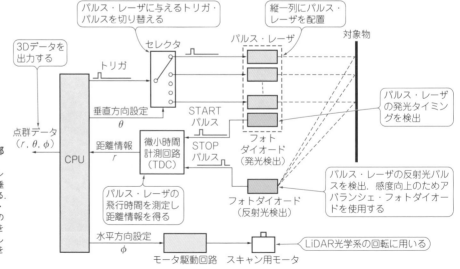

図1　3D-LiDARの内部ブロック
縦一列に配置したパルス・レーザのトリガを切り替えて垂直方向の距離情報を取得する．スキャン用モータでパルス・レーザとフォトダイオードの角度を変えて横の距離情報を取得する．設定角度と取得した距離情報より3D点情報を作成する

など）によって異なります．製造プロセスの微細化や材料の改良によって，伝搬遅延時間1 ns以下で動作するロジック半導体も登場しました．TDCは，この技術を応用することで製造できるようになりました．

TDC回路

写真1に示すのは，TDC回路を搭載する時間計測IC TDC7200PW（テキサス・インスツルメンツ）です．Digi-Keyなどのインターネット通販で300円程度で購入できます．図3に示すのは，TDC7200PWの内部構成です．微小時間の測定で重要なのは，「TDCコア」の部分です．

● 基本構成

図4に示すのは，TDCコア内部の基本構成です．インバータ・ロジックを奇数個つないだリング・オシレータと，信号の状態を瞬時にサンプリングするラッチ回路で構成されています．

リング・オシレータに信号が入力されると，最初のロジックから遅れ時間を伴って後段へ伝搬していきます．最後のロジックに到達すると，最初のロジックに信号が戻り，延々と伝搬がループします．リング・オシレータのループ回数を計測するための周回カウンタを備えています．

● 動作

リング・オシレータのインバータ・ロジックは，入出力間に数十ps程度の伝搬遅延があります．スタート・パルスを入力すると，初段のインバータ・ロジックから時間遅れを伴って後段へと伝搬していきます．ストップ・パルスを入力すると，ラッチ回路でインバ

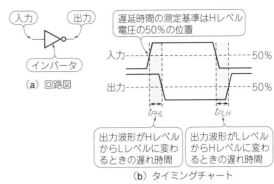

(a) 回路図

(b) タイミングチャート

図2 TDCはロジックICの伝搬遅延を使って時間を測る
74HC04（インバータ）の入出力信号を観察すると，入力信号に対して出力信号は8ns程度の伝搬遅延時間が発生している．74HC04は，t_{PHL}とt_{PLH}はほぼ等しい

ータ・ロジックの各段を同時サンプリングします．

どの段のインバータ・ロジックまで信号が伝搬したかが分かれば，スタート・パルスからストップ・パルスまでの経過時間が測定できます．TDCコアにはラッチ回路が複数並列に接続されていて，ストップウォッチのラップ計測のようにスタート・パルスからの経過時間を複数個記録できます．

● TDCの弱点：チップや環境によって特性が変わる

インバータ・ロジックの伝搬遅延特性は，デバイス自体のアナログ性能に依存します．そのため，経年劣化やチップ温度変化によって，伝搬遅延時間が大きく変動する欠点を持ちます．

半導体は，製造ロットごとの材料特性や製造プロセス条件によって，入出力伝搬遅延時間にバラツキが生じます．TDCコアの微小時間測定回路で，常に正確な計測を行うためには，校正が必要です．

写真1 TDC回路を内蔵する時間計測IC
TDC7200（テキサス・インスツルメンツ）．光や音波の飛行時間の計測に向く．パッケージは14ピンTSSOP．Digi-keyなどで300円程度で購入できる

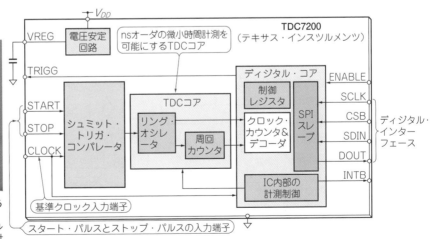

図3 時間計測IC TDC7200の内部ブロック
微小時間の計測を行うTDCコアとICの制御を行うディジタル・コアが主な構成要素である．TDCコア内のリング・オシレータはチップのアナログ特性を利用している

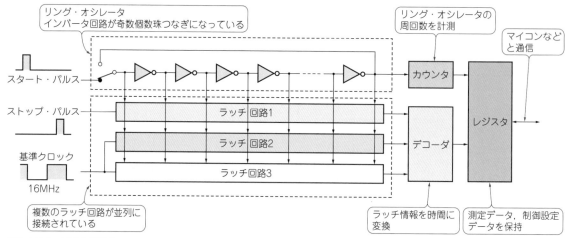

リング・オシレータ インバータ回路が奇数個数珠つなぎになっている

スタート・パルス

ストップ・パルス

基準クロック

16MHz

複数のラッチ回路が並列に接続されている

リング・オシレータの周回数を計測

マイコンなどと通信

カウンタ

ラッチ回路1

ラッチ回路2

ラッチ回路3

デコーダ

レジスタ

ラッチ情報を時間に変換

測定データ,制御設定データを保持

図4 TDCコアの内部構成
スタート信号により動作が始まるリング・オシレータとストップ信号によりリング・オシレータの各段出力をサンプリングするラッチ回路で構成されている

● 正確性を高めるために重要な校正機能

TDCコアには,上記の欠点を改善するために,キャリブレーション(校正)機能が搭載されています.TDCコアに搭載されているラッチ回路では,微小時間計測と同時に,高安定発振器で生成したクロック信号を測定しています.微小時間の測定と同時に,周波数が分かっているクロック信号を測定できるので,インバータ・ロジック1個当たりの正確な伝搬遅延時間を求められます.

TDC7200PWに搭載されているキャリブレーション機能を例に校正時の動作を解説します.

TDC7200PWには,スタート/ストップ・パルス以外に,外部基準クロック信号を入力する端子が用意されています.外部基準クロックには,周波数安定度の高い既知の発振器を選びます.ここでは,16 MHzのMEMS発振器を用いたとして説明します.

図5に示すように,スタート・パルスの立ち上がりか

ら,直後の基準クロックの立ち上がりまでの経過時間を*CAL*1として測定します.次に,スタート・パルスの立ち上がりから,基準クロックの10回目の立ち上がり経過時間を*CAL*2として別のラッチ回路で測定します.

基準クロックの周波数は既知なので,*CAL*1,*CAL*2の値からロジック1個分の伝搬遅延時間を逆算して求めます.**図6**に示すのは,微小時間測定値を距離に変換するための計算です.

キャリブレーション測定は,微小時間測定と同時に実行されます.そのため,常に安定した測定結果が得られます.

実力実験の方法

手軽に入手できるTDC回路内蔵IC TDC7200PWの微小時間計測性能を調べてみます.

時間計測回路の基本特性には,非直線性誤差と遅れ時間ジッタの2つがあります.非直線性誤差は,遅延値を変えたときに理想値との乖離がどれくらいあるか

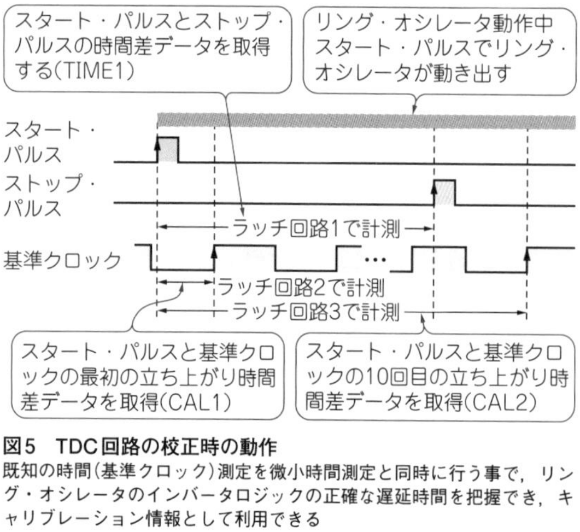

スタート・パルスとストップ・パルスの時間差データを取得する(TIME1)

リング・オシレータ動作中スタート・パルスでリング・オシレータが動き出す

スタート・パルス

ストップ・パルス

基準クロック

ラッチ回路1で計測

ラッチ回路2で計測

ラッチ回路3で計測

スタート・パルスと基準クロックの最初の立ち上がり時間差データを取得(CAL1)

スタート・パルスと基準クロックの10回目の立ち上がり時間差データを取得(CAL2)

図5 TDC回路の校正時の動作
既知の時間(基準クロック)測定を微小時間測定と同時に行う事で,リング・オシレータのインバータロジックの正確な遅延時間を把握でき,キャリブレーション情報として利用できる

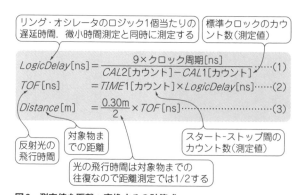

リング・オシレータのロジック1個当たりの遅延時間.微小時間測定と同時に測定する

標準クロックのカウント数(測定値)

$$LogicDelay[ns] = \frac{9 \times \text{クロック周期}[ns]}{CAL2[\text{カウント}] - CAL1[\text{カウント}]} \quad \cdots(1)$$

$$TOF[ns] = TIME1[\text{カウント}] \times LogicDelay[ns] \quad \cdots(2)$$

$$Distance[m] = \frac{0.30m}{2} \times TOF[ns] \quad \cdots(3)$$

反射光の飛行時間

対象物までの距離

光の飛行時間は対象物までの往復なので距離測定では1/2する

スタート-ストップ間のカウント数(測定値)

図6 測定値を距離へ変換するの計算式
微小時間測定値(*TIME*1),キャリブレーション測定値(*CAL*1,*CAL*2)から対象物までの距離*Distance*を計算する

を評価します．遅れ時間ジッタは，入力するパルスの遅延時間を一定に設定し，測定結果のバラツキをヒストグラム表示して評価します．この2項目を測定すれば，時間計測回路の性能を総合的に評価できます．

ここではTDC7200PWの非直線性誤差と遅れ時間ジッタを測ってみます．

TDC7200PWには測定精度を安定化させるためのキャリブレーション機能が備わっています．キャリブレーション機能の有無で性能がどのように変わるかも評価を行います．

短パルス生成 74LV123A（テキサス・インスツルメンツ）
FT231X（FTDI）シリアル通信モジュール
TDCと遅延ICを制御するマイコン・モジュール ESP32-DevKitC（Espressif Systems）
ディジタル遅延IC DS1023-200（マキシム）
16MHz発振器SIT2001B（SiTime）
微小時間測定IC TDC7200PW（テキサス・インスツルメンツ）

写真2　実験回路の構成
使用するICは表面実装部品なので変換基板を使用してユニバーサル基板に実装する．回路の制御に用いるESP32-WROOM-32やFT231Xは市販のモジュール品を使う

実験回路の構成

● キー・パーツ：TDCと遅延パルス発生IC

写真2に示すのは，微小時間計測の実験回路です．TDC7200PWへ入力する遅延パルスは，微小時間遅延発生ICのDS1023（マキシム）で生成します．図7に実験回路の全体ブロック，図8に回路図をそれぞれ示します．

TDC7200PWは，光や音波の飛行時間（ToF：Time of Flight）を測定するための専用ICとして開発されました．光の飛行時間を測定するために，分解能55 psで最長500 nsまで測れるモードがあります．今回の実験では，このモードを使います．

DS1023は，遅延パルスを発生させるICです．遅延時間はディジタル値で設定できます．ns単位の遅延パルスを生成できるので，微小時間測定回路の評価に便利です．

● 各ICはマイコン経由でパソコンから制御する

TDC7200PWとDS1023は，SPI（Serial Peripheral Interface）経由でパラメータ設定や測定データ取得を行います．各ICの制御は，ESP32-WROOM-32（Espressif Systems）を使います．

ESP32-WROOM-32は，Wi-Fi/Bluetoothの無線

通信機能を内蔵したマイコン・モジュールです．プログラムは，書き換えを頻繁に行うときに便利なMicroPythonで作成しました．

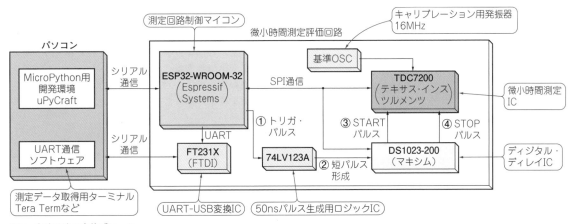

図7　実験回路の全体ブロック
ESP-WROOM-32にMicoroPythonインタプリタのファームウエアを書き込み，統合開発環境uPyCraftから各ICの制御を行う

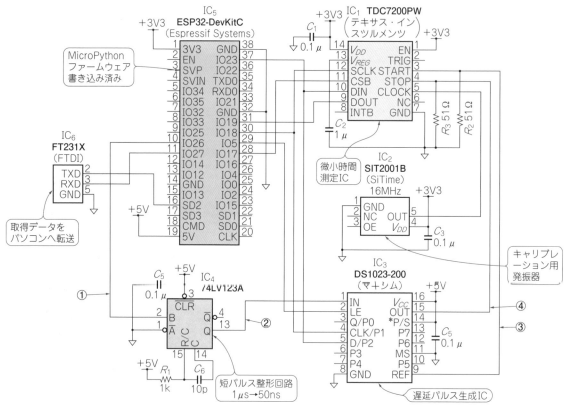

図8 実験回路
遅延パルス生成IC DS1023と時間計測IC TDC7200PW を ESP32 で制御する

▶実験条件

図9に示すのは，微小時間計測実験のタイミングチャートです．ESP32-WROOM-32で①トリガ信号を発生させ，マルチバイブレータIC 74LV123Aで②50 nsの短パルスを作成し，DS1023に入力します．DS1023では，ディレイ・ライン条件をSPIで設定し，③基準パルスと④遅延パルスを生成します．

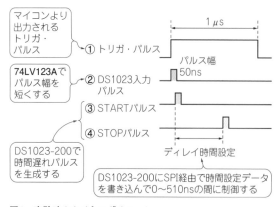

図9 実験時のタイミングチャート
DS1023-200は，1ステップ2ns間隔で0～512nsのパルスを生成できる

実験手順

● **ステップ1：パルス信号の遅延時間を設定する**

微小時間計測回路の動作を確認には，疑似的に遅延させた微小時間パルスを使います．今回の実験では，2 ns間隔で遅延時間を変更できるDS1023-200を使って遅延信号を作ります．

図10に示すように，DS1023の内部には微小時間の遅延を起こすディレイ・ラインが255個直列接続されています．外部からのスイッチ切り替えにより，遅延時間を変更できます．

今回の実験では，パソコンから0～510 nsの間で遅延時間を設定できるようにしました．

● **ステップ2：対象の微小時間を計測する**

TDC7200PWの測定条件パラメータは，SPI経由で設定します．設定できるパラメータは，測定時間範囲モードや入力パルスのトリガ位置，積算回数などです．**図11**に示すCONFIG1，CONFIG2レジスタにSPI経由で値を書き込んで設定します．

今回の実験では，全てデフォルト値を設定しました．

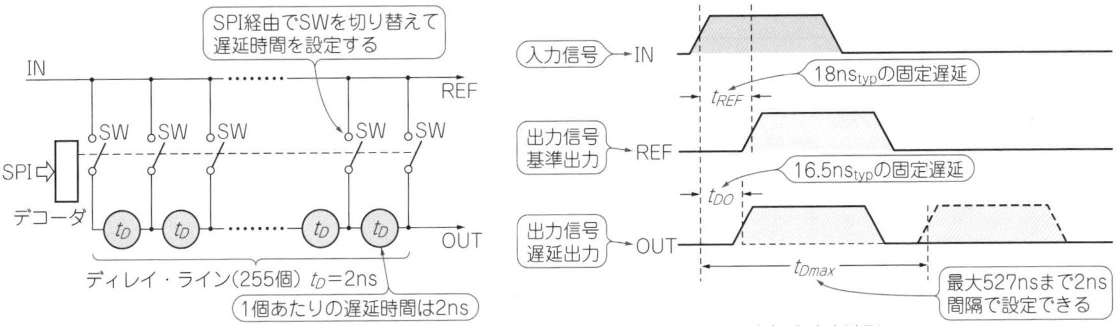

図10 遅延パルス発生ICの内部ブロック
DS1023-200は遅延時間が2nsのディレイ・ラインが255個連なっている．スイッチで切り替えることでOUTピンから遅延波形を出力できる

このレジスタに1を書き込むとトリガ待ち状態になる．
測定が終了するとまた0に戻る

7	6	5	4	3	2	1	0
FORCE_CAL	PARITY_EN	TRIGG_EDGE	STOP_EDGE	START_EDGE	MEAS_MODE		START_MEAS
R/W-0h	R/W-0h	R/W-0h	R/W-0h	R/W-0h	R/W-0h	R/W-0h	R/W-0h

（a）コンフィグレーション・レジスタ1
レジスタのアドレス：00h，リセット時のレジスタ状態：00h

キャリブレーション測定条件設定．
デフォルトでは基準クロックの最初のクロックから10個目のクロックまでの時間をカウント

微小時間測定の条件設定．
デフォルトでは積算なし．
積算は2～128回の設定ができる

ラップ計測設定．
デフォルトではSTOP信号は1つ．
ラップ計測は5つまで設定できる

7	6	5	4	3	2	1	0
CALIBRATION2_PERIODS		AVG_CYCLES			NUM_STOP		
R/W-0h	R/W-1h	R/W-0h	R/W-0h	R/W-0h	R/W-0h	R/W-0h	R/W-0h

（b）コンフィグレーション・レジスタ2
レジスタのアドレス：01h，リセット時のレジスタ状態：40h

図11 TDC7200PWの制御レジスタ
TDC7200PWの内部制御レジスタ（CONFIG1，CONFIG2）にSPI経由でデータを書き込むとICの制御が行える

▶**手順1：トリガ待ち状態にする**

図11のCONFIG1レジスタのSTART_MEASビット（CONFIG 1，0ビット目）に1のフラグを立てると微小時間測定回路がトリガ待ちの状態になります．

▶**手順2：スタート・パルスを入力する**

この状態でSTARTピンにスタート・パルスを入力すると，リング・オシレータが動作開始します．

▶**手順3：ストップ・パルスを入力する**

STOPピンにストップ・パルスが入力されるとリング・オシレータの状態がラッチ回路にサンプリングされ微小時間測定が終了します．

微小時間測定が終了すると，START_MEASビット（CONFIG1，0ビット目）は自動で0に戻ります．ns単位の微小時間測定なので，1回の測定は数μsで終了します．

● **ステップ3：計測した微小時間データを読み出す**

TDC7200PWで測定した微小時間測定結果は，測定が終了するとIC内部のレジスタに自動で書き込まれます．測定終了後，SPIで指定されたレジスタ（TIME1）から読み出しを行います．

微小時間測定のデータ長は24ビットなので，SPIで8ビットずつを3回に分けて読み出します．読み込んだ8ビットのデータは，データ・シフト命令で24ビット・データにつなぎ合わせます．

データ読み出し部分は，MicroPythonプログラムで何度も使うので，関数にまとめています．キャリブレーション用測定データも微小時間測定と同時に指定されたレジスタ（CAL1，CAL2）に書き込まれるので関数を用いて同様に読み出します．

今回の測定に使ったMicroPythonプログラムをリスト1に示します．

実 力

● **① 直線性誤差の評価**

図12（a）に示すのは，DS1023-200の設定値を連続的に変化させて，微小時間測定回路の直線性を評価した結果です．TDC7200PWは，12ns以下の微小時間

リスト1　微小時間測定プログラム（MicroPython）

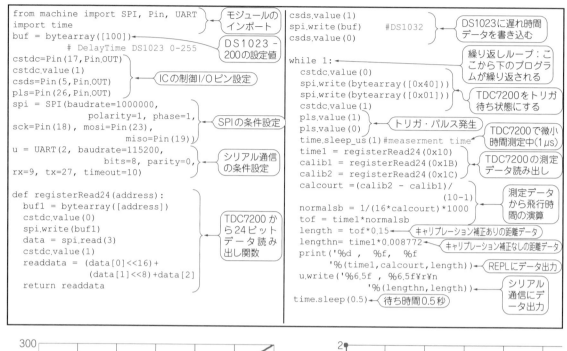

```
from machine import SPI, Pin, UART     ← モジュールの
import time                               インポート
buf = bytearray([100])  ←              ─ DS1023-
         # DelayTime DS1023 0-255        200の設定値
cstdc=Pin(17,Pin.OUT)
cstdc.value(1)
csds=Pin(5,Pin.OUT)    ← ICの制御I/Oピン設定
pls=Pin(26,Pin.OUT)
spi = SPI(baudrate=1000000,
              polarity=1, phase=1,      ─ SPIの条件設定
sck=Pin(18), mosi=Pin(23),
                  miso=Pin(19))
u = UART(2, baudrate=115200,
              bits=8, parity=0,         ─ シリアル通信
rx=9, tx=27, timeout=10)                   の条件設定

def registerRead24(address):
   buf1 = bytearray([address])
   cstdc.value(0)
   spi.write(buf1)                      ─ TDC7200から
   data = spi.read(3)                     24ビット
   cstdc.value(1)                         データ読み
   readdata = (data[0]<<16)+              出し関数
              (data[1]<<8)+data[2]
   return readdata
```

```
csds.value(1)
spi.write(buf)        #DS1032           ─ DS1023に遅れ時間
csds.value(0)                             データを書き込む

while 1:                                 ─ 繰り返しループ：こ
   cstdc.value(0)                          こから下のプログラ
   spi.write(bytearray([0x40]))            ムが繰り返される
   spi.write(bytearray([0x01]))         ─ TDC7200をトリガ
   cstdc.value(1)                         待ち状態にする
   pls.value(1)        ─ トリガ・パルス発生
   pls.value(0)
   time.sleep_us(1)#measerment time     ─ TDC7200で微小
   time1 = registerRead24(0x10)           時間測定中(1μS)
   calib1 = registerRead24(0x1B)        ─ TDC7200の測定
   calib2 = registerRead24(0x1C)          データ読み出し
   calcourt =(calib2 - calib1)/         ─ 測定データ
              (10-1)                       から飛行時
   normalsb = 1/(16*calcourt)*1000        間の演算
   tof = time1*normalsb
   length = tof*0.15    ─ キャリブレーション補正ありの距離データ
   lengthn= time1*0.008772 ─ キャリブレーション補正なしの距離データ
   print('%d,  %f,  %f
         '%(time1,calcourt,length))    ─ REPLにデータ出力
   u.write('%6.5f,  %6.5f¥r¥n
            '%(lengthn,length))        ─ シリアル
                                         通信にデー
time.sleep(0.5) ← 待ち時間0.5秒            タ出力
```

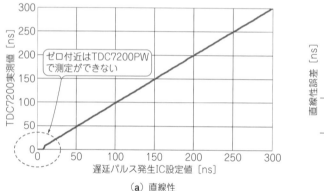

（a）直線性

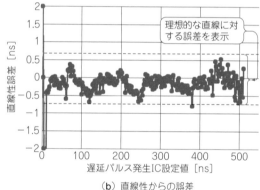

（b）直線性からの誤差

図12　実験結果①：微小時間測定の直線性調査
DS1023-200の設定値を0〜510nsで変化させて，TDC7200PWで直線性を測定した．DS1023の遅延誤差はデータシートより±1nsである．直線性誤差の測定結果は±0.7ns程度なのでDS1023の遅延誤差が測定されていると考えられる

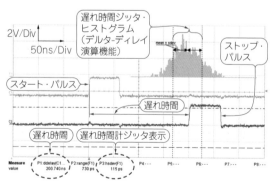

図13　実験結果②：遅れ時間ジッタのヒストグラム測定
演算機能付きディジタル・オシロスコープを用いると，スタート・パルスとストップ・パルスの遅れ時間を複数回計測し遅れ時間ジッタ（ばらつき）をヒストグラムで表示できる

は測れないので，グラフの0付近は測定不能です．

直線性の精度を評価するために非直線性誤差（測定値−設定値）を計算した結果を**図12(b)**に示します．グラフから±0.5ns程度の誤差が見られます．DS1023のデータシートには，ステップ幅のばらつきが±0.5nsあると記載されています．そのため，非直線性誤差グラフに示された結果は，DS1023で遅延パルス発生時に発生した誤差成分であると考えられます．

● ②遅れ時間ジッタの測定

遅れ時間ジッタは，同じ条件で微小時間測定を繰り返し行い，測定のバラツキ頻度をヒストグラム表示する評価方法です．測定には，演算機能の備わった高級なディジタル・オシロスコープを使うのが一般的です．

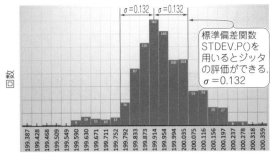

標準偏差関数 STDEV.P()を用いるとジッタの評価ができる. σ=0.132

図14 遅れ時間ジッタのヒストグラムをエクセルで表示したようす
スタート・パルスからストップ・パルスまでの遅れ時間を1000回測定し, 測定結果をExcelのヒストグラム機能で表示した. 演算機能付きディジタル・オシロスコープと同等の解析が行える

図13に示すのは, DS1023の遅れ時間を200 nsに設定し, 遅れ時間ジッタのヒストグラムを測定した結果です. ばらつき標準偏差は115 psでした.

測定データをExcelでヒストグラム表示すれば, ディジタル・オシロスコープがなくても遅れ時間ジッタのヒストグラム評価ができます.

図14に示すのは, DS1023 - 200の遅れ時間を200 nsに設定し, 1000回繰り返し測定した結果です. 測定データは, Excelに読み込んでヒストグラム表示しました.

Excelの標準偏差関数(STDEV.P)を使うと, 遅れ時間ジッタの標準偏差も求められます. その結果, ジッタの標準偏差は132 psとなりました.

TDC7200PWの性能を考慮するとディジタル・オシロスコープと同程度の測定ができたと評価できます.

● ③キャリブレーション機能の検証

TDCコアのリング・オシレータ遅延特性は, 半導体のアナログ性能に依存しているため, チップ温度により遅延特性が大きく変化します.

TDC7200PWは, TDCコアの不安定性を補完するために, キャリブレーション機能を備えています. 今回の実験でも微小時間測定データ取得と同時にキャリブレーション・データも取得して, 微小時間測定が安定に取得できるようにプログラミングしました.

今回の実験では, **写真3**のようにTDC7200PWを強制的に冷却して, 温度変化が起こった時にキャリブレーション機能がどの程度効果があるか評価しました.

図15に示すのは, 強制冷却したときの測定データです. キャリブレーション補正を有効にした場合と, 無効にした場合でそれぞれ測定しました. 遅延時間は200 ns(LiDARの距離換算30 m)に設定し, 測定値の変動をグラフにしています.

冷却スプレーを用いてTDC7200の温度を一気に下げると, キャリブレーションによる補正の有無で結果が大きく違います. キャリブレーションで補正を行わ

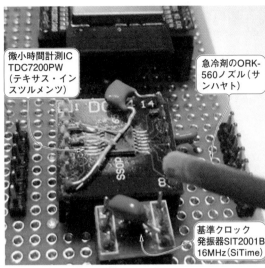

微小時間計測IC TDC7200PW (テキサス・インスツルメンツ)

急冷剤のORK-560ノズル(サンハヤト)

基準クロック発振器SIT2001B 16MHz(SiTime)

写真3 TDCのキャリブレーション機能を評価する
急冷剤を用いてTDC7200PWの温度を急激に変化させICのキャリブレーション機能を確認した

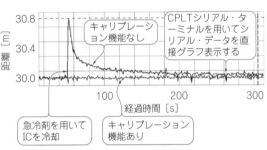

キャリブレーション機能なし

CPLTシリアル・ターミナルを用いてシリアル・データを直接グラフ表示する

急冷剤を用いてICを冷却

キャリブレーション機能あり

図15 実験結果③:キャリブレーション機能の効果を検証
キャリブレーション機能を用いて測定データを補正したときとしないときの効果を比較した. キャリブレーション機能によりデータ補正した時はTDC7200PWの温度が変化しても測定値は安定している

ない場合, 強制冷却で40℃程度下げると30.0 mから30.8 mへと約2.6 %程度の変動が見られました.

＊

今回のTDC7200PWの場合, 12～500 nsの微小時間を±0.13 nsの精度で計測できます. この値をLiDAR距離測定に換算すると1.8～75 mの範囲を±2cmの精度で測定できる性能です.

◆参考文献◆
(1) Velodyne Lidarホームページ.
https://velodynelidar.com/, https://www.argocorp.com/cam/special/Velodyne/Velodyne.html
(2) TDC7200データシート(SNAS647D), テキサス・インスツルメンツ.
(3) 田口 海詩;私の部品箱82, トランジスタ技術, 2018年9月号, CQ出版社.
(4) ペタッと貼れるWi-FiマイコンESP入門, トランジスタ技術SPECIAL, No.144, CQ出版社.
(5) CPLTホームページ, データ・テクノ.
http://www.datatecno.co.jp/cplt/cplt - download.htm

簡易 LiDAR ＆自動運転ローバの実験

エンヤ ヒロカズ Hirokazu Enya

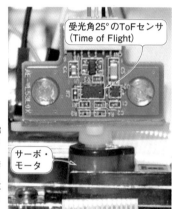

受光角25°のToFセンサ
(Time of Flight)

サーボ・モータ

写真1 自作簡易LiDAR を搭載した自律走行ロボットの実験
レーザ発光素子と受光素子をワンパッケージにまとめたToFセンサVL53L0X（STマイクロエレクトロニクス）

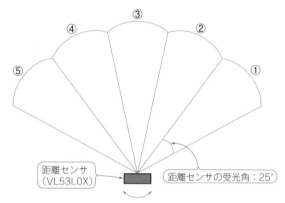

距離センサ(VL53L0X)

距離センサの受光角：25°

図1 サーボ・モータの距離ステップを25°単位で回転させ，1～5まで全部で5ポイント（125°の範囲）の距離情報を計測できるようにした

ToF（Time of Flight, 光の飛行時間）センサは，光をターゲットに照射して，反射して返ってくるまでの時間を測定し，距離を割り出します．前章で紹介したようなTDC（Time to Digital Converter）の登場により，距離精度の高いToFセンサが安価に入手できるようになりました．mm単位で測距が可能なToFセンサが，数百円で手に入ります．

本稿で紹介するのは，ToFセンサを使った簡易LiDARや，それを搭載した自動運転ローバの実験です（**写真1**）.

図1のように光の送出方向を変えれば，正面以外にあるターゲットも補足できます．スキャンすることでマッピングも可能です．ロボット競技で使えば無敵になれるかもしれません．〈編集部〉

あらまし

本章では自作のLiDARを搭載した自動運転車「自律走行Piローバ」を製作しました（**写真1**）．前方を映し出すPiカメラや，距離を測定するToFセンサとセンサを広角に駆動するためのサーボ・モータを搭載しています．センサやモータ制御にはマイコン・ボードTeensy 3.2（PJRC.COM社）を使用し，ラズベリー・パ

イ（Raspberry Pi）を通じてWi-Fiと接続します．コントローラにスマートフォンを使用し，Wi-Fiを通じてラジコンのようにも動かせます．

アルゴリズムは簡易的で実際の状況により正しい判断ができない場合がありますが，しくみとしては一通りそろえています．自動運転アルゴリズムや，新しいセンサの実験ベースとして紹介します．

各ボードやソフトウェアのバージョンは更新される可能性がありますので，適宜読み替えてください．

ハードウェアの全体構成

図2に全体のハードウェアの構成図を示します．各デバイスは変換基板を使っています．ユニット間の接続は容易にできます．試作機ではジャンパ・ワイヤを使用して配線の変更を容易にしましたが，最終的には短いワイヤに交換することをオススメします．デバッグ用にLCDモニタとキーボードを適宜接続して，プログラム開発やデバッグを行います．最終的に動作させるときには取り外して使用します．

表1に示すのは，製作した自律走行Piローバの主な部品表です．モータやキャタピラなどの駆動部分は，

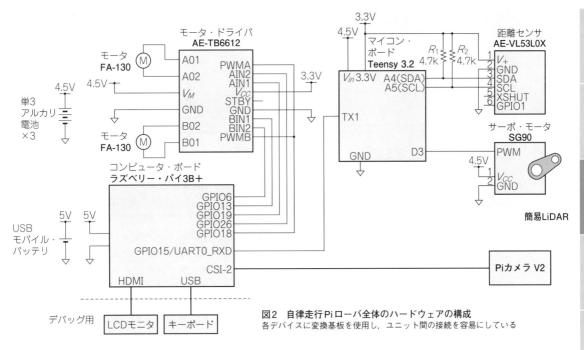

図2 自律走行Piローバ全体のハードウェアの構成
各デバイスに変換基板を使用し，ユニット間の接続を容易にしている

表1 製作した自律走行Piローバの主な部品表
参考価格は2019年1月時点

部品名	製品情報・入手先	参考価格	備　考
ラズベリー・パイ3 モデルB+	https://www.switch-science.com/catalog/3850/	5,670円	Wi-Fi機能を搭載しているラズベリー・パイならば使用可能
Piカメラ・モジュール V2	https://www.switch-science.com/catalog/2713/	4,680円	
ダブルギヤボックス(左右独立4速タイプ)楽しい工作シリーズ(ユニット) No.168	https://www.tamiya.com/japan/products/70168/index.html	907円	FA-130モータ2個付属
トラック&ホイールセット楽しい工作シリーズ(パーツ) No.100	https://www.tamiya.com/japan/products/70100/index.html	648円	
ユニバーサルプレート(2枚セット)楽しい工作シリーズ(パーツ) No.157	https://www.tamiya.com/japan/products/70157/index.html	648円	
マイコン・ボード Teensy 3.2	https://www.switch-science.com/catalog/2447/	3,192円	3.3 V対応ならば他のArduino互換機なども使用可能
距離センサ　AE-VL53L0X	http://akizukidenshi.com/catalog/g/gM-12590	1,080円	VL53L0X使用レーザ測距センサ・モジュール(ToF)
モータ・ドライバ　AE-TB6612	http://akizukidenshi.com/catalog/g/gK-11219	350円	TB6612使用 Dual DCモータ・ドライブ・キット
サーボ・モータ　SG90	http://akizukidenshi.com/catalog/g/gM-08761	400円	

市販品(タミヤの楽しい工作シリーズ)を使用しました．コントローラにはラズベリー・パイを用いています．

　距離センサやサーボ・モータはマイコン経由で接続しました．ラズベリー・パイに直結もできますが，サーボ・モータの角度制御と距離センサの距離情報取得のタイミング調整などを容易にするためと，別の距離センサを接続する場合を想定してシリアル接続しています．

　マイコン・ボードはラズベリー・パイとの接続を考えて，3.3 V仕様のTeensy 3.2を使用しました．TennsyはArduno IDE(Teensyduino)が使えます．I/O電圧が3.3 Vに設定可能で，サーボ・モータ制御

とI²Cやシリアル通信ができる小型のマイコン・ボードであれば特に制限はありません．

自作する簡易LiDAR

　周囲の状況を調べるために距離センサを使用します．距離画像を取得できるカメラは色々ありますが，消費電力や処理負荷の問題でラズベリー・パイで使用できるものはあまりありません．

　今回は自動運転車に搭載されることを想定し，小型軽量で低負荷なToFセンサVL53L0X(STマイクロエ

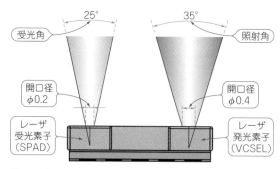

図3 距離センサの受光角度は25°と狭いため，125°まで計測範囲をカバーするには工夫が必要

距離センサには小型軽量で低負荷なSTマイクロエレクトロニクス社のToFセンサ(VL53L0X)を使用した

表2 距離センサVL53L0Xで使用する端子は電源とI²Cの合計4本

番号	名称	機能	線色
1	V+	電源入力	赤
2	GND	グラウンド	黒
3	SDA	I²Cデータ線	黄
4	SCL	I²Cクロック線	緑
5	XSHUT	リセット端子(未使用)	青
6	GPIO1	割り込み要求(未使用)	紫

レクトロニクス)を使用しました．VL53L0Xはレーザ発光素子(VCSEL)と受光素子(SPAD)を組み合わせたToFセンサです．1点の距離情報しかしか得られませんが，サーボ・モータで回転させて，1次元の距離情報が取得できるようにします．VCSELの波長は940 nmで太陽光などの外部の赤外線の影響を受けにくい特性があります．距離は最大2 mまで計測可能です．

図3に示すように，計測範囲はSPADの受光角度が25°なので，これ以下の分解能の距離計測はあまり意味がありません．図1に示すように，サーボ・モータの距離ステップを25°にして全部で125°の範囲を計測する仕様にしました．合計5ポイントの距離情報を計測してラズベリー・パイ側に通知します．この情報により前方の障害物を判定して回避行動などを行います．

VL53L0Xは4.4 × 2.4 × 1.0 mmと小型で，表面実装タイプです．そこであらかじめ基板に実装されているモジュールAE-VL53L0X(秋月電子通商製)を使用しています．

表2に示すのはVL53L0Xの端子説明です．使用する端子は電源とI²Cの合計4本です．XSHUTとGPIO1は使用していません．

VL53L0XとマイコンのインターフェースはI²Cです．取得した距離情報はシリアル経由でラズベリー・パイに転送します．サーボの回転角制御と距離情報の取得をマイコン側で行うため，ラズベリー・パイ側は制御する必要がありません．実装が容易という理由のほかに，別の距離センサとしてLiDARの実装も想定しています．LiDARのインターフェースはシリアル通信であるため，接続部分を共通化しておけば取り換えが容易です．

自律走行ローバの制御部

● モータ・ドライバ基板

モータの駆動機構にはTB6612を搭載したモータ・ドライバ基板AE-TB6612(秋月電子通商製)を使用しました．TB6612は東芝製の2チャネルのモータ・ドライバICです．モータ用の電源は2.5〜13.5 V，ロジック用電源は2.7〜5.5 Vと幅広い範囲で使用できます．ロジック系は3.3 V，モータ電源は4.5 Vとしました．

TB6612はIN1，IN2の2つの入力信号により正転，逆転，ショート・ブレーキ，ストップの4つの動作状態の切り替えが可能です．PWM端子含めて1チャネルあたり3つの入力があります．左右2つのモータを制御するため制御端子は6つですが，今回PWMは共有するので，5つの信号で制御することになります．ラズベリー・パイのGPIOに接続します．

表3に示すのは，モータ・ドライバTB6612の制御ファンクションの一覧です．STBY端子は今回使用しません(H固定)．IN1，IN2，PWMの3つの端子で制御します．

● ラズベリー・パイ用とモータ駆動用の電源

ラズベリー・パイの電源は最大2.4 A出力のモバイル・バッテリを使用します．モータの駆動電源とは別にします．理由はモータの負荷変動により電圧変動が起きたときに，ラズベリー・パイ側に影響を与えないためです．モータとサーボ用の電源は乾電池(単3電池3本)を用いて4.5 Vにします．4.5 V電源はTennsyに内蔵されたレギュレータで3.3 Vを生成し，距離センサとモータ・ドライバのロジック電源として使用します．

● メイン・ボード…ラズベリー・パイ

ラズベリー・パイはWi-Fi接続をする必要があるために，ラズベリー・パイ3モデルB＋を使いました．他にもラズベリー・パイZero WなどWi-Fi内蔵のものや，USBのWi-Fiアダプタを使用してもかまいません．

ラズベリー・パイ用の電源には，市販のモバイル・バッテリ(Cheero Power Plus 3)を使用しました．モバイル・バッテリの電流出力は最大2.4 Aです．ラズベリー・パイ3は電源に3 Aの電流容量が求められていますが，電源容量不足のアイコンが出なかったので実用上は問題ないと判断して使用しています．余裕があれば3 A以上の電流容量のモバイル・バッテリを推奨します．

表3 モータ・ドライバTB6612は，IN1，IN2，PWMの3つの入力端子で，正転，逆転，ショート・ブレーキ，ストップの4つの動作状態を切り替える

入力				出力		
IN1	IN2	PWM	STBY (注1)	OUT1	OUT2	モード
H	H	H/L	H	L	L	ショート・ブレーキ
L	H	H	H	L	H	CCW(注2)
		L	H	L	L	ショート・ブレーキ
H	L	H	H	H	L	CW(注2)
		L	H	L	L	ショート・ブレーキ
L	L	H	H	OFF(ハイ・インピーダンス)		ストップ
H/L	H/L	H/L	L	OFF(ハイ・インピーダンス)		スタンバイ

（注1） 今回はSTBYは不使用（H固定）とし，IN1，IN2，PWMの3端子で制御する

（注2） CCW：反時計方向に回転，CW：時計方向に回転

写真2 製作した自律走行Piローバは3段構成で組み上げている
ラズベリー・パイを中心に，モータ・ドライバ，モータ，ギアボックス，距離センサなどを組み合わせて製作した

組み立て

● 部品の配置を3段構成にして接続する

ラズベリー・パイを中心に，モータ・ドライバ，モータ，ギアボックス，距離センサなどを組み合わせて製作しました．

写真2に示すのは，製作した自律走行Piローバです．メカの構造はユニバーサル・プレート上に部品を配置し，平面上にレイアウトしたものを複数段積み上げています．

▶1段目の構造

写真3に示すように，1段目にはモータとギアボックス，モータ・ドライバを配置します．

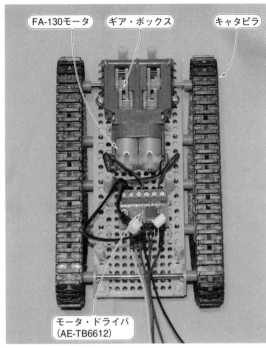

写真3 1段目にはモータとギアボックス，モータ・ドライバを配置した
自律走行Piローバの車体を下側から撮影

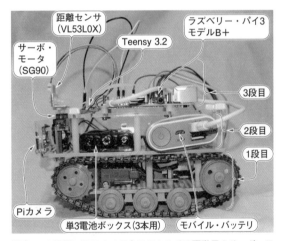

写真4 2段目にはPiカメラとToFセンサの駆動用のサーボ・モータ，バッテリーの収納スペースを配置した
自律走行Piローバの車体を横側から撮影

▶2段目の構造

写真4に示すように，2段目にはPiカメラとToFセンサの駆動用のサーボ・モータ，バッテリーの収納スペースを配置します．

▶3段目の構造

写真4に示すように，3段目にはラズベリー・パイ，ToFセンサ，サーボ・モータのコントロール用マイコンを配置します．

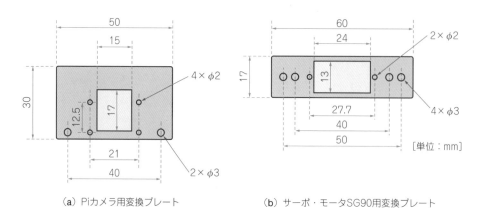

（a）Piカメラ用変換プレート　　　　　　（b）サーボ・モータSG90用変換プレート

[単位：mm]

図4　Piカメラとサーボ・モータ用に作製した変換プレート

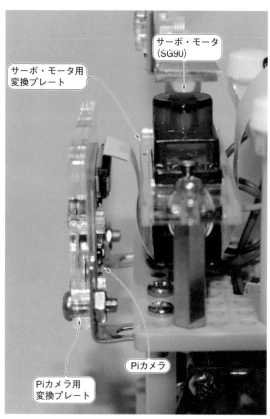

サーボ・モータ用
変換プレート

サーボ・モータ
（SG90）

Piカメラ

Piカメラ用
変換プレート

写真5　Piカメラ用変換プレートはユニバーサル・プレートにL字金具経由で取り付ける

● 穴の開いたユニバーサル・プレートをベースにする

　機構の1段目にユニバーサル・プレート（タミヤの楽しい工作シリーズの「ユニバーサル・プレート」）を使用しました．ユニバーサル・プレートは，5 mmピッチでφ3の穴が開いたプラスチック板で，機構部品の組み付けが簡単にできます．今回はユニバーサル・プレートをベースとしてギアボックスとキャタピラ（トラック＆ホイール）のセットを配置して駆動部分を

作成しました．空いたスペースにモータ・ドライバも搭載します．

　2段目のベースも同様にユニバーサル・プレートを使用し，電池ボックスやサーボ・モータの取り付けを行いました．サーボ・モータは取り付け穴がφ2と小さく，ピッチがユニバーサル・プレートと異なります．そのため，変換プレートを作成してユニバーサル・プレートに取り付けています．

　また，Piカメラも取り付け穴がφ2でピッチも異なります．図4に示した変換プレートを作製して，写真5に示すようにユニバーサル・プレートにL字金具経由で取り付けています．同様にラズベリー・パイ3もネジ穴がφ2.6で穴間隔が異なるので，アクリル板に穴を開けて3段目のプレートとしました．

ソフトウェア構成

● ラズベリー・パイを外部から操作する方法について

　ラズベリー・パイ側でWebサーバを立ち上げ，スマートフォンで制御する方法がよく用いられます．

　今回はBlynkと呼ばれるソフトウェアを使用しました．Blynkはラズベリー・パイやArduinoなどのIoT機器をスマートフォンから簡単に制御できるようになっています．Blynkは完全にフリーではなくアプリ内課金がありますが，今回は無料で使用できる範囲内で実装してみます．

● 全体の構成

　図5に示すのは自律走行Piローバの全体構成です．ラズベリー・パイは標準OSのRaspbianを使用します．アプリケーションとして，Blynkと動画のストリーミング用にMJPG-streamerを動かします．Teensy 3.2ではサーボの位置制御と距離センサのデータ取得用のソフトウェアが動いています．Teensyのソフトウェアには，Arduino互換のTennsyduinoを使用します．

簡易LiDAR制御マイコン・ボード Teensyのソフトウェア

リスト1に示すのは，Teensyのソースコードです．depth.inoはライブラリとしてWire（I^2C），Servo，VL53L0Xを使用します．WireとServoはArduino標準ライブラリを用います．

距離センサVL53L0Xのライブラリは下記のサイトより入手できます．

https://github.com/pololu/vl53 l0 x - arduino

setup()で各ペリフェラルを設定します．サーボの初期化，I^2Cの初期化，VL53L0X（距離センサ）の初期化などをします．取得したデータはシリアル経由でラズベリー・パイに転送するため，Serial1の初期化もします．

loop()ではサーボの角度を設定したり，距離を測定したりして順次シリアル出力します．サーボが動作している間の時間には適度なウェイトを入れます．実験の結果，45 msのウェイト値で最速かつ正しい位置設定ができました．

角度は40°から140°までの範囲で動かします．交互に動いて140°から40°に戻るときも測定します．

メイン「ラズベリー・パイ」のセットアップ

標準OS（Raspbian）をインストールします．今回はRaspbian Stretch（2018 - 11 - 13）を使用しました．インストールしたあとで，アップデートを次のように実施します．

$sudo apt - get update

$sudo apt - get upgrade

$sudo rpi - update

次にインターフェースの設定をします．デスクトップの環境下では，［設定］-［Raspberry Piの設定］を起動して，インターフェイスのタブを選んでカメラとシリアル・ポートを有効にします．シリアル・コンソールは無効にします．ラズベリー・パイ3の場合には，シリアル・ポートがそのままでは使えません．Bluetoothを無効にする必要があります．ブート設定をデスクトップからCLIに変更します．

無線LANは自宅のブロードバンド回線かモバイル・ルータなどに接続しておきます．

次に無線LANのIPアドレスを固定IPに変更します．デフォルトはDHCPによる割り当てなので，/etc/dhcpcd.confに以下を追加してリブートします．ここでは固定のIPアドレスを192.168.1.177に設定します．

interface wlan0

static ip_address = 192.168.1.177/24

（ネットワークの状況により変更する）

static routers = 192.168.1.1

（ネットワークの状況により変更する）

static domain_name_servers = 192.168.1.1

（ネットワークの状況により変更する）

これでIPアドレスが固定に設定できます．

ラズベリー・パイ操作環境の準備

● 操作ソフトウェアBlynkのインストール

ラズベリー・パイ側に今回使用するBlynkライブラリをインストールします．メール・アドレスに届いたURLからzipファイルをダウンロードして展開します．0.5.4のダウンロードURLを下記に示します．

https://github.com/blynkkk/blynk - library/releases/download/v0.5.4/Blynk_Release_v0.5.4.zip

ダウンロードしたzipファイルは，次のように任意のディレクトリに移動し解凍します．

$ sudo mkdir blynk

$ sudo unzip Blynk_Release_v0.5.4.zip

解凍したディレクトリ内に入りmakeします．

$ cd libraries/Blynk/linux/

$ sudo make clean all target = raspberry

出来上がった実行ファイルを/usr/local/bin/にコピーします（元ディレクトリにシンボリック・リンクを張ってもよい）．

$ sudo cp blynk /usr/local/bin/

次にカメラ画像をストリーミングするため，MJPG - streamerをインストールします．

$ sudo apt - get install libjpeg8 - dev cmake

$ git clone https://github.com/jacksonliam/mjpg - streamer.git mjpg - streamer

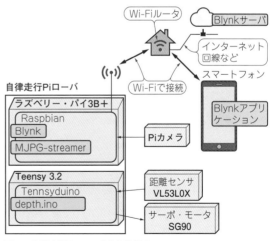

図5　自律走行Piローバの全体構成
ラズベリー・パイは標準OS（Raspbian）を使用する．アプリケーションとしてBlynkと動画のストリーミング用にMJPG - streamerを動かす．Teensy 3.2はサーボの位置制御と距離センサのデータ取得用のソフトウェアが動く

リスト1　簡易LiDAR制御マイコン・ボードTeensyのソースコード

```
#include <Wire.h>
#include <VL53L0X.h>        ← ライブラリのインクルード
#include <Servo.h>

Servo sv;
VL53L0X sensor1;

int angle[] = {40, 65, 90, 115, 140};   ← 角度定義
int fov = 25 ;
int depth[10] ;
int pos ;
int twait = 45;

void setup()
{
  Serial1.begin(115200);       ← シリアル初期化
  sv.attach(3, 500, 2400);     ← サーボ初期化
  Wire.begin();                ← I²C初期化
  delay(150);
  sensor1.init(true);
  delay(100);
  sensor1.setAddress((uint8_t)24);     距離センサ
  sensor1.setTimeout(500);             の初期化
  sensor1.startContinuous();
}

void loop()
{
```

```
                                      ← 40°→140°のデータ取得
for ( pos = 0 ; pos <= 4; pos++) {
  sv.write(angle[pos]);
  delay(twait);
  depth[pos] =
      sensor1.readRangeContinuousMillimeters();
}
for ( pos = 0 ; pos < 4; pos++) {
  Serial1.print(depth[pos]);
  Serial1.print(",");              距離センサからの
}                                  データ読み込み
Serial1.println(depth[4]);
delay(twait);
                                      ← 140°→40°のデータ取得
depth[4] =
      sensor1.readRangeContinuousMillimeters();
for ( pos = 4 ; pos > 0 ; pos--) {
  sv.write(angle[pos]);
  delay(twait);                    距離センサからの
  depth[pos] =                     データ読み込み
      sensor1.readRangeContinuousMillimeters();
}
for ( pos = 0 ; pos < 4; pos++) {
  Serial1.print(depth[pos]);
  Serial1.print(",");
}
Serial1.println(depth[4]);
```

$ cd mjpg-streamer/mjpg-streamer-experimental
$ sudo make

● アプリケーションの起動

　MJPG-streamerの起動は以下のコマンドで行います.
$ sudo ./mjpg_streamer -o "./output_http.so -w
./www -p 8080" -i "./input_raspicam.so -fps 15 -
x 320 -y 240 -rot 180"

　今回は解像度を320×240, 10 fpsでストリーミングしています. カメラの取り付け方向が上下逆なので, -rotで180°回転します.

　Blynkを起動すると, 下記のように表示されます.
$sudo blynk --token=(メールで送られてきた AUTH TOKEN)

[0]
```
     ___   _          ___
   / _) / /_ ____ / /__
  / _ / / / / / _ ¥/ ' _/
 /___/ /¥_,/ / / / _/¥_¥
     /___/ v0.5.4 on Linux
```

[1] Connecting to blynk-cloud.com:80
[282] Ready (ping: 80 ms).

● スマートフォンの設定

　コントローラとなるスマートフォンを準備します. iPhoneでもAndroidでもどちらでも構いません. 今回はAndroidを使用しました. ラズベリー・パイと同じWi-Fiネットワークに接続しておきます.

　次に, Google PlayからBynkを検索してインストールします. アプリケーションを起動するとログインされるように求められます. 新規にアカウントを登録し, メール・アドレスとパスワードを入力します.

● Project設定

　ログインしたら「New Project」をタッチします. 図6に示すのは, BlynkのProject設定画面例です. プロジェクト名は任意です. 「Choose Device」は実際に使用するハードウェアを設定します. 今回はラズベリー・パイ3B+ですが, 選択肢にないのでラズベリー・パイ3Bを設定します. 「Connection Type」はWi-Fiを使用します. [Create]を押すと, 登録されたメール・アドレスに「AUTH TOKEN」が送られてくるのでメモしておきます. これは実際に通信をするときに必要になります.

　次にパネル上にWidgetを置いていきます. ボタンやスライダなどさまざまなパーツを置く毎に, 図7に示すようにEnergyという単位で課金されます. 登録後は2000Energyあります. その中でやりくりするか, 追加で課金してEnergyを増やす必要があります.

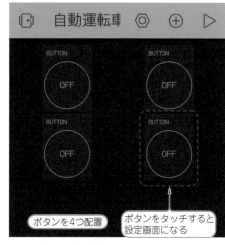

図6 BlynkのProject設定画面例
使用したラズベリー・パイ3B＋は選択肢にないので，ラズベリー・パイ3Bを設定する

図7 ボタンやスライダなどさまざまなパーツを置く毎にEnergyという単位で課金される
登録後は2000 Energyあり，その中でやりくりするか，追加で課金してEnergyを増やす必要がある

図8 パネル設定でボタンを4つ配置した
各ボタンをタッチすると設定画面になり，gpioのピン設定ができる

操作＆表示パネル

● パネル設定

モータ・ドライバを制御します．図8に示すようにボタンを4つ配置します．各ボタンをタッチすると設定画面になりますのでGPIOのピンを設定します．図9のように左右のモータと制御方向が一致するようにモータ・ドライバのIN_1，IN_2端子とボタンの対応を設定します．右上の三角ボタンを押すとラズベリー・パイと接続されて，ラジコンのように自動運転車をコントロールできます．

PWM端子はGPIO.18に割り付けます．スライダのWidgetを使うとPWMのデューティ比を可変できるので速度調整に使えます．デフォルトでは最大値が255になっていますので1023に変更します．

カメラ画像の表示はVideo Streaming Widgetを配置します．設定画面で下記のURLを指定します．

http://192.168.1.177:8080/?action＝stream

これで画像が表示されます．自走運転用スイッチとしてButtonを配置し，距離情報表示用にValue Displayを配置します．すべて配置すると図10のようになります．

● 距離センサの値の表示

値の表示はバーチャル・ポートを使用します．先ほどのモータ制御はGPIO端子のハードウェア端子をそのまま制御しました．GPIOの1/0情報を表示する場合は，同じようにGPIO番号を指定します．距離情報のような数値を表示する場合はバーチャル・ポートを使用します．このポートは仮想のポートで，数値や文字列などを取り扱うことができます．ポート番号により入力と出力を決める必要があります．インストールした「blynk/libraries/Blynk/linux/main.cpp」に下記のサンプル・コードが記載されています．

```
BLYNK_WRITE(V1)
{
    printf("Got a value: %s¥n", param [0] .asStr());
}
```

第10章　簡易LiDAR＆自動運転ローバの実験　**67**

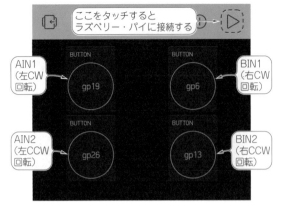

図9 パネルでモータ・ドライバの端子とボタンの対応を設定した
右上の三角ボタンを押すとラズベリー・パイと接続されて，ラジコンのように自動運転車をコントロールできる

```
void setup()
{
    Blynk.begin(auth, serv, port);
    tmr.setInterval(1000, [] (){
    Blynk.virtualWrite(V0, BlynkMillis()/1000);
    });
}
```

　ここでは，バーチャル・ポートV1を出力（スマートフォン側からラズベリー・パイに値を出力する）にして，V1を割り付けたWidgetの情報を出力します．この部分を書き換えて，入力と出力のコードを作成します．
　今回は距離情報をスマートフォンで表示する部分を入力としてV0，自動運転制御を出力としてV1として，下記のように記述します．

```
BLYNK_READ(V0)
{
    //距離情報表示コード
}

BLYNK_WRITE(V1)
{
    //自動運転制御コード
}
```

● **距離情報の表示**
　距離情報は5つの方向の距離情報がTeensyよりUART経由で送られてきます．**リスト2**に示すのは，距離情報を取得するソースコードです．UARTはWiringPi Serial Libraryを使用します．ボーレートは115200 bpsです．
　Tennsyからは以下のように5つの方向(40°,65°,90°,115°,140°)の距離情報がカンマで区切られて送られ

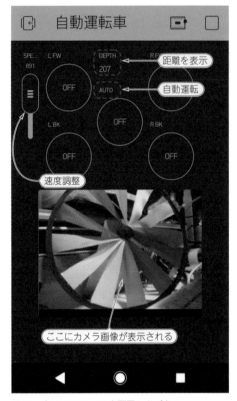

図10 すべてのWidgetを配置したパネル
自走運転用のスイッチとしてButtonを配置し，距離情報表示用にValue Displayを配置する

てきます．単位はmmです．
　111,222,333,444,555
　666,777,888,999,111
　　　…
　このデータを1行ごとの文字列として取り込みます．strtok関数で角度ごとに分解し，数値変換してdepth[]に格納します．
　今回は無料版ではEnergyが足りなく，1つのValue Displayしか使えませんでした．そこで，前面90°（正面）の距離情報を表示します．V0に値を書き込むには以下のコマンドを使用します．
　Blynk.virtualWrite(V0, depth[2]);
　また，Widgetの更新頻度は1秒ごとにしました．あまり更新頻度が高いと負荷が重くなります．適度な負荷になるように頻度を調整します．

自動運転機能の実現

● **制御コードの実行**
　自動運転はラズベリー・パイ側で行います．Blynkでコントロールするのは自動運転のONのみです．自動運転がONになるとBLYNK_WRITE(V1)が実行され，この中で完結して動作します．自動運転中は

リスト2　距離情報を取得するソースコード

```
#include <stdio.h>          ┐
#include <string.h>          ├─ ライブラリのインクルード
#include <wiringSerial.h>    ┘

void getdepth()
{
  int fd ;
  char inputbuffer[255] ;
  int rptr,wptr ;
  char *tp;
                                    ─ シリアル・オープン
  fd = serialOpen ("/dev/ttyS0", 115200); ◄

  //read 1line from UART
  rptr = 0 ;
  do {                                    ─ 1行分データ取得
          inputbuffer[rptr]=serialGetchar(fd) ;
          rptr++;
        }while( inputbuffer[rptr-1] != '¥n');
  inputbuffer[rptr]=0;◄
                                    ─ 文字列最後のヌル追加

  //Sprit
  tp = strtok(inputbuffer, ",");
  depth[0]= atoi(tp);
  wptr=1;
  while( tp = strtok(NULL, ",") ){       ─ strtokで
        depth[wptr]= atoi(tp);              分割
        wptr++;
  }
  serialClose (fd) ;◄                     ─ シリアル・クローズ
}

BLYNK_READ(V0)
{
 //get depth and write to V0
 getdepth();                             ─ V0に90°の
 Blynk.virtualWrite(V0, depth[2]);◄        距離情報を
}                                          書き込み
```

（a）進行前方の扉に向かう

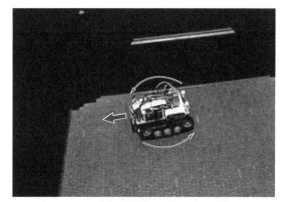

（b）壁面の手前で回避し左折

写真6　ほぼ垂直に扉に向かう場合は，壁面をうまく回避した

第1部　第2部　第3部　第4部　第5部　第6部

Blynkの他のWidgetの制御は無効になります．終了条件になると自動運転を終了して，アイドリング状態になります．

● **自動運転アルゴリズム**

今回は簡単なアルゴリズムで実装しています．距離を測定しながら直進し障害物を検知すると回避します．前方5方向の距離を見て，左右2つのセンサの距離が200 mm以下になったら，反対方向に変更します．すべての距離が200 mm以下になった場合は，自動運転は不可能と判断します．

リスト3に示すのは，自動運転部分のソースコードです．go_st()が前進，go_l()が左折，go_r()が右折の関数です．

モータをONにして500 ms後に停止します．BLYNK_WRITE(V1)内のwhileループで距離を取得して，その距離情報をもとに前進，左折，右折を呼び出します．距離情報の取得と判断はほとんど時間がかかりません．500 msでモータを動かし，距離取得と方向を判断してから，また500 msで動かすというループで動作します．

動作確認

自動運転車を製作して，実際に走行させるところまで行いました．自動運転の動作状態を**写真6**および**写真7**に示します．**写真6(a)**に示すように，ほぼ垂直に扉に向かう場合は，**写真6(b)**のように壁面をうまく回避できました．

しかし，**写真7(a)**に示すように，回避後に向かったコーナ部分では，**写真7(b)**のように回避できずに自動運転は停止してしまいました．

今回はさまざまな制約の中での実装で，最低限の機能に留めています．アルゴリズムは非常に簡単なもの

リスト3　自動運転部分のソースコード

```
void go_st()
{
        digitalWrite(6, 1);    ┐ 左右モータON
        digitalWrite(19, 1);   ┘
        delay(500);    ← 500ms動作させる
        digitalWrite(6, 0);    ┐ 左右モータOFF
        digitalWrite(19, 0);   ┘
}
void go_l()
{
        digitalWrite(6, 1);    ┐ 右モータON
        digitalWrite(19, 0);   ┘
        delay(500);    ← 500ms動作させる
        digitalWrite(6, 0);    ┐ 左右モータOFF
        digitalWrite(19, 0);   ┘
}
void go_r()
{
        digitalWrite(6, 0);    ┐ 左モータON
        digitalWrite(19, 1);   ┘
        delay(500);    ← 500ms動作させる
        digitalWrite(6, 0);    ┐ 左右モータOFF
        digitalWrite(19, 0);   ┘
}

BLYNK_WRITE(V1)
{
    int lmt = 200;    ← 近接距離限界［mm］
    int eflg=0 ;    ← 終了フラグ
    //auto driving code
    while(eflg==0)
    {
```

```
        getdepth();    ← 距離情報取得
                      ┌─ 直進条件：すべての距離が近接距離
                      │         限界以上
        if(    depth[0] > lmt && depth[1] > lmt &&
        depth[2] > lmt && depth[3] > lmt &&
        depth[4] > lmt ){    go_st();}
                      ┌─ 左折条件：右2つのどちらかの距離
                      │         が近接距離限界以下
        if(    depth[0] < lmt || depth[1] < lmt &&
        depth[2] > lmt && depth[3] > lmt &&
        depth[4] > lmt ){    go_l();}
                      ┌─ 右折条件：左2つのどちらかの距離
                      │         が近接距離限界以下
        if(    depth[0] > lmt && depth[1] > lmt &&
        depth[2] > lmt && depth[3] < lmt ||
        depth[4] < lmt ){    go_r();}
                      ┌─ 終了条件：すべての距離が近接距離
                      │         限界以下
        if(    depth[0] < lmt && depth[1] < lmt &&
        depth[2] < lmt && depth[3] < lmt &&
        depth[4] < lmt ){    eflg=1;}
    }
}
```

（a）回避後に壁のコーナ部分へ向かう

（b）回避できずに自動運転を停止

写真7　壁のコーナ部分では回避できずに自動運転を停止した

であり，実際の状況により正しい判断ができないことがあります．

　しくみとしては一通りそろえていますので，これを基にグレードアップしてみてください．より良いアル ゴリズムを作り，自動運転精度を上げたり，新しいセンサを付けたり，機能拡張のベースにすることも可能です．

位置推定技術③…ミリ波レーダ

第11章 電波で見えないターゲットも補捉する

ミリ波レーダの基本原理

鈴木 洋介 Hirosuke Suzuki

　ミリ波レーダは，30G〜300 GHzの電波を使って，ターゲットの位置や速度を測る障害物センサです．カメラやLiDARなど，ほかの障害物センサに比べて，雨，霧，逆光などの影響を受けにくい特徴をもちます．視界の効かない夜間や悪天候時でも使える障害物センサとしても注目を集めています．

　ミリ波レーダは，極めて高い周波数の電波を使うため，従来の装置開発には高い技術力とコストが求められます．そのため，軍事などの特定用途以外ではあまり使われませんでした．

　ところが，自動運転用の障害物センサとして注目を浴びたことで，自動車に多く搭載されるようになり，小型化と低コスト化が進みました．現在ではCMOSワンチップのミリ波レーダICも登場しました．今後は自動車以外の分野にも応用されていくでしょう．

　本稿では，障害物センサとしてのミリ波レーダの特性や実力について，実験を交えて解説します．

〈編集部〉

レーダの基礎知識

　レーダは，離れた位置にある物体の方位，距離，移動速度，および大きさなどを電波で測定する装置です．レーダには，アクティブとパッシブの2つのタイプがあり，用途によって使い分けます．

● その1…自ら電波を発射するアクティブ・タイプ

　アクティブ・タイプのレーダは，ターゲットに向けて自体から電波を発射し，その反射波を測定します．

　写真1と図1に示すのは，アクティブ・タイプのレーダの例です．空港向けの鳥観測レーダで，強力な電波を360°全周に発射して周囲に鳥が居ないか監視します．本装置で飛行機のエンジンに鳥を巻き込むバード・ストライクを防ぎます．

　アクティブ・レーダは，自ら電波を発射するので，ターゲットの距離や速度を高感度に測定できますが，秘匿性が低く，レーダの発信源が容易に特定されます．

写真1 レーダのタイプ①…自分で電波を出してターゲットを捕捉するアクティブ・レーダ
鳥観測レーダ RAD80（キーコム）．空港などでバード・ストライク対策に使われる

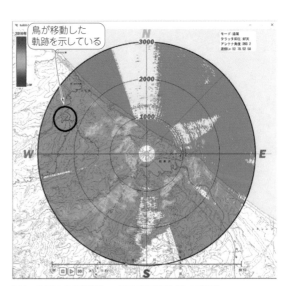

図1 写真1の鳥観測レーダの測定結果（鳥の移動）

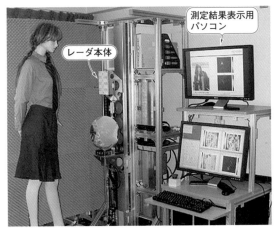

写真2　レーダのタイプ②…電波を出さないでターゲットを捕捉するパッシブ・レーダ
身体検査用レーダ（キーコム）．空港などで保安検査に使われる

● その2…電波を発射しないパッシブ・タイプ

パッシブ・タイプのレーダは，ターゲットが発している電波や，ターゲットによって反射した放送局の電波などを測定します．

秘匿性は高いですが，一般的に感度は低いです．**写真2**と**図2**に示すのは，パッシブ・タイプのレーダの例です．空港向けの保安検査用レーダで，不審物を所持していないか監視します．

本稿では，車載レーダにも使われているアクティブ・タイプについて解説します．

レーダの性質

● 耐環境性に優れる

ターゲットの距離や大きさを測定するセンサは，レーダのほかにカメラ，LiDAR（Light Detection and Ranging），超音波ソナーなどがあります．**表1**に示すのは，それぞれの主な性能です．

レーダは，雨や霧など環境条件が悪いときでも測定

表1　車載に使える障害物センサの性能
レーダは長距離測定が可能で耐環境性に優れる

項目	単眼カメラ	LiDAR	レーダ	超音波ソナー
波の種類	可視，赤外	赤外	電波	超音波
距離	1〜30 m	5〜50 m	1〜300 m	0.5〜3 m
距離測定	原則不可	可	可	可
距離精度	×（距離が測れるタイプあり）	±100 μm	±10 cm	±5 mm
速度測定	不可	不可	可	可
雨，霧での使用	×	×	○	○
温度依存性	なし	なし	なし	あり
価格	安い	高い	中位	安い

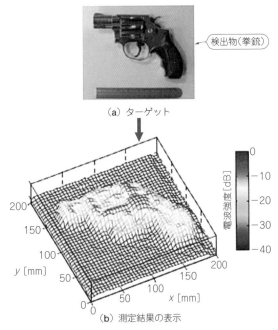

（a）ターゲット

（b）測定結果の表示

図2　写真2の身体検査用レーダの測定結果

できる点が特徴です．超音波ソナーも耐環境性能が高いですが，レーダよりも距離範囲が狭いデメリットがあります．

● 分解能は帯域の広さで決まる…1 GHzで分解能15 cm

同じ方位に2つの目標があるとき，距離方向に分離できる最小単位を距離分解能と呼びます．

距離分解能は，帯域幅が広いほど高くなります．**図3**に示すのは，帯域幅と分解能の関係です．帯域幅が1 GHzのときは15 cm，4 GHzのときは3.75 cmになります．

距離分解能と同じように，角度方向に分離できる最小単位を角度分解能と呼びます．角度分解能は，ビーム幅が細いほど高くなります．**図4**に示すのは，ビーム幅と角度分解能の関係です．**図4(a)**のようにビーム

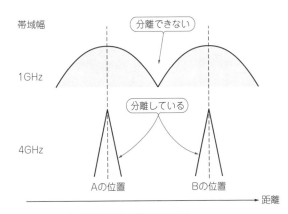

図3　レーダの距離分解能と帯域幅の関係
帯域幅が広いほど距離分解能が高くなる

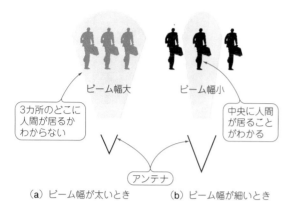

ビーム幅大　　　　ビーム幅小

3カ所のどこに人間が居るかわからない

中央に人間が居ることがわかる

アンテナ

（a）ビーム幅が太いとき　　　（b）ビーム幅が細いとき

図4　レーダの角度分解能とビーム幅の関係
ビーム幅が細いほど角度分解能が高くなる

幅が太いとターゲットが分離できませんが，**図4（b）**のように細ければ1つのターゲットの位置が特定できます．

● 伝達距離は周波数によって決まる

レーダに使う電波は，空気中の分子によって吸収されます．どのくらい吸収されるかは，周波数によって異なります．**図5**に示すのは，乾燥大気中における電波減衰量の周波数特性です．電波の通りやすい周波数は，70 G～100 GHz，170 GHzなどです．自動車用レーダは，電波の通りやすい75 G～81 GHzがよく使われます．

アクティブ・ミリ波レーダの測距メカニズム

● 反射波から距離を割り出す

アクティブ・タイプのミリ波レーダは，パルス方式とFMCW（Frequency Modulated Continuous Wave）方式の大きく2つに分けられます．

▶パルス方式

周波数の変わらない電波をパルス状に発射し，ターゲットから反射して返ってくるまでの時間を測定し，そこから距離を計算します．

レーダの最大探知距離は，平均電力で決まります．平均電力は，FMCW方式よりもパルス方式のほうが

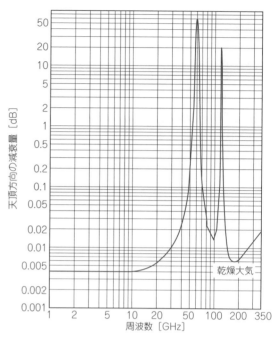

図5　乾燥大気中における電波減衰量の周波数特性
70 G～100 GHz，170 GHzの電波は空気中を通りやすく，遠くまで伝わりやすい

原理的に大きくできます．そのためパルス方式は，最大探知距離を長くできますが，ピーク電力が大きいため，陸上レーダに向きません．パルス方式は，主に海上用のレーダとして使われます．

▶FMCW方式

直線的に周波数を変調した電波を発射し，ターゲットから反射して返ってきた受信電波と送信電波の周波数差から距離を計算します．FMCW方式は，ピーク電力と平均電力が同じです．少ないピーク電力で最大探知距離を長くできるため，陸上レーダに適しています．**図6**に示すのは，同じ電力P［W］の場合のパルス

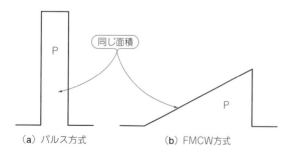

同じ面積

P

P

（a）パルス方式　　　　　（b）FMCW方式

図6　測距レーダの波形
同じ電力P［W］の波形．パルス方式の方が瞬間的なピーク電力が大きい

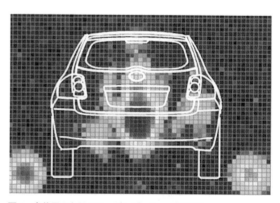

図7　車載用3次元イメージング・レーダの表示
RCS05（キーコム）．ターゲットの位置を平面上に表示する．青いところは反射が弱く，赤いところは反射が強い

コラム1　自動車におけるレーダの役割

　車載レーダには，**図A**に示すように前方に設置する衝突防止（または追尾）用と，斜め後方に設置する追い抜き車確認用があります．

　前方に設置するレーダは，遠くまで測定できるように76.5 GHz帯，帯域幅1 GHzのFMCW方式がよく使われます．このレーダは，300 m先の乗用車を確認できる性能をもちます．

　一方，斜め後方に設置するレーダは，近くを高い距離分解能で測定できるように，広い帯域が使える24 GHz帯のUWB（Ultra Wide Band）が主に使われてきました．このレーダは，70 m先の乗用車を確認できる性能をもちます．本レーダは，4 GHzの広い帯域が使える79 GHz帯のFMCW方式へ徐々に置き換わっていく見込みです．24 GHzの帯域は電波天文に用いる周波数と干渉するためです．79 GHz用の部品価格が安くなってきたことも置き換えが進

む理由の1つです．

　76.5 GHzのレーダは，電波法で許されている帯域幅1 GHzしかないので，距離分解能は79 GHzタイプの1/4になります．　　　　　　　　〈鈴木 洋介〉

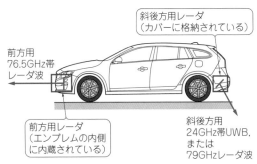

図A　車載レーダの設置場所と役割
斜め後方用は次第に79 GHz帯に置き換わっていく見込み

方式とFMCW方式の波形イメージです．瞬間的なピーク電力は，パルス方式の方が高いです．

● 3次元イメージング・レーダの登場

　最近では開発が進み，**図7**に示すように反射強度を画像表示するイメージング・レーダが登場しています．ターゲットの位置を直感的に測定でき，RCS（Radar Cross Section，レーダ・クロス・セクション）も測定できます．

距離と速度を実際に測ってみる

　ターゲットがレーダに接近したり，離れたりしたときに，レーダの信号の周波数がどのように変化するか，実験で確かめてみます．

● 準備

　ここでは，FMCWレーダの原理を理解するために

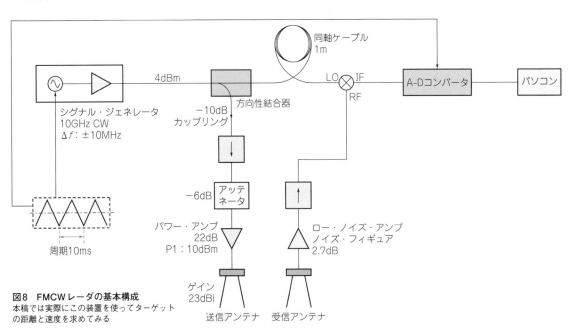

図8　FMCWレーダの基本構成
本稿では実際にこの装置を使ってターゲットの距離と速度を求めてみる

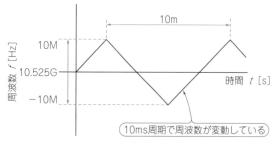

図9　図8のレーダの出力信号波形
10.525 GHz を中心に，20 MHz の範囲で周波数が変化している．変化の周期は 10 ms である

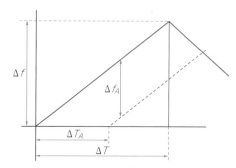

図10　送信波と反射波の周波数の差から距離を求める

基礎実験を行います．測定結果からターゲットまでの距離と速度を求めてみます．

▶使う電波

本実験では，マイクロ波としては免許が不要な 10.5 G ～ 10.55 GHz，空中線電力 20 mW 以下の電波を使います．10 GHz 帯の電波は，電波法によって使用は屋内に限定されているので，屋外では同様の実験を行わないでください．屋外の実験では，24.05 G ～ 24.25 GHz，出力 20 mW 以下の電波を使うのがおすすめです．

▶装置

図8に示すのは，今回の実験で使う試験装置の全体ブロックです．

ファンクション・ジェネレータで周期 10 ms の三角波信号を発生させ，シグナル・ジェネレータで幅 20 MHz の範囲で周波数を変調した 10.525 GHz の搬送波を発生させています．出力信号の波形は，図9に示すような帯域幅 ± 10 MHz，周期 10 ms で FM 変調された連続波です．

搬送波は，方向性結合器により，アンプを介して送信アンテナより出力される分と，送信参照波としてミキサへ入力される分に分配されます．ターゲットからの反射エコーは，受信アンテナで受信し，LNA（Low Noise Amplifier）で増幅した後，ミキサで送信参照波とミキシングします．ミキサからは，ビート波が出力され，A-D コンバータにより 10 ksps（サンプル／秒）でサンプリングし，パソコン内で FFT（Fast Fourier Transform，高速フーリエ変換）します．

● 距離と速度の求め方

送信波とターゲットからの反射波は，図10に示すように往復時間に相当する ΔT_A だけ遅れます．送信波と反射波の周波数には，時間差に相当する差分が生じます．目標が静止しているときの距離差 L_A は，ビート周波数 Δf_A より次式で求められます．

$$L_A = \frac{c\,\Delta T}{2\,\Delta f}\Delta f_A = 1.499 \times 10^8 \times \Delta T \times \frac{\Delta f_A}{\Delta f}\,[\mathrm{m}] \cdots (1)$$

ただし，c：光速（3×10^8 m/s），Δf：帯域幅［Hz］

2つのターゲットを分離して認識できる距離，すなわち距離分解能 ΔL は，次式で求められます．

$$\Delta L = \frac{c}{2\,\Delta f}$$

$$\therefore \Delta L = \frac{0.15}{\Delta f\,\lceil\mathrm{GHz}\rceil}\,[\mathrm{m}] \cdots\cdots\cdots\cdots\cdots\cdots (2)$$

ターゲットとの間に相対速度があるとき，ビート周波数 Δf_A は，次式で求められます．

$$\Delta f_A = \frac{f_{RD} - f_{RA}}{2} \cdots\cdots\cdots\cdots\cdots\cdots\cdots (3)$$

ただし，f_{RA}：アップ・チャープ（時間とともに周波数が増加する）時のビート周波数，f_{RD}：ダウン・チャープ（時間とともに周波数が減少する）時のビート周波数

速度 v は，ターゲットは接近する場合を正として，f_{RA} と f_{RD} より，次式で求められます．

$$v = \frac{c}{2f_0} \times \frac{f_{RD} - f_{RA}}{2} = 7.13 \times 10^{-3} \times (f_{RD} - f_{RA})\,[\mathrm{m/s}]$$

$$f_0 = 10.525\,[\mathrm{GHz}] \cdots\cdots\cdots\cdots\cdots\cdots\cdots (4)$$

距離分解能は，帯域幅が 20 MHz なので，7.5 m です．本実験装置では，ビート波のサンプル結果と，FFT 後のスペクトル波形が表示できます．

送信アンテナには，23 dBi の標準ゲイン・アンテナ

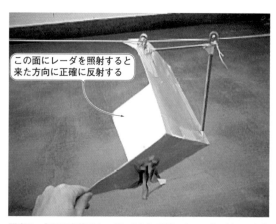

この面にレーダを照射すると来た方向に正確に反射する

写真3　今回の実験でターゲットとして使ったコーナ・リフレクタ
照射された電磁波を来た方向に正確に反射する

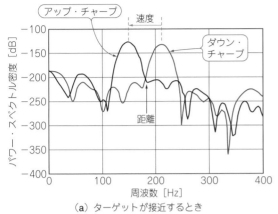

(a) ターゲットが接近するとき

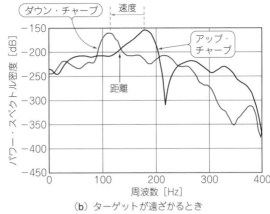

(b) ターゲットが遠ざかるとき

図11 図8の装置で移動速度0.5 m/sのターゲットを測定したときのスペクトル

を使いました．ビーム幅は17.5°です．送信アンテナ
と受信アンテナのホーン軸は平行にしました．送受ア
ンテナ間のアイソレーションは41 dBです．

● 実験の手順

写真3に示すのは，今回の実験で使用したコーナ・
リフレクタです．金属製の板を3枚貼り合わせた物体
で，照射された電波を来た方向に正確に反射します．
1辺を100 mmとすると，10 GHzでのRCS(Radar Cross
Section, レーダ反射断面積)は次式で約6.23 dBsm
(DeciBel squared meter, デシベル・スクエア・メー
タ)と求められます．

$$\sigma = \frac{4\pi}{\lambda^2} A_R{}^2 = \frac{12\pi a^4}{\lambda^2} \ [\mathrm{m}^2]$$

$$= 10 \quad \log\left(\frac{12\pi a^4}{\lambda^2}\right) \ [\mathrm{dBsm}]$$

$$= 10 \log\left(\frac{12\pi \times 0.1^4}{0.3^2}\right)$$

$$= 6.23 \ \mathrm{dBsm} \quad \cdots\cdots\cdots\cdots\cdots\cdots\cdots\cdots (5)$$

コーナ・リフレクタを滑車で移動させ，速度を測定
しました．比較対象とする移動速度は，ビデオ・カメ
ラによる映像で測定しましたが，レーダと時間的な一
致を取るのが困難なため，定量的な評価はできません．
本実験では，あくまでも相対的な評価結果として参考
にしてください．

● 結果

図11に示すのは，コーナ・リフレクタが接近する
ときと，遠ざかるときのスペクトルです．コーナ・リ
フレクタの移動速度は，約0.5 m/sなので，アップ・
チャープとダウン・チャープのスペクトル・ピークに
は，約63 Hzの差が生じました．

コラム2　車載レーダのテスト法

● 実際の車載レーダの開発はハードルだらけ

日本国内では，電波法に適合したレーダ装置しか
使うことができません．開発途中のレーダの周波数
や電力は，電波暗室などで正確に測定することが求
められます．レーダの特性と同時に，距離や速度の
測定精度がわかれば，効率よく装置開発できます．

距離や速度の測定精度を求めるには，実際の使用
環境で本番さながらのテストを行う必要があります．
100 km/hで移動しているときに動作する車載レーダ
の開発であれば，長さ300 m，幅10 m程度の平坦な
実験場所が求められます．しかしEMC(Electro
Magnetic Interference)試験で誤動作の確認をする
のは，現実的に不可能です．

● 広大な実験環境を電子的に再現する「レーダ・
ターゲット・シミュレータ」

ターゲットが距離300 mから近づいたり，遠ざか
ったりする環境を再現するレーダ・ターゲット・シ
ミュレータ(RTS, Radar Target Simulator)を使い
ます．図Bに示すのは，車載レーダ検査用の暗箱の
例です．暗箱の左側外部にRTSを取り付け，右の4
軸ステージに検査対象のレーダを設置します．

76.5 GHz用のRTSは，ミリ波のダウン・コンバ
ータでレーダ波を受信して，2 G〜3 GHzの中間周
波数に落とします．その後，ターゲットまでの距離
と移動速度，および対象物の反射強度(RCS, レー
ダ・クロス・セクション)を設定した可変遅延回路
を通過させ，アップ・コンバータで再びミリ波に戻

コラム2　車載レーダのテスト法（つづき）

してレーダに送り返します.

レーダを乗せたステージは，横方向に回転するので，方位精度を測定できます.

● 波形の解析方法

FMCWレーダは，チャープ速度が10 msと1 msのタイプが，周波数の帯域幅が1 GHzと4 GHzのタイプがあります. リアルタイム・スペクトル・アナライザなどの汎用測定器は，解析帯域幅が500 MHz前

後しかないので，何回かに分けて波形を解析します.

レーダ・テスト専用のシステムを使えば，一度に解析できます.図Cに示すのは，専用システムを使ってレーダの波形解析を行った結果です.周波数の絶対値,周波数変化の直線性,帯域幅,電力が数秒で解析できます.

本解析システムは，レーダ・ターゲット・システムと同じように，ダウン・コンバータを通過した後の2 G〜3 GHzの中間周波数の回路に接続して使います.　　　　　　　　　　　　　　　〈鈴木　洋介〉

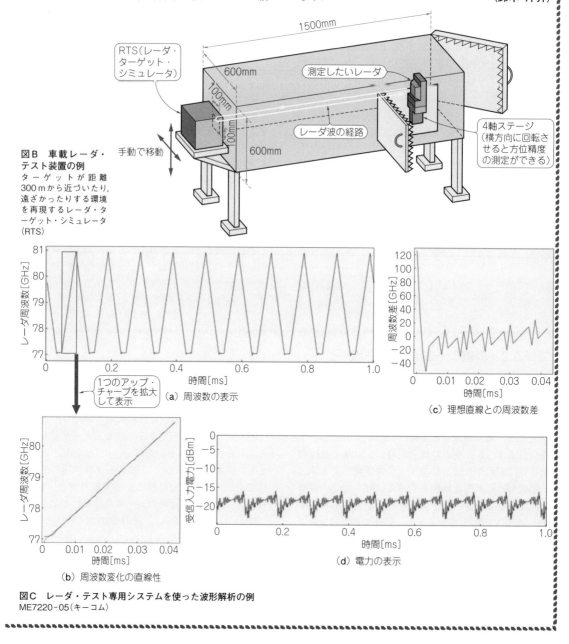

図B　車載レーダ・テスト装置の例
ターゲットが距離300 mから近づいたり，遠ざかったりする環境を再現するレーダ・ターゲット・シミュレータ（RTS）

（a）周波数の表示

（b）周波数変化の直線性

（c）理想直線との周波数差

（d）電力の表示

図C　レーダ・テスト専用システムを使った波形解析の例
ME7220-05（キーコム）

ミリ波レーダのテクノロジ①…2次元イメージング

天野 義久 Yoshihisa Amano

レーダは2次元・3次元の画像センサ

「無線通信」と「レーダ」は電波の2大アプリケーションであり兄弟技術です．兄「無線通信」において携帯電話が1人1台以上に普及した背景には，難解で高価だった高周波無線回路がCMOSワンチップ化された技術革新が非常に大きかったと思います．

弟「レーダ」でも2015年頃から前段のSiGeワンチップ化が始まり，2017年にはIWR1443（テキサス・インスツルメンツ）でCMOSワンチップ化を実現し，一気に手軽になりました．

CMOSワンチップ化によって，1次元レーダが普通だった時代から一気に2次元レーダ・3次元レーダが普通の時代になり，レーダは「画像センサ」の仲間入りを果たしました．

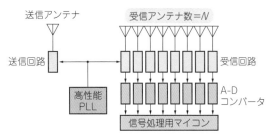

図1 2次元レーダの模式的な回路構成

2次元ミリ波レーダの基礎知識

● 回路構成

図1は2次元レーダの模式的な回路構成です．

特徴は複数の受信回路を備え，回路規模が非常に大きいことです．複数の受信アンテナはいわば昆虫の複眼のようなもので，数を増やすほど世界を正確に観察できます．

このような2次元レーダの原理は昔から知られてい

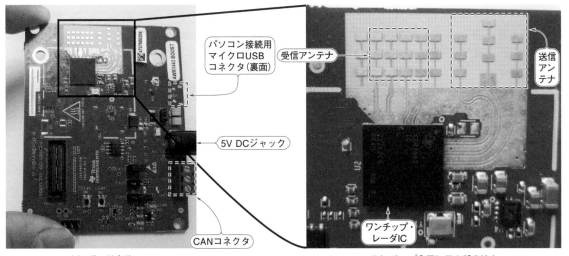

（a）ボード全体 　　　　　　　　　　　（b）チップ＆アンテナ部の拡大

写真1 CMOSワンチップ化によってレーダが一気に手軽になった
ワンチップIC IWR1443（テキサス・インスツルメンツ）を搭載したレーダ信号処理ボードIWR1443BOOST（約300ドル）

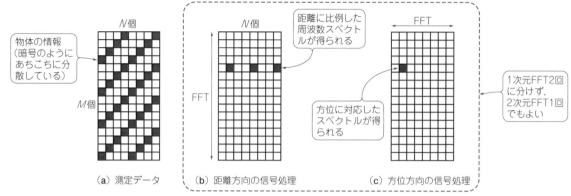

（a）測定データ　　　（b）距離方向の信号処理　　　（c）方位方向の信号処理

図2　2次元レーダの基本的な信号処理フロー

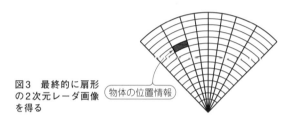

図3　最終的に扇形の2次元レーダ画像を得る

ましたが，大規模回路であるがゆえに，イージス艦に搭載されるような軍事用レーダでもないと実用化が困難でした．それがCMOSワンチップ上に全て集積されたことにより，誰でも手軽に買える時代になりました．ミリ波（76 GHz～81 GHz）レーダ信号処理ボードの例を写真1に示します．

● 得られる2次元レーダ画像

図1の回路で，N本のアンテナの後ろのA-Dコンバータ（ADC）が時系列でM回サンプリングすれば，その出力は図2（a）のような2次元配列になります．シングル・ミキサ回路であれば実数2次元配列になり，直交ミキサ回路であれば複素数2次元配列になります．

現在圧倒的にニーズが高いのは2次元イメージング・レーダなので，ミリ波レーダ技術を学ぶということは，図2の2次元配列を信号処理して扇形の2次元レーダ画像を得る原理を学ぶこと，とほぼ同義です（図3）．

ソフトウェア信号処理屋の活躍の場が広がる一方で，

ハードウェア回路屋にとっては活躍の場が乏しい時代になりました．写真1のボードでは，高周波回路どころかマイコンまで搭載しており，外付け部品はアンテナと電源回路とUSB通信ICぐらいしかありません．

● 2次元レーダで物体の「距離」を求める原理

現在標準の2次元レーダ原理（DBF法：Digital Beam Forming法）では，図2（a）の2次元配列を，まず縦方向に高速フーリエ変換（FFT）して物体までの距離Rを求め，次に横方向にFFTして物体の方位θを求める，という流れになります．まずはこの前半について説明します．

ミリ波レーダで距離を測定する原理は2つあります．「時間」を測定するか「位相」を測定するかです．

「時間」（ToF：Time of Flight）を測定するものは光LiDARと同じ原理であり，準マイクロ波帯IR-UWB（Impulse Response Ultra Wide Band）方式で使われています．しかし本稿時点では，市販ミリ波レーダは「位相」を測定するFMCW（Frequency Modulation Continuous Wave）方式が多いので，こちらのみ説明します．

● 距離を求めるための信号処理

電波周波数をf，波長をλ，光速をc，物体までの距離をRとすると，往復距離$2R$を電波が飛ぶ間に位

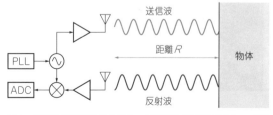

図4　位相を測定することによって距離を測るFMCWレーダの基本回路

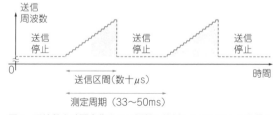

図5　周波数を時間変化させて距離に比例したスペクトルを得るFast Chirp方式

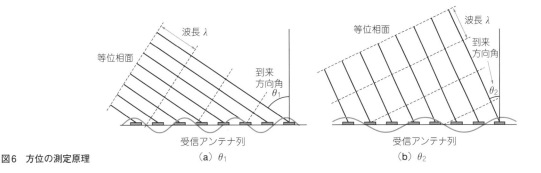

図6　方位の測定原理

（a）θ_1　　　　　　　　　　　　　　（b）θ_2

相回転 $\Delta\Phi = (2R/\lambda)\cdot 2\pi = (R\cdot f)\cdot(4\pi/c)$ が起きます．図4の回路の出力は，シングル・ミキサなら $\cos(\Delta\Phi)$，直交ミキサなら $\cos(\Delta\Phi)+j\cdot\sin(\Delta\Phi)$ になります．

図4の回路で図5のように周波数 f を変化させると，$\Delta\Phi$ が直線的に増加し，出力 $\cos(\Delta\Phi)$ は振動する正弦波となります．しかもこの正弦波の周波数は距離 R に比例します．そのため，図4のADC時系列データにFFTをかけると，距離に比例したスペクトルが得られます．この距離-反射強度のグラフは，Range profile と呼ばれます．

図3のアミ部分は，この正弦波を表現しようとしました．図3を縦方向にFFTした模式図が図2(b)です．縦のRange profileが横にアンテナ本数（N）だけ並列に並んだ状態になります．

● 物体の「方位」を求める原理

物体が遠くにあり反射波が平面波だとすると，狭い間隔（通常は $\lambda/2$）で並んだアンテナ列の上には，図6のように到来方向に応じて異なる周波数成分が観測されます．そのため，FFTを1回かけて全周波数成分を分解すれば，それぞれの方向に物体が存在するかどうかを瞬時に把握できます．

これは，図2(b)の2次元配列に対して横方向にFFTをかけることを意味し，その結果は図2(c)の模式図になります．図2(c)は，極座標（距離 R，方位 θ）の2次元配列であり，これを直交座標上の扇形図形にマッピングすると図3の最終レーダ画像が得られます．

なお実際には，図2(c)の配列の左右入れ替え操作（しばしばfftshiftと呼ばれる）が入ったり，図3の方位メッシュは不等間隔メッシュであったり，細かな処理がありますが，ここでは詳細は割愛します．

ミリ波レーダ応用のポテンシャル

位置推定に使うセンサには，カメラ，LiDAR，ミリ波レーダがあり，これにGNSSも加わります．

ミリ波レーダから見ると，カメラとGNSSは性質や目的が違い過ぎて別世界ですが，LiDARは性質や目的が重複します．

● LiDARとの違い

LiDARもミリ波レーダも，走行中に刻一刻と自分の周囲の地図を作製することが使命です．しかし残念ながら，その地図の解像度に大きな差があります．より詳しくいうと，自分を中心として極座標（距離 R，方位 θ）で世界を眺めた際に，ミリ波レーダは距離分解能では負けませんが，方位分解能が大きく負けます．

原因は波長 λ に起因するビーム幅の違いにあります．同じ電磁波でも赤外線を使うLiDARは，レンズで極細ビームを簡単に作れます［図7(a)］．それに対してミリ波レーダは，赤外線より3桁は波長が長いため，ビームをあまり細く絞れず，それゆえ方位分解能がよくありません．

ミリ波レーダではこの弱点をカバーするために独特の工夫を行っています．それが前述のDBF法です．現実世界で無理にビームを細く絞ることはせず，コンピュータの仮想世界の中でビームを細く絞ります．

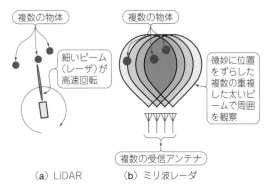

（a）LiDAR　　　　（b）ミリ波レーダ

図7　LiDARとミリ波レーダの原理の違い

コラム1 レーダの基礎知識

● 基本①：速度測定の原理

図Aに示すのは，レーダの中でも最も基本的でシンプルなメカニズムを持つドップラー・レーダの回路と入出力信号です．

ドップラー・レーダは図A(b)のように無変調のCW(Continuous Wave，連続波)を放射するだけなので，物体が動いたときにしか出力信号が変化しません．接近速度に比例した周波数の正弦波が出力されます．動く物体が複数あるときは，正弦波が重なって出力されます．

ドップラー・レーダは，野球場で使われるスピード・ガンに使われています．人間の胸のμm単位の呼吸運動や心拍運動を精密測定するバイタル・センサへの応用が期待されています．

ドップラー・レーダは，技術基準適合証明済みのモジュールが電子パーツ店で購入できます(執筆時では例えばドイツInnoSenT社のIPM-165が秋月電子通商などで2,100円で購入可能)．

● 基本②：距離測定の原理

測距レーダは，パルス(UWB：Ultra Wide Band)方式とFMCW(Frequency Modulated CW)方式が使われてきましたが，現在では図Bに示すFast Chirp方式が主流です．

Fast Chirp方式では，ドップラー・レーダを基本に，CWの代わりに周波数変調波(チャープ信号)を放射します．

直感的に原理を説明すると，全ての物体に一律で同じ速度が上乗せされたように見えます．静止物体も動いているかのように見えるので検出可能です．

電波は，周期T間隔で瞬間的に放射されます．周期Tの大半は，放射をOFFして電波干渉を防ぐのが一般的です．

出力信号は，物体の距離に比例した周波数の正弦波です．物体が複数あるときは，正弦波が重なって出力されます． 〈天野 義久〉

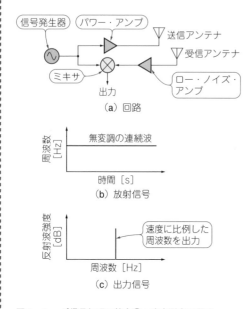

図A レーダ信号処理の基本①：速度測定の原理
最もシンプルなドップラー・レーダの回路と入出力信号．ミリ波レーダも基本は同じ

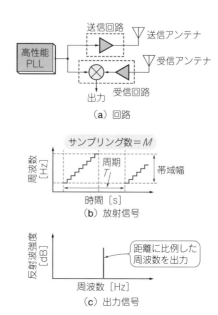

図B レーダ信号処理の基本②：距離測定の原理
Fast Chirp方式の回路と入出力信号

コラム2　ミリ波レーダの信号処理アルゴリズムの世界

● アルゴリズムでまだまだ高分解能化を実現できる

　方位方向の数学アルゴリズムには現在FFTが使われていますが，これを他の高分解能スペクトル・アルゴリズムに置き換える試みが研究されています．代表的なのは公知理論のMUSIC法に置き換える研究であり，実際に車載レーダで製品にもなっています．

　筆者もまた，レーダ信号の特徴に特化させたオリジナルのアルゴリズムで高分解能化を実現できました．**写真A**に実験のようすを，**図C**に結果を紹介します．従来のFFTを使った方式と比べて分解能20倍を達成することができました．

● レーダ信号処理にチャレンジしませんか

　物理学の世界では研究は巨大プロジェクトで行う時代に入り，個人が鉛筆と紙だけで画期的な研究を行える時代は終わったような話を耳にします．しかしレーダ信号処理の世界では，まだまだチャンスが残されていると筆者は感じます．今ではレーダ後進国になりつつある日本を再浮上させるためにも，鉛筆と紙を手に諦めずチャレンジしてほしいと思います．　　　　　　　　　　　〈天野 義久〉

（a）実験の様子

（b）障害物（Google Mapを引用）

写真A　実験のようす

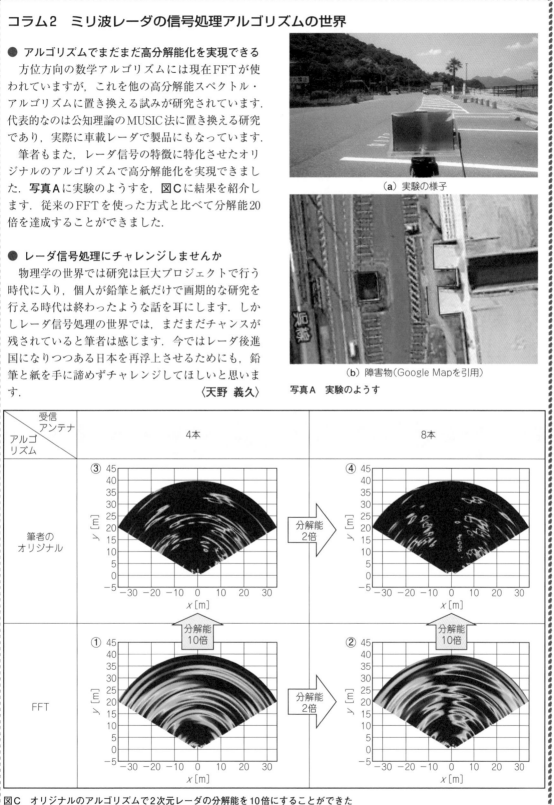

図C　オリジナルのアルゴリズムで2次元レーダの分解能を10倍にすることができた

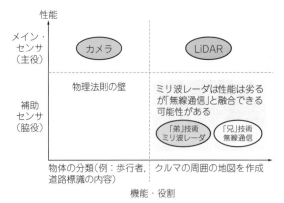

図8 ミリ波レーダは無線通信と位置推定を融合できる可能性がある

● **進化の方向性**

　別な視点から直感的に説明をすると，複数のアンテナからあえて太いビームを放射し，同一の物体を複数のビームで重複して観測し，それら結果から連立1次方程式を解くようにして物体の像を復元します［図7（b）］（実際には連立1次方程式ではなくFFTを使います）．

　この原理から，ミリ波レーダが進化の方向が垣間見えます．いくら現実世界でビームの細さ勝負を挑んだところで，LiDARには永遠に追いつけません．そうではなくて，ミリ波レーダ原理の特徴は，仮想世界の信号処理，すなわち数学の比重が非常に大きいことに

あります．この特徴を突き詰めて，数学アルゴリズムを工夫することこそミリ波レーダの進化の王道だと思います．

● **クルマに限らず産業用途にも使える**

　自動運転車の限られたコストとスペースの中で，カメラ，LiDAR，ミリ波レーダ，GNSSなどが激しく陣取り合戦を行っています．その中でミリ波レーダは，性能が劣る不利な立場にあります．

　性能が劣るミリ波レーダが使われる理由は，低価格を実現できること以外に，悪天候に強い特徴があります．ミリ波レーダは濃霧の中でも透過して見えますが，多くのカメラやLiDARは目の前に壁が立つように錯覚します．この特徴を生かせば，車載レーダに限らず，粉じんが立ち込める工場や，稲が視界を遮る農地など，産業用ミリ波レーダの活躍の場はいろいろあると思います．

● **位置推定と無線通信の融合の可能性**

　また車載レーダの世界でも，最近思わぬ援軍が現れました．リレーアタック盗難対策が発端で，車にキーとして準マイクロ波帯のUWB無線通信機が載る情勢にあります．ところがこのUWB無線通信機は，原理的にUWBレーダとしても流用可能です．無線通信とレーダの融合というLiDARにはまねできない新しい視点で，ミリ波レーダが活躍できる可能性があります（図8）．

ミリ波レーダのテクノロジ②… フェーズド・アレイ・アンテナ

酒井 文則 Fuminori Sakai

本稿では，レーダ用アンテナの基礎知識を紹介します．

レーダ・システムにおけるアンテナは，人間にたとえると「目」に相当する重要な装置で，ターゲットを捕える精度を左右します．

30 G～300 GHzのミリ波レーダは，波長が短いので，数cm四方の小型なアンテナで受信できます．周波数帯域が広いので，感度の高いアンテナが作れます．

中でも電子的に電波の発射方向を切り替えられるフェーズド・アレイ方式のアンテナ（**写真1**）は，ターゲットとの距離だけではなく，形状も計測できる3次元レーダにも適しています．本稿では市販のモジュールを用いて，2次元/3次元レーダの実験を行い，実力を確認します．

レーダ用アンテナの基礎知識

● 役割

レーダ（Radar：Radio detection and ranging）は，電磁波を発射して遠方にあるターゲットを探知し，そこまでの距離と方位を測る装置です．

図1に示すのは，レーダ装置の基本構成です．送信機は，鋭い指向性をもつ電磁波を送信アンテナから発射します．発射された電磁波は，ターゲットに当たるとあらゆる方向に再放射され，その中のごく一部がもとの方向へ返ってきます．受信機はこの微小な電磁波を受信アンテナで集めてターゲットを探知します．

鋭い指向性をもつアンテナを使えば，ターゲットの

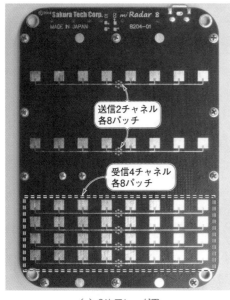

（a）2次元レーダ用

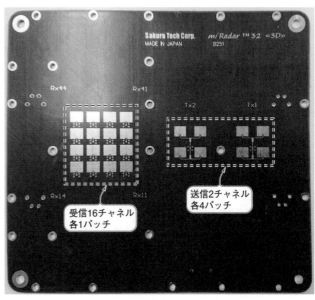

（b）3次元レーダ用

写真1　24 GHz帯のレーダ用フェーズド・アレイ・アンテナ
電子的にレーダの向きを切り替えるので，メカ部品なしで2次元レーダを構成できる．スキャン速度が高速なので，3次元レーダにも応用できる

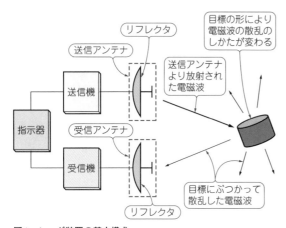

図1 レーダ装置の基本構成
空間に電磁波を発射する送信アンテナと，ターゲットから返ってきた電磁波を受ける受信アンテナの2つを使う

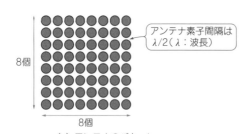

（a）アンテナのパターン

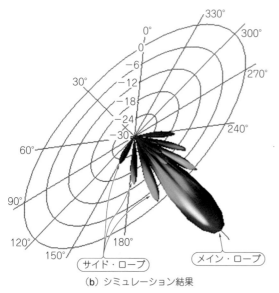

（b）シミュレーション結果

図3 ビーム形状の立体図（電磁界シミュレーションの結果）

位置をより正確に検出でき，測定距離も長くなります．短時間のうちにビームの向きを変えられれば，高速で動いているターゲットを追従することもできます．

● 狙った所にエネルギの照準を合わせる

指向性は，主ビームの向きに対する放射の強さや，

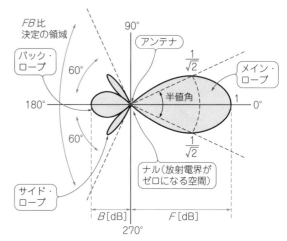

図2 レーダ装置から照射されるビーム形状
最も強い放射領域はメイン・ローブ，その他の放射領域はサイド・ローブ

感度を表す指標です．水平面と垂直面が狭いアンテナほど指向性が鋭く，ゲインが高くなります．アンテナは受動素子なので，アンテナ自体のゲインが増えても信号の電力は増強されません．

アンテナから放射されるビーム，および受信時の感度の指向性を**図2**に示します．最も強い放射領域をメイン・ローブと呼びます．最大放射方向から電界強度が$1/\sqrt{2}$低下する角度範囲を半値角と呼びます．メイン以外のローブは，横方向のサイド・ローブと，後方のバック・ローブがあります．

FB比（前方対後方比）は，後方120°の範囲での最大値と正面の最大値の比です．FB比が大きいほどアンテナの指向性がよいとされています．

図3に示すのは，アンテナ素子を縦横に8個並べたアンテナから放射されるビームを電磁界シミュレータで計算した結果です．後方に放射されるバック・ローブは表示されていません．

● 種類

ターゲットとの距離と方角をスキャンする2次元レーダのアンテナには，**表1**に示す3つの方式があります．

機械方式は，3つの中で最もシンプルな構成をもつ点がメリットですが，ビームの向きを切り替える速度が遅く，可動部のメンテナンスが必要な点がデメリットです．そのため，現在は指向性切り替え方式，フェーズド・アレイ方式のほうがよく使われています．

フェーズド・アレイ方式は，任意の方向に高速（約20 Hz）スキャンが可能なので，3次元レーダに向きます．他のアンテナよりも構成が複雑なので，軍事製品を除いてあまり使われていませんでしたが，高集積なレーダ用ICが発売され，技術的な障壁が低くなりました．低価格化も進んでいるので，今後は民生品でも普及していくでしょう．

表1 ターゲットまでの方角と距離をスキャンできるミリ波レーダ用アンテナ
高集積なICが発売されたことでフェーズド・アレイ方式のアンテナの注目が高まっている

項 目	機械式	指向性切り替え式	フェーズド・アレイ方式
概 要	アンテナを機械的に回転させ目標方位を検出する．構成は，アンテナ，アンテナ駆動部（モータ）およびモータ制御部	異なる方向に向けたアンテナを複数取り付ける．電子スイッチでアンテナを切り替えることにより，方位を検出できる	複数のアンテナを並べ，移相器で信号の位相を調整してビーム指向性方向を決める
メリット	指向性の高いアンテナが使えるので正確な方位が測れる．構成がシンプル	高速で指向性方向が切り替えられる．可動部がないのでメンテナンスが不要	任意の方向に高速で電子走査できる．複数目標に追従できる
デメリット	機械的走査なので走査に時間がかかる．また，可動部の機構部品のメンテナンスが必要である	アンテナの指向性が固定されているので大まかな方位しか測れない	アンテナごとに電子回路を実装するので構成が複雑で価格が高くなる
構成	方位回転／アンテナ／仰角回転／回転部／固定部／送信機／受信機／2軸のモータ駆動回路が入っている	時分割で接続を切り替える／送信機／受信機	アンテナ／可変移相器／電力合成/分配器／送信機／受信機

電子的に電波の発射方向を切り替えるメカニズム

● アンテナ素子の構成

ここでは，素子が横1列にk個並んだ**図4**のリニア・アレイ・アンテナを例に，電子的にビームの向きを切り替えるしくみを解説します．

フェーズド・アレイ方式のアンテナでは，複数のアンテナ素子を配置し，それぞれの位相を意図的に変え

ることでビームの電子走査が可能になります．**図4**では，各々の受信信号をA-D変換した後に演算でビームの指向性を得ているので，DBF（Digital Beam Forming）方式と呼びます．

● 位相を調整して波面をそろえる

図4の角度θの方向から到来した電波からk番目のアンテナが誘起する受信電圧は，各アンテナの受信特性が等しいとすると，次式で表されます．

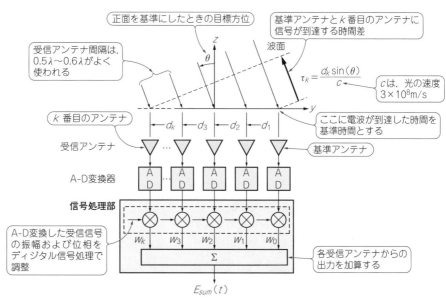

$$\tau_k = \frac{d_k \sin(\theta)}{c}$$

cは，光の速度 3×10^8m/s

図4 フェーズド・アレイ・アンテナがビームの向きを切り替えるしくみ
各アンテナで位相を調整して波面をそろえる

カメラ画像とレーダ測距データを重畳できる

フェーズド・アレイ・アンテナ(IC類は裏面に実装)

写真2 実験に使った2次元レーダ・モジュール
miRadar8 EV-2(サクラテック). レーダ測距データとカメラ画像を重ねて表示できる

$$
\left.
\begin{aligned}
E_k(t) &= E_0(t - \tau_k) \quad (k=1,2, \cdots, K)\\
\tau_k &= \frac{d_k \sin \theta}{c}
\end{aligned}
\right\} \cdots (1)
$$

ただし, c:光の伝搬速度, d_k:基準点より測ったk番目の素子の位置

式(1)より, k番目の受信電圧は次式で表されます.

$$
\left.
\begin{aligned}
E_k(t) &= E_0(t)\exp(-j2\pi f \tau_k)\\
&= E_0(t)\exp\left(-j2\pi f \frac{d_k}{c}\sin\theta\right)\\
&= E_0(t)\exp\left(-j\frac{2\pi}{\lambda}d_k \sin\theta\right)
\end{aligned}
\right\} \cdots (2)
$$

ただし, λ:レーダの波長(c/f), f:搬送波周波数

合成出力$E_{sum}(t)$は, 次式で表されます.

$$
E_{sum}(t)=E_0(t)\sum_{k=0}^{K}A_k\exp\left\{j\left(-2\pi f\frac{d_k}{c}\sin\theta + \delta_k\right)\right\}
$$
$$\cdots (3)$$

ただし, A_k:振幅調整, δ_k:位相調整

各アンテナで受信している信号の波面が同じになるように位相シフトした後, 電圧を加えれば波面方向の出力結果が得られます.

ここでは2次元レーダを例に解説しましたが, 3次元でも同じように計算できます.

表2 実験に使ったレーダ・モジュールの仕様

項目		2次元レーダ	3次元レーダ
使用モジュール		miRadar8 (サクラテック)	miRadar32 (サクラテック)
レーダ方式		MIMO FMCW 24 GHz レーダ (ARIB-STD-73)	
アンテナ	送信	2チャネル	2チャネル
	受信	4チャネル	16チャネル
送信出力		8 dBm	13 dBm
探知距離		60 m以上(車の場合)	
探知領域	Az (水平方向)	± 45°	± 45°
	El (垂直方向)	13°	± 45°
ビーム幅	Az (水平方向)	13°	13°
	El (垂直方向)	13°	26°
サイズ [mm]		104 × 76 × 6	117 × 105 × 35

フェーズド・アレイ・アンテナの実力

● こんな実験

実際にフェーズド・アレイ方式のアンテナを使って, レーダ測距の実験を行ってみましょう.

ここでは, 使用目的の制限がなく, 民生機器でも多く使われている24 GHz帯のレーダを使いました. DBF方式とMIMO(マルチインプット・マルチアウトプット)方式を組み合わせた電子スキャン・レーダを使います. この方式は, 仮想的なバーチャル・アレイが構成できるので, 送信2チャネル, 受信4チャネルのハードウェアでも8チャネル相当の高方位精度が得られます.

今回の実験に使ったのは, **写真2**に示す2次元レーダ・モジュールのmiRadar8と3次元レーダ・モジュールmiRadar32(ともにサクラテック製)です. **表2**に主な仕様, **図5**に各モジュールの内部ブロックを示します.

● 実験①…2次元レーダとしての実力

図6に示すのは, 近くの公園で2次元レーダ測距の実験を行ったときの結果です. 構造物の距離, 方位を正しく検出できるか実験しました.

右側のPPI(Plane Position Indicator)は, DBFにより方位を1°ステップで計算し, 反射強度が強いターゲット5つを●印で表示しています. 図中の小さいドットは, 設定したスレッショルド・レベル以上になった近接目標を表示し, 障害物までの距離を表しています.

距離精度は± 20 cm, 距離分解能は80 cm, 方位精度は± 1.5°, および方位分解能は13°でした.

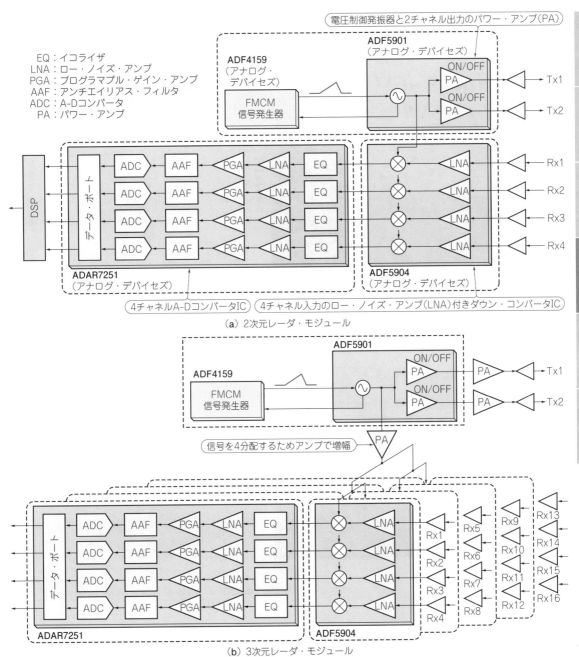

EQ：イコライザ
LNA：ロー・ノイズ・アンプ
PGA：プログラマブル・ゲイン・アンプ
AAF：アンチエイリアス・フィルタ
ADC：A-Dコンバータ
PA：パワー・アンプ

電圧制御発振器と2チャネル出力のパワー・アンプ（PA）

4チャネルA-DコンバータIC　　4チャネル入力のロー・ノイズ・アンプ（LNA）付きダウン・コンバータIC

（a）2次元レーダ・モジュール

信号を4分配するためアンプで増幅

（b）3次元レーダ・モジュール

図5　実験に使ったレーダ・モジュールの内部ブロック

　ターゲットから反射されてくる電磁波の位相情報を検出することで，0.1 mm以下の相対変動が計測でき，**写真3**のように人間の心拍や呼吸も測れるようになります．

● 実験②…3次元レーダとしての実力
　図7に示すのは，室内で3次元レーダ測距を行ったときの結果です．設置したコーナ・リフレクタ3個の距離，方位，および高さを正しく検出できるか実験し

ました．
　3次元レーダは，距離に加えてAz方位（Azimuth，方位角）とEl方位（Elevation，標高）が計測できるので，ターゲットを立体的に検出できます．
　右側の3D表示は，極座標を直角座標(x, y, z)に変換してターゲットを表示しています．左側は，カメラ画像にレーダ検出データを重畳させ，各目標の最大値の中心に円を描いています．3個の丸の中心がコーナ・リフレクタとよく一致しています．

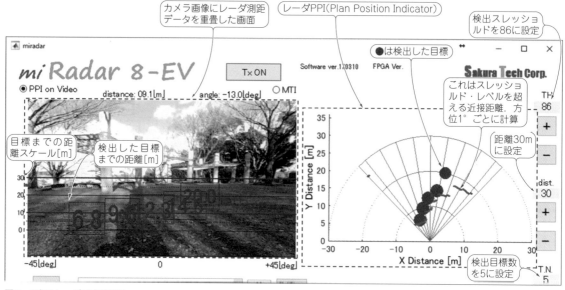

図6 2次元レーダの実験結果
数十m先の柱を距離分解能80 cm，方位分解能13°でスキャンできた

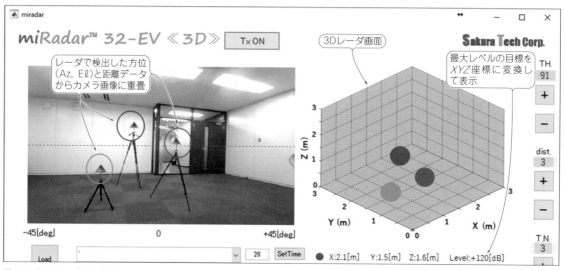

図7 3次元レーダの実験結果
距離，方位，標高が正しく計測できた

　アンテナの素子数を64×64にすると，ビーム幅が約1.9°と細くなり，物体形状の3次元計測ができるようになります．

◆参考文献◆
(1) 吉田 孝 監修，電子情報通信学会 編；改訂 レーダ技術，コロナ社，1996年10月．
(2) 電子情報通信学会編；アンテナ工学ハンドブック（第2版），オーム社，2008年7月．

写真3 応用のポテンシャル…電波の位相情報を使って人間の心拍や呼吸を測ることも可能

第 5 部

位置推定技術④…GNSS

GPS/GNSS 測位の基本原理

池田 貴彦 Takahiko Ikeda

測位の基本メカニズム

GPS(Global Positioning System)は，さまざまな分野で利用が広まっています．位置や速度を求めるだけでなく，腕時計や地上デジタル放送など，正確な時刻（タイミング）を求めるシステムにも応用されています．他にも，地上デジタル放送や送電線の故障箇所検出，地震の震源探知，NTPサーバ，高速株式トレードなど，GPSによる正確な時刻が必要とされているシステムは多数あります．

● 0.000001秒狂ったら300mも測位結果がずれる

単純に3個の衛星から送信された電波の伝搬時間を測定して受信機の3次元位置を求める場合，伝搬時間を精度よく測るには，受信機に搭載されている時計が衛星に搭載されている時計と精密に同期している必要があります．

電波は光に近い速さで伝搬しますから，衛星，受信機双方の時計の誤差が100万分の1秒であっても，距離にすると約300mもの大きな誤差になります．そこでGPSは，もう1つの衛星を加えた計4基の衛星の信号を使用して，受信機に搭載されている時計の誤差も算出しています．

このしくみによって，受信機に搭載する時計（クロック源）は，水晶発振器程度の精度で十分となり，ハードウェアのコストやサイズを低減しながらも，高価な原子発振器なみの長期安定性に優れた時刻精度を実現しています．

図1に示すのは，衛星にも搭載されるセシウム発振器から生成した1 PPS(1 Pulse Per Second，1秒パルス信号)に対するGPS受信機のクロックのずれです．横軸は時間で，縦軸はずれ量［s］です．1 PPS error standard deviation = 4.8 nsは，ずれ量の標準偏差で，1σで4.8 nsです．何百万円もするセシウム発振器を買わなくても，数千円のGPS受信機で同等のタイミング精度を手に入れることができます．

● 測位のしくみ

GPS衛星は，地球を高速周回（約12時間で1回）しながら，自分の位置情報と時刻（GPSタイム）を地上めがけて送信しています．

GPS受信機は，衛星から信号を受け取ると，自分の時刻とGPSタイムの差分から，衛星と受信機との距離を割り出します(図2)．高度も含めた位置を測るためには，ある1つのタイミングで，4基以上のGPS衛星との距離を割り出す必要があります．したがって，どのGPS衛星も同じ時刻で運用されていることが必須です．

昔の大航海時代，自船位置（特に経度）を求めるのに，できるだけ正確な時計が必要だったのが，現代はGPSで位置を求めると同時に正確な時刻も求められる時代になっているのです．

● GPSの時刻について

GPSの扱う時刻は，GPSタイム（GPSTIME）と協定世界時（UTC：Coordinated Universal Time）です．

GPSタイムは，1980年1月6日0時0分0秒から，国際原子時（TAI：Temps Atomique International）をベースに1秒ごとに積算されている時刻です．

UTC時刻も同じくTAIをベースに維持されている時刻ですが，地球の自転に合うようにうるう秒の調整が行われています．

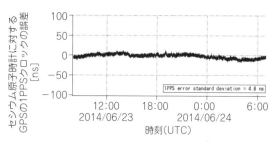

図1 GPS測位は「正確な時計」がキモ
セシウム発振器から生成した1 PPS(1 Pulse Per Second，1秒パルス信号)に対するGPS受信機の1 PPS

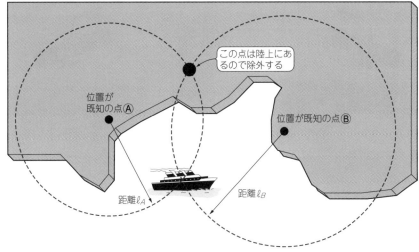

この点は陸上にあるので除外する

位置が既知の点Ⓐ

位置が既知の点Ⓑ

距離ℓ_A

距離ℓ_B

(a) その①…衛星を使わずに2次元で測位する例

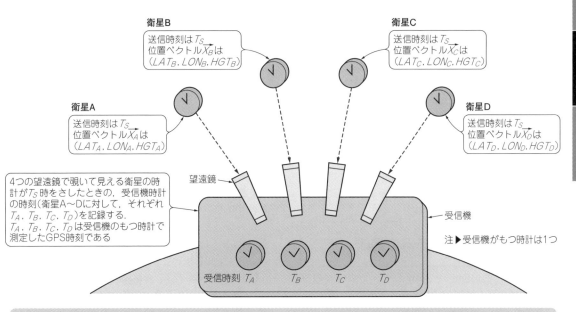

衛星B
送信時刻はT_S
位置ベクトル$\vec{X_B}$は
(LAT_B, LON_B, HGT_B)

衛星C
送信時刻はT_S
位置ベクトル$\vec{X_C}$は
(LAT_C, LON_C, HGT_C)

衛星A
送信時刻はT_S
位置ベクトル$\vec{X_A}$は
(LAT_A, LON_A, HGT_A)

衛星D
送信時刻はT_S
位置ベクトル$\vec{X_D}$は
(LAT_D, LON_D, HGT_D)

4つの望遠鏡で覗いて見える衛星の時計がT_S時をさしたときの，受信機時計の時刻（衛星A〜Dに対して，それぞれT_A, T_B, T_C, T_D）を記録する．T_A, T_B, T_C, T_Dは受信機のもつ時計で測定したGPS時刻である

望遠鏡

受信機

注▶受信機がもつ時計は1つ

受信時刻 T_A　　T_B　　T_C　　T_D

求めたいのは受信機の位置ベクトル$\vec{X_U}=(LAT_U, LON_U, HGT_U)$と受信機時計で計測した誤差$\Delta t$を含む観測時刻．
位置を求める条件は次のとおり．
(1) 衛星のベクトル$\vec{X_A}$, $\vec{X_B}$, $\vec{X_C}$, $\vec{X_D}$はすべて既知とする
(2) 各衛星の時計は，GPS時刻に一致している
(3) 各衛星は，GPS時刻T_Sにいっせいに電波を送信する．これらの送信電波を地球上のユーザ・セグメント（受信機）で観測する．図ではこれを望遠鏡で見るという概念で説明している
(4) 受信機と各衛星との距離は異なるため，GPS時刻T_Sを乗せた4つの電波は受信機に同時に到着することはない．受信機の時計で測定した各電波の到着時刻をT_A, T_B, T_C, T_Dとする．なお，$T_A \sim T_D$は受信機のもつ時計で測定したGPS時刻である

(b) その②…衛星を利用して3次元で測位する例

図2　地球上の自分の位置を知るしくみ
GPS受信機は，複数のGPS衛星から一度に時刻情報を受け取り，自分の時刻とGPSタイムの差分から，衛星と受信機との距離を割り出している．各GPS衛星が同期して，時刻情報を出していることが前提のシステム

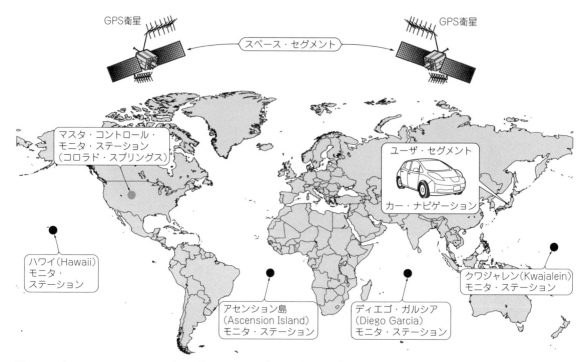

図3 **GPS**(Global Posisioning System)は，①**スペース・セグメント**(衛星)，②**コントロール・セグメント**(地上局)，③**ユーザ・セグメント**(カー・ナビなど)**の3つのブロックで構成されている**

GPS衛星からは，GPSタイムとUTC時刻の差が航法メッセージにより放送されており，GPS受信機では，容易にUTC時刻を求めることができます．GPSタイムとUTC時刻の差は現在18秒あります．

GPSのシステムの構成

GPS(Global Positioning System)は，次の3つのブロックで構成され協調して動くシステムです(**図3**)．
(1) スペース・セグメント(衛星)
(2) コントロール・セグメント(衛星を制御する地上局)
(3) ユーザ・セグメント(受信機)

● ①スペース・セグメント(GPS衛星)

GPS衛星は，高度約2万km上空の6個の軌道(A～F)に4基ずつ，計24基配置されており，約12時間で地球を1周しています．

例えば2015年でいうと，予備の衛星を含め，31基が周回しています(**表1**)．各衛星はルビジウム発振器(一部はセシウム発振器)を搭載しており，10.23 MHzを基準クロックにして動作し，衛星の識別信号(C/Aコード：Coarse/Acquisition Code)などを出力しています．

衛星に搭載されている発振器(ルビジウムまたはセシウム)の精度は，1×10^{-15}秒といわれており，衛星に搭載されている発振器は，地上局によってリモート調整されています．

● ②コントロール・セグメント(地上局)

GPS地上局は次の2つで構成されています．
(1) モニタ・ステーション(世界各所にある)
(2) マスタ・コントロール・ステーション(米国本土にある)

モニタ・ステーションでは，衛星の信号を受信して，その挙動を監視し，収集したデータはマスタ・コントロール・ステーションに集約します．

マスタ・コントロール・ステーションでは，UTC(USNO)を基準として，衛星搭載の発振器の周波数偏差やドリフト量を観測し，GPS受信機側で正しい時刻を求めるのに必要なパラメータ(時刻補正量)を算出します．それを衛星が飛来したときに地上からアップロードし，衛星からの航法メッセージに含めて放送できるようにします．これらのシステムによって，全衛星の信号送信開始タイミングが同期します．

補正量を適切に用いた場合，UTC時刻に対し90 ns以内(1σ)の精度が得られます．

表1[(1)] **GPSは何十機もの人工衛星を配置した全地球的なシステム**
GPS衛星の運用状況の例(2015年12月)
ftp://tycho.usno.navy.mil/pub/gps/gpsb2.txtより

軌道面 (PLANE)	軌道における 位置 (SLOT)	シリアル番号 (SVN)	C/Aコード (PRN)	衛星の形式 (BLOCK-TYPE)	搭載発振器の 種類 (CLOCK)
A	1	65	24	IIF-3	セシウム
	2	52	31	IIR-15M	ルビジウム
	3	64	30	IIF-5	
	4	48	7	IIR-19M	
B	1	56	16	IIR-8	
	2	62	25	IIF-1	
	3	44	28	IIR-5	
	4	58	12	IIR-16M	
	5	71	26	IIF-9	
	6	51	20	IIR-4	
C	1	57	29	IIR-18M	
	2	66	27	IIF-4	
	3	59	19	IIR-11	
	4	53	17	IIR-14M	
	5	72	8	IIF-10	セシウム
D	1	61	2	IIR-13	ルビジウム
	2	63	1	IIF-2	
	3	45	21	IIR-9	
	4	67	6	IIF-6	
	5	46	11	IIR-3	
E	1	69	3	IIF-8	
	2	47	22	IIR-10	
	3	50	5	IIR-21M	
	4	54	18	IIR-7	
	5	23	32	IIA-10	
	6	73	10	IIF-11	
F	1	41	14	IIR-6	
	2	55	15	IIR-17M	
	3	68	9	IIF-7	
	4	60	23	IIR-12	
	6	43	13	IIR-2	

● ③ユーザ・セグメント(GPS受信機)

　GPS衛星とGPS地上局は, 米国が国家事業として維持・運営しているものですが, GPS受信機及び受信アンテナは日本を含めさまざまな国で民生品として製作・販売されています.

　現在, GPS受信機には, ディジタル・アナログ一体の専用ICが搭載されています. 一昔前のものに比べると, ずいぶん小型・安価なものになっており, さまざまな民生機器に組み込まれています.

GPS受信機のハードウェア

● GPS受信機の構成

　図4に示すのは, GPS受信機GT-86(写真1, 古野電気)のハードウェア構成です. GPS受信機には時刻用とナビゲーション用があり, 両者に共通しているのは次のハードウェアです.

▶RFアナログ部

　アンテナから入力されるGPS信号をディジタル信号に変換します.

▶相関回路(ベースバンドDSP)部

　変換された信号からGPSの信号(コードとデータ)をパラレルに抽出します.

▶MPU(Micro Processing Unit)部

　相関結果から, 距離や周波数を求め, 搬送波に重畳されている航法メッセージを復調して衛星の位置などの必要なパラメータを算出し, それらを使用して受信機の位置や時刻(タイミング)を算出します.

▶基準クロック

　GPS信号の測距のベースとなる時計は, TCXO

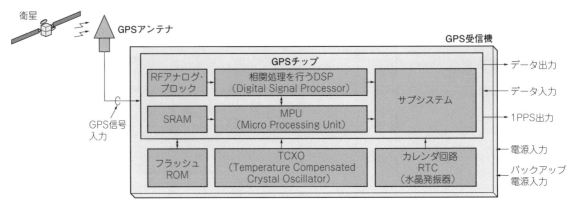

図4　GPS受信機のブロック構成

(Temperature Compensated Crystal Oscillator)を利用しています．±0.5 ppm程度の温度特性をもっています．

▶RTC（Real Time Clock）

　主電源が入力されていない時に日時を維持するため，別電源で動くカレンダ回路です．

▶アンテナ

　GPS衛星から飛んでくる－150 dBmというたいへん微弱な信号を受信します．

　セラミック基材を用いたパッチ・アンテナやフィルム・アンテナ，チップ・アンテナなどさまざまです．時刻用途の場合は，妨害波などを除去するフィルタとアンプを内蔵したアクティブ・タイプが搭載されてい

ます．屋外に設置した際に雨や雪の影響を受けないように，天空方向に尖ったケースに格納されているものが一般的です（**写真2**）．

● 時刻用GPS受信機ならでは機能

　ナビゲーション用GPS受信機と基本的なハードウェアの構成はほぼ同じですが，別途，1PPS（Pulse Per Second）やクロックなどのタイミング信号の入出力端子を備えています．

　1PPSを出力する回路は，TCXOのクロックをベースにその立ち上がりと立ち下がりのいずれかの任意のタイミングで動作します．

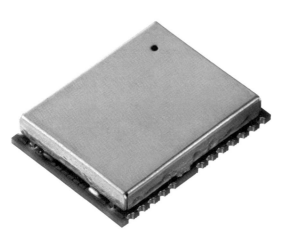

写真1　実際のGPSモジュール
1 PPS出力をもつGT-86（古野電気）
https://www.furuno.com/jp/products/gnss-module/GT-86

写真2　屋外に設置した際に雨や雪の影響を受けないようにGPSアンテナは天空方向に尖ったケースに格納されているのが一般的
時刻用AU-117（古野電気）
https://www.furuno.com/jp/products/gnss-antenna/AU-117

宇宙局 GPS衛星の放送内容

● こちらGPS，GPS…

各GPS衛星はさまざまなデータを地球めがけて送信しています。

ここでは，1575.42 MHz（L1帯）に乗せられている最も重要なC/Aコード（Coarse/Acquisition Code）について説明します。GPS受信機は，これらのコードを解読して，GPS時刻を手に入れ，衛星と受信機間の距離を測ったり，世界時を知ったりします。

図5に示すように，GPS衛星の出力信号の実体は，1575.42 MHzの搬送波（データを乗せて運ぶ電波）であり，次の2つの情報が含まれています。

(1) 衛星を特定したり，距離を測ったりするのに利用するC/Aコード（搬送波を位相変調）
(2) 航法メッセージ

GPS衛星から出力されている周波数1575.42 MHz（L1帯）の電波は，基準クロックの10.23 MHzを154倍したものです。

皆さんが利用しているカー・ナビゲーションは，この電波に重畳された情報（C/Aコードと航法メッセージ）を解読して，位置や世界時を算出しています。搬送波の周波数や位相を捉えて速度やmmオーダの測位に応用する例もあります。

GPSのL1信号仕様は，米国政府が発行しているIS-GPS-200（https://www.gps.gov/technical/icwg/）という出版物に詳細に記載されています。

電波に乗っている2大情報

● ①C/Aコード（Coarse/Acquisition Code）

衛星固有の擬似乱数（PRN：Pseudo Random Noise）コードです。

1023ビット（チップ）のコードで1 msで巡回します。1チップは(1/1023)ms(0.978 μs)なので，1チップに1540個の搬送波のサイクルが含まれています。

● ②航法メッセージ

測位用のデータです。

衛星位置を計算するために必要なパラメータ，衛星時計の誤差や電離層遅延補正のデータ，GPS時刻をUTC時刻に変換するデータなどです。

図6に航法メッセージの構造を示します。フレームと呼ばれる定型でデータを繰り返し送信します。1ビットあたり20 ms（1秒あたり50ビット）で送信されます。

1つの航法メッセージ・フレームは5つのフレーム（サブフレーム）で構成されています。データ数は1500ビットで，30秒(= 20 ms × 1500)で送信されます。

1サブフレームは300ビットで構成され，6秒(= 20 ms × 300)で送信されます。4番目と5番目のサブフレームは，25回に分けて放送されるので，すべての航法データを取得するために12.5分(= 30秒 × 25)要します。各サブフレームは10個のワード（1ワードあたり30ビット）で構成されています。

航法メッセージの解読①
GPS時刻をGET

受信機は，週内秒と次に説明する週番号(W_N)を用いて，「GPS時刻」を生成します。図7(a)にサブフレーム1（衛星時計誤差の補正用データ）を示します。

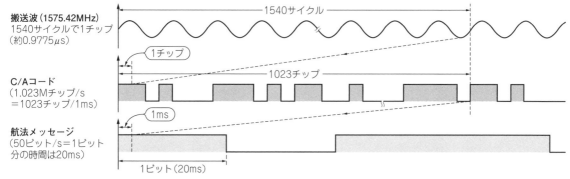

搬送波（1575.42MHz）
1540サイクルで1チップ
（約0.9775μs）

1540サイクル

1チップ

C/Aコード
（1.023Mチップ/s
=1023チップ/1ms）

1023チップ

1ms

航法メッセージ
（50ビット/s=1ビット
分の時間は20ms）

1ビット（20ms）

図5　搬送波，C/Aコード，航法メッセージの関係

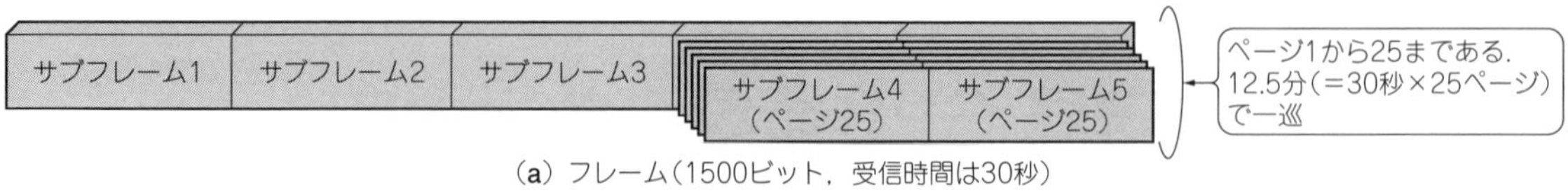

（a）フレーム（1500ビット，受信時間は30秒）

ページ1から25まである．
12.5分（＝30秒×25ページ）
で一巡

| サブフレーム1 | サブフレーム2 | サブフレーム3 | サブフレーム4
（ページ25） | サブフレーム5
（ページ25） |

| ワード1 | ワード2 | ワード3 | ワード4 | ワード5 | ワード6 | ワード7 | ワード8 | ワード9 | ワード10 |

1ワード（30ビット，受信時間は0.6秒）

（b）サブフレーム（300ビット，受信時間は6秒）

図6　GPS衛星から送られてくる航法メッセージのフレーム構造

● **週内秒**（T_{OW}：Time Of Week）

各サブフレームの先頭（ワード2）は時刻データです．GPS時刻の日曜日の0時0分0秒を起点としてカウントアップしています．

受信機は6秒に1回放送されているこの時刻データを使って，

- 時刻（時：分：秒）
- 曜日（日〜土）

を求めます．

衛星内部で1.5秒ごとにカウントアップされる時刻の下位2ビットを除いた時刻です．その時刻は次に送信されるフレームの先頭時刻を指しています．この値を6倍すると，0〜604794の週内秒（604800で0に戻るため，604800から6を引いた604794まで）を得ることができます．

本データが得られるのは6秒に1回です．1秒ごとの時刻の更新は受信機のクロックで刻んだタイミングで行います．

● **週番号**（W_N：Week Number）

サブフレーム1のワード3にあるデータです．GPS時刻のカウントが開始された1980年1月6日を0週として1週間ごとにカウントしています．

ビット長が10ビットしかないため，1024週で桁戻り（ロールオーバ）します．GPSは1999年8月21日→22日と2019年4月6日→7日の2回ロールオーバを経験しています．正しくGPS時刻を求めるには，このロールオーバ回数を考慮しなければなりません．

GPS時刻を求める式を次に示します．

GPS時刻＝（週番号＋ロールオーバ回数×1024）×604800＋週内秒

現在，ロールオーバ回数は2です．次のロールオーバは2038年11月20日→21日で，以降19.6年ごとに発生します．

● **衛星に搭載されている時計の誤差分を補正する**

サブフレーム1には，衛星に搭載されている原子時計の誤差を補正するパラメータ（t_{oc}, a_{f2}, a_{f1}, a_{f0}）があります．補正量Δxは，GPS時刻（g_t）を基準にして［秒］単位で算出します．

$$\Delta x = a_{f0} + a_{f1} \times (g_t - t_{oc}) + a_{f2} \times (g_t - t_{oc})^2 + \Delta t_r$$

ただし，t_{oc}：元期，a_{f0}：その衛星の時刻補正係数の0次項，a_{f1}：その衛星の時刻補正係数の1次項，a_{f2}：その衛星の時刻補正係数の2次項

最後のΔt_rは，相対性理論による補正項です．Δt_rそのものは航法メッセージに含まれていませんが，別のサブフレームにある軌道情報を用いて算出します．

元期は時間的な起点です．現在時刻（g_t）とこの元期との時間差を求めて，衛星時計誤差の補正量を算出します．衛星時計の誤差の変化は，2次曲線で近似できるので，このようなパラメータの与え方になっています．元期を言い換えると，その衛星の時刻補正係数の基準時刻です．

航法メッセージの解読②
世界時（UTC）をGET

● **UTCパラメータ**

図7（b）に示すサブフレーム4のページ18（ワード6〜10）には，GPS時刻からUTC時刻を求めるためのデータ（A_1, A_0, t_{ot}, W_{Nt}, Δt_{LS}, W_{N_LSF}, D_N, Δt_{LSF}）が入っています．

GPS時刻とUTC時刻のもっとも大きな差であるうるう秒もこのデータに含まれています．サブフレーム4の25個のページの1つに含まれているので，12.5分に1回しか放送されません．

受信機は，次式を使ってGPS時刻（g_t）からUTC時刻（u_t）を求めます．g_tと$\Delta t_{\_UTC}$はサブフレーム1から得られます．

$$u_t = g_t - \Delta t_{\_UTC}$$
$$\Delta t_{\_UTC} = \Delta t_{LS} + A_0 + A_1 \times \{g_t - t_{ot} + 604800 \times (W_N - W_{Nt})\}$$

ただし，$\Delta t_{\_UTC}$：GPS時刻とUTC時刻の差分（GPS時刻からUTC時刻を算出する際に用いる補正量），A_0：補正多項式の定数項，A_1：補正

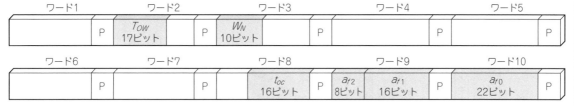

（a）衛星時計誤差の補正用データ（サブフレーム1）

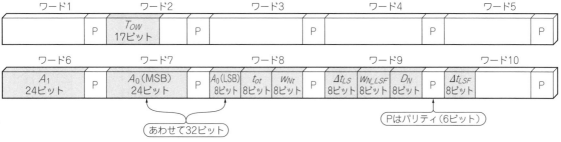

あわせて32ビット

Pはパリティ（6ビット）

（b）UTCパラメータ（サブフレーム4のページ18）

図7 衛星時計誤差の補正用データ（サブフレーム1）とUTCパラメータ（サブフレーム4のページ18）

多項式の1次項，Δt_{LS}：積算うるう秒，t_{ot}：補正量算出の基準時刻，W_{Nt}：補正量算出の基準週，W_{N_LSF}：うるう秒が調整される実施週，D_N：うるう秒調整実施曜日，Δt_{LSF}：調整後の積算うるう秒，g_t：GPS時刻，W_N：GPS週番号

● UTC時刻を求める式

GPSは，うるう秒を調整する日（通常，6月末か12月末）が決まると，調整日の数カ月前からその予報を放送し続けます．

受信機は，うるう秒を調整するときW_{N_LSF}，Δt_{LSF}，D_Nを利用します．

通常，UTC時刻である(u_t)は$0 \leq u_t < 86400$の範囲に入っていますが，プラスのうるう秒の調整が行われるときは86400以上になります．うるう秒調整時刻l_tは次式で求めます．

$$l_t = W_{N\_LSF} \times 604800 + D_N \times 86400$$

▶$g_t < l_t - (3600 \times 6)$のとき

$$\Delta t_{\_UTC} = \Delta t_{LS} + A_0 + A_1 \times \{g_t - t_{ot} + 604800 \times (W_N - W_{Nt})\}$$
$$u_t = \mathrm{mod}(g_t - \Delta t_{\_UTC},\ 86400)$$

ただし，$\mathrm{mod}(x,\ y)$はxをyで割った余り

▶$l_t - (3600 \times 6) \leq g_t \leq l_t + (3600 \times 6)$のとき

$$\Delta t_{\_UTC} = \Delta t_{LS} + A_0 + A_1 \times \{g_t - t_{ot} + 604800 \times (W_N - W_{Nt})\}$$
$$W = \mathrm{mod}(g_t - \Delta t_{\_UTC} - 43200,\ 86400) + 43200$$
$$u_t = \mathrm{mod}(W,\ 86400 + \Delta t_{LSF} - \Delta t_{LS})$$

ここで，プラスのうるう秒の調整が行われるとき（$\Delta t_{LSF} > \Delta t_{LS}$），$u_t$は86400以上の数値になる可能性が

あります．86400を時・分・秒に変換するとき，23：59：60とします．

▶$l_t + (3600 \times 6) < g_t$のとき

$$\Delta t_{\_UTC} = \Delta t_{LSF} + A_0 + A_1 \times \{g_t - t_{ot} + 604800 \times (W_N - W_{Nt})\}$$
$$u_t = \mathrm{mod}(g_t - \Delta t_{\_UTC},\ 86400)$$

GPS受信機の信号処理

GPSには次の前提があることを踏まえたうえで，受信機の信号処理の流れを説明します．

- GPSの時刻系は「GPS衛星の時刻」と「受信機の時刻」の2つ
- 全衛星のGPS時刻は一致している
- 測位前の受信機は，電池を入れて初めて動かした時計と同じで，その内部時刻はまったくあてにならない（時刻バックアップがない場合）．受信機は，自分の時刻がGPS衛星の時刻に対してまったくずれているのは承知している
- 受信機は，内部時刻のどこにC/Aコードの先頭があるかを求めようとする
- 受信機は，航法メッセージを解読して測位演算を行った後に，自分の時刻がGPS衛星の時刻に対してどれだけずれているかを知る

● ステップ1　キャッチすべき衛星を特定し，受信機の時刻で測ったC/Aコードの受信時刻を求める

初期状態のGPS受信機に電源を投入すると（バックアップ・データがない状態），相関回路は，GPS衛星

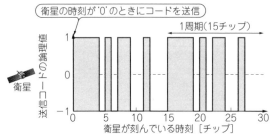

（a）衛星の時刻を基準に見たGPS衛星の送信コードの
　　タイミング

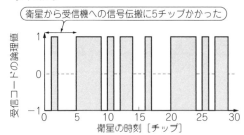

（b）衛星の時刻を基準に見た受信コードのタイミング

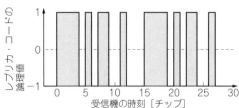

（c）受信機は自分の時刻が'0'のときにコード（レプリカ・
　　コード）を生成

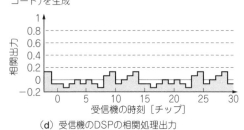

（d）受信機のDSPの相関処理出力

**図8　相関回路はレプリカ・コードを0にセットしてC/Aコード
との相関を調べたが，相関レベルは上がってこなかった…つま
りはずれ（信号伝搬に5チップ要したと仮定）**
相関回路はレプリカ・コードの位相を変えて，また相関値を調べる．周
期15ビットのM系列符号を用いた説明

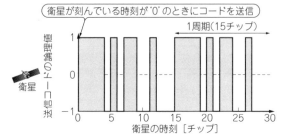

（a）衛星の時刻を基準に見た衛星の送信コードのタイミング

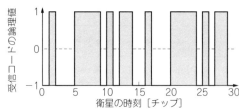

（b）衛星の時刻を基準に見た受信コードのタイミング

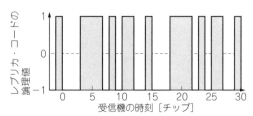

（c）受信機は自分の時刻が'3'のときにコードを生成

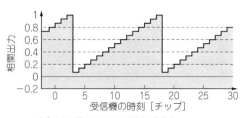

（d）受信機のDSPの相関処理出力

**図9　相関回路はレプリカ・コードを3にセットしてC/Aコード
との相関を調べたところ，相関レベルが上がってきた！大当た
り！（信号伝搬に5チップ要したと仮定）**
周期15ビットのM系列符号を用いた説明

の信号を捕捉しようと試みます．しかし受信機は，約
30基あるうちのどの衛星から電波が来ているのかわ
かりません．

　受信機は早速，衛星の番号を特定する作業を開始し
ます．内部で，コード（**レプリカ・コード**，衛星が送
信しているコードの複製）を生成して，そのコードの
位相を少し（1チップ）ずつずらしながら「さては，あ
なたは××番の衛星では？」というやり方で，やや当
てずっぽう的に試していきます．そして，相関値（当
たりっぽさ）が高まるコード，つまり当たり番号が見

つかるまでこの作業を繰り返します．

　図8と**図9**に示すのは，受信機の相関回路が，PRN
（Pseudo Random Noise）のレプリカ・コードの位相
をずらしていって，受信したコードとの相関値を求め
るようすです．衛星から受信機までの電波伝搬に5チ
ップ分の時間がかかったと仮定しています．

　発生させたPRNコードと受信信号が同調して相関
レベルが高まったら，受信機は位相をずらす動作をや
めます．レプリカ・コード位相のずらし量（単位はチ
ップ）を時間に変換したものが，受信機の時刻で測っ

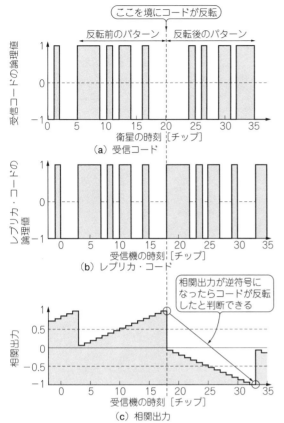

図10 1周期分のコードのパターンの反転を知る(周期15ビットのM系列符号を用いた説明)

たC/Aコード先頭を受信した時刻です.

▶衛星の送信コードと受信機が生成するレプリカ・コードの相関が低いとき

説明の都合上,周期15ビット(チップ)で繰り返すコードで説明しますが,実際は1023チップのゴールド・コードです.

図8(a)は,衛星のクロック基準で見た衛星の出力コードのタイミングです.**図8(b)**は,衛星のクロック基準で見た受信機にコードが到達したタイミングです.どちらも衛星の刻んでいる時刻,つまり正しい時刻が基準です.

図8(c)は,受信機内部で時刻=0のときにレプリカ・コードを発生させた状態です.**図8(d)**は,レプリカ・コードと受信コードの相関結果です.

図8では,レプリカ・コードの先頭と受信コードの先頭がずれているので,相関出力は高くありません.

▶衛星の送信コードと受信機が生成するレプリカ・コードの相関が高いとき

図9は,受信機のレプリカ・コード発生タイミングを3チップずらした結果,衛星を捕捉できた例です.

受信機内部の時刻が0のときではなく,受信機内部

の時刻が3のときにレプリカ・コードを発生させています.

図9(c)は,レプリカ・コードと受信コードの相関結果を示しています.レプリカ・コードの先頭と受信コードの先頭が一致しているので,相関出力が高い状態(信号を捕捉した状態)になっています.

GPSの1チップは(1/1023)ms(約0.978 μs)なので,

$$3チップ×(1/1023)ms = 2.93 \mu s$$

と計算できます.受信機は自分の時刻で2.93 μs経過したタイミングに受信コードの先頭があると認識します.

● **ステップ2 航法メッセージの先頭を見つける**

C/Aコードに同調したら,次に航法メッセージのビットが反転する時刻を求めます.

図10に示した航法メッセージは,PRNコードのパターンが1 ms(1周期)で反転しています.20 ms間隔で発生する航法メッセージの論理が1から0,または0から1に変わる時刻を受信機の時刻を基準にして求めます.

PRNコードは,(1/1023)msごとにビット(論理)が反転する可能性があります.航法メッセージは20 msごとにビットが反転する可能があります.航法メッセージのある論理(1または0)の間は,PRNコード(C/Aコード)の相関結果は反転しません(**図10**の1または−1を維持する).

図10では,15チップごとに相関出力が得られています.実際のGPSは1023チップごとに相関が得られ,1023チップで1 msです.模式的に考えると,**図10**の右肩上がり(または右肩下がり)の三角形の一つが1 msに相当します.右肩上がり,または右肩下がりに変化した後は,必ず20回は同じ形の三角形が並びます.

航法メッセージのビット反転時刻がわかったら,航法メッセージの先頭を示すデータ・パターン(プリアンブル)を探します.プリアンブルはお決まりパターン(10001011)になっています(TLMワードと呼ぶ).このプリアンブル・パターンを取得したタイミングが,サブフレームの先頭を受信した時刻になります.

● **ステップ3 航法メッセージを解読する**

サブフレームの先頭を見つけたら,IS-GPS-200に定められたビット定義に従って,航法メッセージの復調を始めます.

各サブフレームから衛星の位置計算や,衛星時計誤差の補正量計算に必要なパラメータ,T_{OW}やW_N,UTCパラメータを抽出しながら,受信機の時刻を求めます.

受信機の時刻を基準にした,サブフレームの先頭を受信した時刻は重要です.サブフレーム先頭は,衛星が発した信号の先頭を意味しており,GPS時刻の秒単

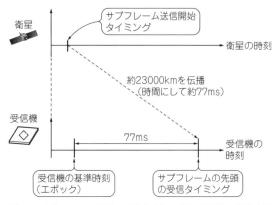

図11 サブフレーム先頭の受信タイミングと受信機の基準時刻の関係

位の変わり目でもあります．ステップ5のエポックを求める処理にも必要な時刻です．

● **ステップ4　日時を求める**

GPS時刻はT_{OW}とW_Nから算出できます．

T_{OW}は，6秒に1回，W_Nは30秒に1回送信されているので，たいてい時刻が先に合い，その後に年月日が合います．

この時点では，受信機が出力される日付けと時刻が「だいたい」合っている状態で，まだ正確な1PPSは出力できません．信号が途切れなければ測位に必要なデータは30秒で抽出できます．

● **ステップ5　サブフレーム先頭時刻－約77msをGPS衛星の時刻とする**

地球上のGPS受信機とGPS衛星との距離は中央値で約23000kmです．

これより，衛星から発射されたC/Aコードの先頭が受信機のアンテナに到達するまでの時間は77ms前後と予想できます．よって，受信機の時刻を基準にして，航法メッセージのサブフレームの先頭を受信した時刻より77msほど前に，衛星からその信号は送信されており，それが最終的に求めたいGPS時刻と考えることができます（**図11**）．

> 受信機の時刻でサブフレームの先頭を受信した
> 時刻 − 77ms

上記がSVクロック（GPS衛星内の時刻）の予想値で，これを**エポック**と呼びます．

衛星から信号が送信され始めたタイミングを受信機の時刻で探すわけです．受信機はこれを仮の正しい時刻として各衛星からの距離（擬似距離）を計算するステップに移行します．

● **ステップ6　擬似距離を算出する**

ここまでのステップで，エポックと各衛星のサブフレーム先頭受信時刻からmsオーダの時刻が求まりました．また，C/Aコードの位相相関結果から1ms以内の時刻（C/Aコード位相ずらし量）も求まっています．これらを用いて，C/Aコードにより観測した衛星と受信機間の距離（擬似距離と呼ぶ）を計算します．

次に示すのは4衛星分の擬似距離を求める式です．

> $P_{R1} =$（サブフレーム先頭受信時刻1−エポック）
> 　　$\times c_1 +$ C/Aコード位相ずらし量1$\times c_2$
> $P_{R2} =$（サブフレーム先頭受信時刻2−エポック）
> 　　$\times c_1 +$ C/Aコード位相ずらし量2$\times c_2$
> $P_{R3} =$（サブフレーム先頭受信時刻3−エポック）
> 　　$\times c_1 +$ C/Aコード位相ずらし量3$\times c_2$
> $P_{R4} =$（サブフレーム先頭受信時刻4−エポック）
> 　　$\times c_1 +$ C/Aコード位相ずらし量4$\times c_2$
> ただし，P_{R1}：衛星1との間の擬似距離1 [m]，
> P_{R2}：衛星2との間の擬似距離 [m]，P_{R3}：衛星
> 3との間の擬似距離 [m]，P_{R4}：衛星4との間の
> 擬似距離 [m]，c_1：1msの間に電波が進む距離
> （2.99792458×10^5） [m/ms]，c_2：C/Aコード1
> チップ分の間に電波が進む距離（2.930522561
> $\times 10^2$） [m/チップ]

実際には，衛星クロック誤差量や電離層遅延量を補正して擬似距離を求めます．

図12に示すのは，4つの衛星から飛んでくる電波の伝搬時間と衛星の基準時刻，受信機の基準時刻から受信機と各衛星の擬似距離を求めるようすです．

図12の上側は衛星から信号が送信されるタイミングです．4つの衛星から同時に信号が送信されています．**図12**下側は受信機で信号を計測しています．受信機と各衛星との距離は違うため，衛星を同時に発せられた信号であっても，到達時刻は異なります．エポックを基準として伝搬時間を求め，時間を距離に変換すると擬似距離が得られます．伝搬時間は，サブフレームの先頭を受信したタイミングから求まるmsオーダの時間と，C/Aコード位相のずらし量からチップ・オーダの時間（最長1ms）を組み合わせて求めます．

● **ステップ7　衛星の位置を求める**

衛星位置を計算するのに必要なパラメータは，サブフレーム2と3から取得できています．これらを使って衛星の位置を計算します．

GPS衛星の位置は，6個の軌道パラメータとケプラー方程式を用いて求めます．誌面の都合で詳細には説明せず，計算の結果求まった4個の衛星の位置を以下とします．

> 衛星1(S_{x1}, S_{y1}, S_{z1})
> 衛星2(S_{x2}, S_{y2}, S_{z2})

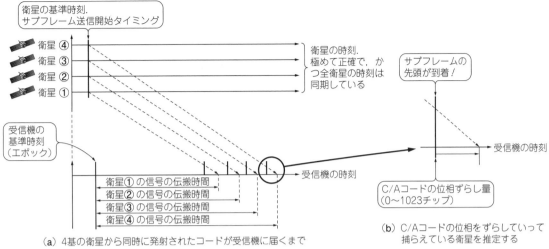

衛星の基準時刻.
サブフレーム送信開始タイミング

衛星④
衛星③
衛星②
衛星①

衛星の時刻.
極めて正確で，か
つ全衛星の時刻は
同期している

サブフレームの
先頭が到着！

受信機の
基準時刻
（エポック）

受信機の時刻

受信機の時刻

衛星①の信号の伝搬時間
衛星②の信号の伝搬時間
衛星③の信号の伝搬時間
衛星④の信号の伝搬時間

C/Aコードの位相ずらし量
（0～1023チップ）

（a）4基の衛星から同時に発射されたコードが受信機に届くまで

（b）C/Aコードの位相をずらしていって
捕らえている衛星を推定する

図12　受信機は4つの衛星から電波を受信して，到着時刻の差分から各衛星までの距離（擬似距離）を求める

衛星3(S_{x3}, S_{y3}, S_{z3})
衛星4(S_{x4}, S_{y4}, S_{z4})

● ステップ8　測位演算する

4つの衛星の擬似距離，衛星位置が求まったので，受信機の位置(x, y, z)と時刻誤差(t)を演算できます．次の4つの連立方程式を立てて解きます．

$$P_{R1} = \sqrt{(x-S_{x1})^2 + (y-S_{y1})^2 + (z-S_{z1})^2} + t \times c$$
$$P_{R2} = \sqrt{(x-S_{x2})^2 + (y-S_{y2})^2 + (z-S_{z2})^2} + t \times c$$
$$P_{R3} = \sqrt{(x-S_{x3})^2 + (y-S_{y3})^2 + (z-S_{z3})^2} + t \times c$$
$$P_{R4} = \sqrt{(x-S_{x4})^2 + (y-S_{y4})^2 + (z-S_{z4})^2} + t \times c$$

ただし，c：光速(2.99792458×10^8) [m/s], S_{x1}, S_{y1}, S_{z1}：衛星1の位置，S_{x2}, S_{y2}, S_{z2}：衛星2の位置，S_{x3}, S_{y3}, S_{z3}：衛星3の位置，S_{x4}, S_{y4}, S_{z4}：衛星4の位置，t：ステップ5で求めたエポックの補正量 [秒]

ファームウェア上では，受信機の位置(x, y, z)には適当な初期値を与え，その補正量を求める形に式を変更（線形化）して解きます．

● ステップ9　UTC時刻を計算する

ステップ5で求めたエポックの補正量(t)から，受信機が刻んでいる時刻がGPS時刻に対し正確にどれくらいずれているかが求まります．求めたずれ量に，UTCパラメータより得られるGPS時刻からUTC時刻への補正量を加算し，正しいUTC時刻のタイミングを得ます．

● ステップ10　1 PPSを出力する

エポックの補正量(t)はソフトウェアで演算して得ます．これを受信機から出力する1 PPSのタイミングに反映します．

通常，受信機の1 PPS出力回路は，搭載されている発振器のクロックの任意のエッジで出力できます．これまでのステップで，受信機の時刻のどこに正しいUTCのタイミングがあるかは算出できているので，そのタイミングにもっとも近いクロック・タイミングで1 PPSを出力できるようにハードウェアに設定します．

● ステップ11　日付・時刻を出力する

受信機は，日付や時刻をシリアルで出力します．データ・フォーマットは国際規格である**NMEA**（**National Marine Electronics Association**）などに準拠しています．1 PPSの出力タイミングに合わせて，シリアル・データを出力するGPS受信機もあります．

cm測位RTK法の基本と実力

岡本 修 Osamu Okamoto

背 景

衛星測位を取り巻く世界は，大きく変貌を遂げています．米国が中心に管理運営するGPS（Global Positioning System）に加えてロシアのGLONASS，日本の準天頂衛星QZSS（Quasi Zenith Satellite System），中国のBeiDouなど，複数の衛星測位システムを複合的に利用するマルチGNSS（Global Navigation Satellite System）の時代が到来しました．

GNSSの相対測位の中で，搬送波位相を利用する測位としてスタティック（Static）測位とキネマティック（Kinematic）測位があります．

スタティック測位は，1時間程度アンテナを三脚で固定して連続観測した後，パソコンで後処理解析することで，その1点の位置を求めるものです．公共測量では静止測量と呼ばれています．

キネマティック測位は，動き回りながら連続観測し，その軌跡を求めるものです．このうち，リアルタイムに位置を求めるものをRTK測位と呼んでいます．

リアルタイムに数cmの測位精度が得られるRTK法は，数百万円する高価な受信機が必要で，誰もが手軽に利用できる技術ではありませんでしたが，これもオープンソース測位計算プログラム・パッケージ「RTKLIB（Real-Time Kinematic Library）」の出現によって，大きく変化しました．

RTKLIBを利用したRTK測位の機器構成を**図1**に示します．本稿では，RTKLIBを利用した高精度測位の基本を紹介します．

C/Aコードで測距する「単独法」と 電波の位相で測距する「RTK法」

● 衛星とGNSSアンテナ間の測距精度

単独測位とRTK測位の精度の違いは，測位に使う

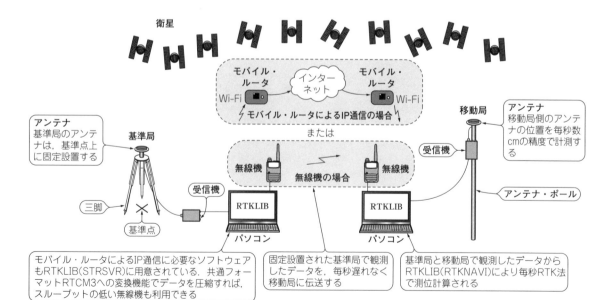

図1　RTK法によるセンチ・メートル測位システムの標準的な構成
オープンソースRTKLIBの使用を想定

アンテナ
基準局のアンテナは，基準点上に固定設置する

基準局

三脚

基準点

受信機

RTKLIB

パソコン

衛星

モバイル・ルータ
Wi-Fi
インターネット
モバイル・ルータ
Wi-Fi

モバイル・ルータによるIP通信の場合

または

無線機　　無線機の場合　　無線機

RTKLIB

パソコン

移動局

受信機

アンテナ
移動局側のアンテナの位置を毎秒数cmの精度で計測する

アンテナ・ポール

モバイル・ルータによるIP通信に必要なソフトウェアもRTKLIB（STRSVR）に用意されている．共通フォーマットRTCM3への変換機能でデータを圧縮すれば，スループットの低い無線機も利用できる

固定設置された基準局で観測したデータを，毎秒遅れなく移動局に伝送する

基準局と移動局で観測したデータからRTKLIB（RTKNAVI）により毎秒RTK法で測位計算される

信号の波長に起因しています.

単独測位では，衛星から放送される 1.023 MHz の C/A コード(GPS衛星ごとに割り付けられている識別用のデータ)を観測しています. この C/A コードは，コード長が約 300 km に内包される 1023 ビットの情報で構成されますので，1 ビットあたり約 300 m となります. 受信機はこの 1 ビットを 1/100 にする分解能を持つので，数 m の精度で衛星とアンテナ間を測距できます.

RTK測位では，C/A コードを地上まで送り届けるための約 1.5 GHz の搬送波を直接観測するため，搬送波位相を観測できる受信機が必要となります. 搬送波の波長は約 19 cm です. 受信機はこれを 1/100 にする分解能をもつので，約 2 mm の精度で測距します. この測距精度の違いが RTK 測位の精度を実現しています. RTK の場合，波長が 19 cm と短いことから，受信開始時には衛星とアンテナ間にある波数が不確定です. この波数を整数値バイアスと呼び，この整数値バイアスの候補を絞り込んでいき，波数を決定する初期化が必要です. この初期化には周囲に障害物のない理想的な環境で，10〜30秒程度かかります.

cm測位が手軽になった理由

● 理由 1 …RTK測位のハードルを一気に下げたオープンソース「RTKLIB」の誕生

現在，工事測量などで使われる RTK(Real - Time Kinematic)測位受信機の多くは，受信機に組み込まれたソフトウェアで測位計算しています.

RTK測位ができる受信機は，測位衛星から放送される 2 つ以上の周波数を捕捉できます. 組み込みソフトウェアがオプションで付いており，ミドル・レンジ以上のマルチ周波数対応の受信機に限定されていました. その価格は 1 台 100 万円以上することから普及が進んでいません.

この問題を解決するのが，オープンソースである測位計算プログラム・パッケージ RTKLIB です. 受信機内で RTK 法の測位計算をする高価なオプションを購入しなくても OK です.

これは RTK 法のオプションが用意されていない，より低価格な受信機でも搬送波位相が受信できればリアルタイムなセンチ・メートル測位ができることを意味しています.

● 理由 2…衛星数の増加

米国の GPS に加えて GLONASS(ロシア)，BeiDou(中国)，QZSS(日本)といった複数の衛星システムを利用するマルチ GNSS(Global Navigation Satellite System)が利用できるようになり，衛星数が飛躍的に増えました. これは低価格な受信機にとって大きな意味があることです.

従来の GPS(米国)だけに対応する 1 周波受信機では，Fix解(衛星と GNSS 間の波数決定後の解)に移行するまでに 10 分以上を要するので，実用的ではありませんでした. この衛星数増加に伴い，1 周波でも Fix 解に移行する時間を大幅に短縮し，実用できる性能になりました.

必要なもの

● RTKLIBとは

RTKLIB は，オープンソースの RTK 測位計算プログラム・パッケージです. ライセンスは BSD 2 - clause license で提供されています. 無償(無保証)ですが，商用システムへの利用には大きな障害にならないライセンスです. 私も RTKLIB を利用した応用システムを実用化[1] しています.

RTKLIB の開発者である高須知二氏は，国土地理院や JAXA などの衛星測位にかかわる仕事に携わる世界で注目されている研究者の一人です.

RTKLIB は，Windows 版と Linux 版が提供されています. 次のサイトからダウンロードできます (http://www.rtklib.com).

● 接続イメージ

図1に RTKLIB を利用した RTK 測位の機器構成の一例を示します.

RTK測位では，2 台の受信機を用います. 基準局のアンテナを，座標値が既知の点に三脚で固定設置します. 観測した基準局データは，無線機や IP 通信などの通信手段を介して移動局へ伝送します.

移動局では，移動局のアンテナで観測した移動局データと無線伝送された基準局データから，移動局の位置を計算します. 2 セットの受信機とアンテナに加えて，通信手段が必要です.

● ① 受信モジュールまたはキット

RTKLIB で RTK 測位を行うには，RTKLIB でサポートする受信機を使います. RTKLIB のマニュアルに受信機に対応したモデルの情報がまとめられています. 図2にその一部を抜粋します.

u - blox 社や Hexagon 社(NovAtel)，JAVAD 社などの内容が公開されている各社独自のデータ・メッセージが対応しています. その他に共通フォーマットである RTCM(Radio Techical Commission for Maritime Services)にも対応しています.

今回はこのうち，受信機モジュール NEO - M8T(u - blox 社)を採用した受信機(SCR - u，センサコム)の例

対応するメッセージ・フォーマットの項目. ここにある共通フォーマット「RTCM2, …」や機種ごとの独自フォーマット「NovAtel OEM4/V/6, …」からRTKLIBが対応する機種を判断する

Format	Data Message Types					
	Raw Observation Data	Satellite Ephemerides	ION/UTC Parameters	Antenna Info	SBAS Messages	Others
RTCM 2 [16]	18,19	17	–	3,22	–	1*,9*, 14,16
RTCM 3 [17][18]	see below	see below		see below	–	see below
BINEX [19] **	0x7f-05 (Trimble NetR8)	0x01-01, 0x01-02, 0x01-03, 0x01-04, 0x01-06	–			
NovAtel OEM4/V/6 [41][42]	RANGEB, RANGECMPB	RAWEPHEMB, GLO-EPHEMERISB, QZSS-RAWEPHEMB, GAL-EPHEMERISB	IONUTCB, QZSS-IONUTCB, GALIONOB, GALCLOCKB	–	RAWWAAS-FRAMEB, RAWSBAS-FRAMEB, QZSSRAW-SUBFRAMEB	
NovAtel OEM3 [43]	RGEB, RGED	REPB	IONB, UTCB	–	FRMB	–
u-blox LEA-4T/5T/6T [44]	UBX RXM-RAW	UBX RXM-SFRB	UBX RXM-SFRB	–	UBX RXM-SFRB	
NovAtel Superstar II [45]	ID#23	ID#22	–	–	ID#67	ID#20, ID#21
Hemisphere Crescent, Eclipse [46][47]	bin 96, bin 76	bin 95	bin 94	–	bin 80	–

図2 オープンソースRTKLIB はさまざまな受信機に対応している
RTKLIB マニュアルの対応受信機の情報より(ver.2.4.2の場合はp.123〜, 一部抜粋)

u-blox社の場合は, LEA-4T/5T/6Tと記述がある. LEA系より小型なNEO系や最新の8Tにも対応している. 最新の情報は, ホームページのsupportで調べられる

u-blox社の受信機を使う場合は, ＵＢＸＲＸＭ−ＲＡＷやRXM-SFRBが必要

で示します. **写真1**に受信機の外観を, **表1**に受信機とアンテナの仕様例を示します.

● ② 専用アンテナ

また, 受信機で受信する衛星測位システムの信号に対応するアンテナが必要です.

RTK測位では, 質のよい搬送波を受信することが精度に大きく影響するので, 受信性能に定評のあるアンテナを選択することが重要です. アンテナは, アンテナ下面に敷く金属平板となるグラウンド・プレーンを付けることが効果的です. 仕様書を確認して推奨するサイズのグラウンド・プレーンを付けて使います. 後述するFix解を得るまでの時間で大きな差がでる場合があります.

今回はTW3400(Tallysman社)に10 cmのグラウンド・プレーンを付けたアンテナTW3400GP(リットー)の例で示します. **写真2**に外観を示します.

アンテナ端子 (SMA)

通信ポート (USB, 給電可能)

組み込み用の電源入力(4.5〜10V)

20mm
70mm
85mm

写真1 リアルタイム・センチ・メートル測位に必要なものその①…受信機
SCR-u(センサコム), 裏面パネルには, 観測データ記録用のmicroSDカード・スロットやI/Oポート(RS-232-Cレベル入出力)も用意されている

表1 リアルタイム・センチ・メートル測位の実験環境

> u-blox社では，数字が製品の世代を表している．6までがGPSだけ，7はGPS/GLONASS（ただし搬送波受信できるモデルはなし），8はGPS/QZSS + GLONASS またはGPS/QZSS + BeiDouの排他的利用となる

> M8TにはLEOとNEOがある．どちらも利用可能

> 最後のTは搬送波受信できるモデルであることを示す

受信モジュール （使用製品）	u-blox社 NEO-M8T （センサコム SCR-u）
観測信号	GPS/QZSS + GLONASS 1周波コード,搬送波 または GPS/QZSS + BeiDou 1周波コード,搬送波
アンテナ （使用製品）	Tallysman社 TW3400, 10 cmのグラウンド・プレーンを取付け （リットー TW3400GP）

> 携帯電話などに内蔵される受信機は，単独測位法なのでコードだけ受信．RTK法では，搬送波位相の受信に対応する必要がある

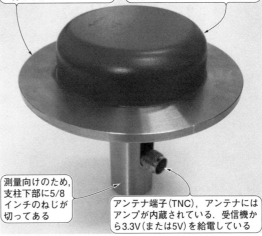

> 直径10cmのグラウンド・プレーン．例えば他のモデルTW2410では，アンテナ下部がマグネットになっており車のルーフなどに簡単に付けられる

> TW3400は，GPS/GLONASS対応アンテナであるが，BeiDou受信も非公式ながら問題なくできている．BeiDou, Galileo受信にも正式対応するTW3710の方がお勧め

> 測量向けのため，支柱下部に5/8インチのねじが切ってある

> アンテナ端子（TNC），アンテナにはアンプが内蔵されている．受信機から3.3V（または5V）を給電している

写真2 リアルタイム・センチ・メートル測位に必要なもの その②…専用アンテナ

● ③ 基準局データの通信手段

　基準局データの通信手段は，遅延なく伝送することが求められます．

　無線機では，衛星測位の基準局データ伝送向けにRTK測位専用400 MHz帯のディジタル簡易無線機や920 MHz帯特定小電力無線機が市販されています．これらの無線機は高価で通信可能距離が数百mから数kmに制限されるデメリットがある反面，携帯電話のサービス・エリア外でも使えて通信費がかからないというメリットがあります．

　モバイル・ルータなどを利用したIP通信も可能です．近ごろは，スマートフォンによるテザリングなどで気軽に利用できるようになりました．IP通信の場合は，通信速度は十分であっても，通信回線やプロバイダの混雑状況によっては，パケットの詰まりが発生します．基準局データの伝送が断続的に遅延してFix解へ移行できないといったトラブル事例もあるので，回線品質には十分な注意が必要です．

衛星とアンテナ間の測位精度を間接的に示すFloat解とFix解について

　RTK測位は，約19 cmの搬送波を観測していますが，波長が短いので，衛星とアンテナ間に存在する波数がいくつあるか観測開始時にはわかりません．この波数を整数値バイアスと呼びます．

　この値を決定するときに波数の候補を絞り込む過程で得られる解をFloat解と呼びます．このときの精度は，水平方向で20 cm～数m程度となります．また，解が収束し整数値バイアスを決定した解をFix解と呼

び，Fix解を得るまでにかかった時間を初期化時間と呼びます．Fix解のときの測位精度は，水平方向で数cmとなります．RTK測位においてFloat解およびFix解は，測位精度を間接的に示すもので，測位精度を示すフラグとなります．

　初期化時間は，周囲に障害物がない理想的な測位環境で10～30秒かかります．一度初期化が完了しても周囲の障害物等の観測環境により衛星数が減少した場合は，Fix解を維持できずFloat解に戻ってしまう場合があります．この場合，再度Fix解を得るために初期化する必要があります．

　初期化には特に操作は必要なく，移動中でも初期化できます．初期化に必要な衛星数が不足する劣悪な測位環境では，時間をかけても初期化できないので，より多くの衛星数が受信できる場所へ移動しなければなりません．

［実験①］ 受信機を1点に固定して測位

● 共通の実験条件

　RTK測位の精度は，測位の場所や周囲の観測環境の影響を受けます．ここでは携帯電話やカー・ナビゲーション・システムの受信機で利用される単独測位法とを比較します．衛星測位特有の測位誤差を確かめる3つの実験を行います．すべての実験で前述した機器を使いました．

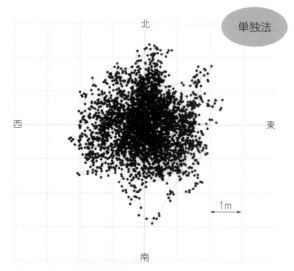

単独法

図3　定点での単独測位結果（水平方向）
測位時間：1時間（1Hz）．単独測位は，ばらつき範囲が緯度方向6m，経度方向4mと大きな誤差となっている．これは周囲が障害物で囲まれる厳しい実験環境の影響のためである

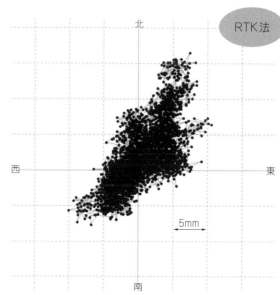

RTK法

図4　定点でのRTK測位結果（水平方向）
測位時間：1時間（1Hz）．RTK測位は，ばらつき範囲が緯度方向25mm，経度方向20mmと良好な結果が得られた．周囲に障害物があってもFix解となれば水平方向数cmの測位精度が得られる

GPSとBeiDouを使い，後述するRTKLIBの設定で仰角マスクは15°，SNRマスクは42dBHzを基本とし，測位環境に応じて設定値を調整しています．

● 実験環境

実験は，アンテナを三脚で固定した状態で毎秒測位して1時間記録しました．**写真3**に定点測位実験におけるアンテナ設置状況を示します．

アンテナの周囲には，複数の木と背後に3階建ての構造物があるので，その影響を受ける場所です．

● 測位誤差のばらつき範囲

図3に定点測位での単独測位結果（水平方向），**図4**

に定点測位でのRTK測位結果（水平方向）を示します．

単独測位の測位結果は，緯度（図では縦）方向に約6m，経度（図では横）方向に約4mのばらつき範囲となりました．これに対してRTK測位の測位結果は，緯度方向に約25mm，経度方向に約20mmのばらつき範囲となりました．

周囲の障害物の影響で，単独測位としては大きな誤

基準局のアンテナの設置場所（写真では見えない）．周囲に障害物のない屋上に固定設置している

移動局のアンテナ周辺には受信の障害物となる木や3階建ての構造物が隣接している．これらがマルチパスを引き起こす厳しい観測環境

移動局のアンテナの設置状況．三脚で固定設置している

写真3　定点測位実験におけるアンテナ設置状況
定点における測位結果を評価する場合は，一般的に周囲に障害物のない場所で実施する．衛星測位は，周囲の環境で精度が悪化する特徴がある

パソコンではRTKLIBのSTRSVRで，受信機の観測データをUSB経由で受信して，TCPで移動局パソコンへ毎秒データ伝送する．今回はBeiDouを使うのでu-blox社の独自メッセージをそのまま伝送した

アンテナ（障害物のない屋上に設置）

受信機　　　基準局パソコン

基準局パソコンをサーバとして，移動局パソコンから見えるようにする必要がある．基準局パソコンをグローバル固定IPで運用するので，今回はインターリンクLTE SIM（インターリンク）をモバイル・ルータで利用した．モバイル・ルータのポート・マッピングの設定により，基準局パソコンの特定ポートに外部からアクセスできる

写真4　自動車の測位実験における基準局の機器構成

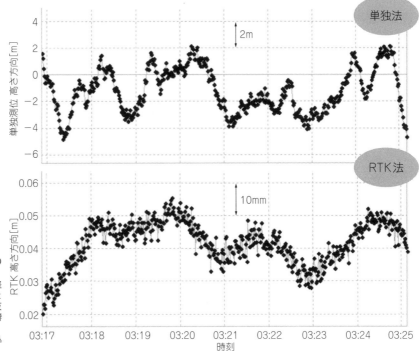

図5　定点測位のときの高さ方向の測位結果（一部時間帯を抜粋）
単独測位，RTK測位はともに，時間経過とともにばらつき中心がゆっくりと変動している．周囲の障害物からの反射波が直接波を乱すマルチパスの影響で生じる．
単純に時間平均しても精度向上が見込めないことが分かる

差になっています．そのような中でもRTK測位は，水平方向数cmの測位精度を保っています．

● 測位結果の経時変化

　定点測位における高さ方向の経時変化（一部時間帯を抜粋）を**図5**に示します．

　測位結果は，時間経過とともにランダムにばらつくのではなく，不規則に歩き回るようにゆっくり揺らいでいます．これは各衛星とアンテナ間の測距において，周囲の障害物からの反射波が直接波に影響を及ぼすマルチパスが原因と推測されます．

衛星は軌道上を周回します．地球も自転しているので，観測場所が定点であってもマルチパスは時々刻々と変化します．

　以上のことから時間平均しても，測位精度の向上は単純には見込めません．

［実験②］自動車で移動しながら測位

● 高速に移動する自動車，船舶，飛行機，重機，UAVなど移動体の正確な位置を捉える

　実験は，自動車の屋根にアンテナをマグネット基台

アンテナは自動車の屋根にマグネット基台で固定した

（a）アンテナの設置

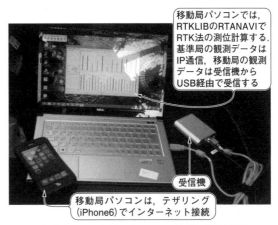

移動局パソコンでは，RTKLIBのRTANAVIでRTK法の測位計算する．基準局の観測データはIP通信，移動局の観測データは受信機からUSB経由で受信する

受信機

移動局パソコンは，テザリング（iPhone6）でインターネット接続

（b）車内にモニタ用のパソコンとGNSS受信を配置

写真5　自動車の測位実験における移動局の機器構成

図6　周回走行ルートのRTK測位結果の軌跡
GoogleMap を利用

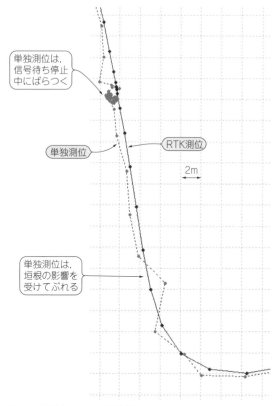

図7　周回走行ルートの測位状況
速度が速く短時間に大きく移動する自動車の測位では，単独測位であっても精度よく測位できる．その差が現れるのは停車時や低速走行時，また周囲が構造物などで囲まれて開空が制限される場合である．単独測位における停止時のばらつきや垣根によるマルチパスの影響がよくわかる

（a）上空から撮影した画像

（b）一部拡大

写真6　図7の周回走行ルートの状況
GoogleMap を利用

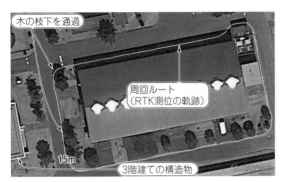

図8　歩行する人の測位実験を行ったときの構造物周囲の周回徒歩ルート
GoogleMap を利用

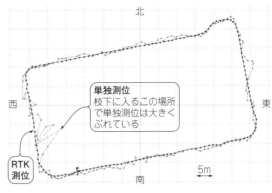

図9　歩行する人の測位実験を行ったときの単独測位とRTK測位の測位結果（1 Hz 測位）
障害物の周辺をゆっくり移動するこの実験は，衛星測位に厳しいテストの1つである．周囲の障害物と距離が近いため，その位置関係が目まぐるしく変化し，衛星の遮へいやマルチパスが毎秒大きく変化する．衛星数が低下する中で枝下を通過する西側部分は，単独測位とRTK測位の差がよくわかる

で固定して約2 kmの周回走行ルートを反時計回りに1周しました．写真4に基準局の機器構成を示します．写真5(a)に移動局となる自動車へのアンテナの設置状況，写真5(b)に機器構成を示します．

　図6に周回走行ルートのRTK測位結果の軌跡を示します．この縮尺では，RTK測位の誤差は小さすぎるので見ることはできません．周回ルートの道路周辺には高層の構造物はないものの，図左側となる西側の道路は幅5.5 mと狭く，住宅が道路に隣接して遮へいが厳しい環境です．

　図7と写真6に，図6の四角点線で囲んだ部分の測位状況を示します．この場所は幅約5.5 mの狭い道路で，図の上から下に向かって走行しています．信号待ちで停止している場所では，単独測位結果がばらついているのに対し，RTK測位は1点に留まっています．これは測位精度の違いから現れる結果です．

　その後，信号が変わり交差点に向かう途中で単独測位が2 m程度ぶれています．これは，交差点近くの垣根が障害物となってマルチパスの影響を受けたものと推測されます．RTK測位でも同じ影響を受けていますが，この拡大図のスケールではそのばらつきをうかがうことができません．

　この周回でのRTK測位の結果は，ほぼ全域でFix解を得られましたが，Float解からFix解に復帰できない周回も多く見受けられました．しかし，Float解となっても単独測位のようにルートから大きく逸脱するような誤差は発生しませんでした．

［実験③］　歩きながら測位

● 構造物や木の周辺を歩く人など障害物周囲をゆっくり移動する位置を計測する

　実験は，1階建ての構造物の周囲を徒歩で反時計回りに1周しました．図8に歩行する人の測位実験における構造物周囲の周回徒歩ルート，図9に歩行する人の測位実験における単独測位とRTK測位の測位結果を示します．

　測位結果のうち，特徴的な結果が見られる西側に注目してください．構造物西側には植栽があり，枝下を通過する厳しい測位環境となります．さらに3階建ての構造物に挟まれて，測位に必要な衛星数の確保が困難な場所です．

　単独測位では，測位結果が約7 mもぶれており，これはマルチパスの影響と推測されます．これに対してRTK測位はFix解を維持しており，ぶれることなく測位できています．

　この周回のRTK測位ではFix解を維持できていますが，別の周回ではFix解を維持できず一時的にFloat解になることもありました．しかし，周回ルートから単独測位のように大きく逸脱することはありませんでした．

◆参考文献◆
(1)＊岡本 修，三浦 光通，高橋 徹，堀 和広，浪江 宏宗；衛星測位を利用した土壌汚染状況調査における調査地点設定システムの開発，土木学会論文集F3（土木情報学），No.70(2)，pp.I.265 - I.271，2015年4月.

これからのRTK測位について

岡本 修 Osamu Okamoto

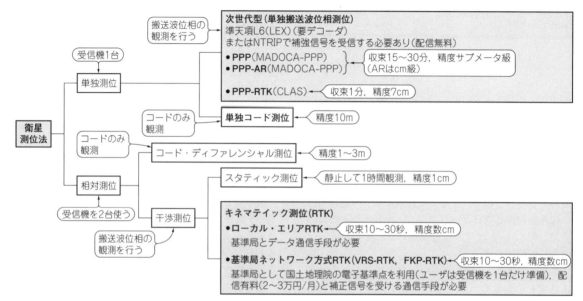

図1　高精度衛星測位の分類
水平方向に数cmの精度を持つ高精度測位法の特徴を本稿で整理する

　高精度測位の基本となるRTK（Real Time Kinematic）測位には，自ら基準局を設置するローカル・エリアRTKのほか，基準局として国土地理院の電子基準点を使う基準局ネットワーク方式RTKがあります.

　現在，高精度測位は新たな時代を迎え，次世代を担うことを期待される高精度衛星測位として，PPP（Precise Point Positioning）や PPP - AR（AR, Ambiguity Resolution），PPP-RTKが登場してきました. これら次世代高精度測位向けの補強信号が，準天頂衛星より正式運用がはじまりました.

　本稿では，**図1**，および**表1**に示す次世代の高精度衛星測位の特徴を整理します.

方式①：RTK
（ローカル・エリアRTK）

　ローカル・エリアRTKは，ユーザが自ら基準局を準備する方式です. 基準局は，ユーザが自ら座標値が既知な場所に固定設置します.

　RTK測位は，基準局と移動局の間の基線ベクトルを測位計算することで，移動局の座標値を計測します. 基準局と移動局で同時刻に得られた観測データを使って測位計算を行うので，基準局から移動局にデータを伝送する手段が必要です.

● 10 km 以内に基準局が必要

　基準局は，移動局の10 km以内の距離に設置されている必要があります. 基準局と移動局の距離が近ければ，電波はほぼ同じ電離圏と対流圏を通過するため，2つの局の間で生じる電波到達時間の誤差を相殺できます. 10 km以上離れると，キネマティックの演算で正しい距離を求めることが難しくなります.

● 水平方向精度は数cm

　ローカル・エリアRTKは，受信機が2台必要ですが，低価格品が登場したことにより，実質1番安価に高精度衛星測位ができます.

表1　高精度衛星測位の特徴
キネマティック測位(RTK)と単独搬送波測位

項　目	キネマティック測位		次世代型(単独搬送波測位)	
	ローカル・エリア RTK	VRS-RTK FKP-RTK	PPP, PPP-AR (MADOCA-PPP)	PPP-RTK (CLAS)
測位精度RMS注1	2 cm程度	2 cm程度	15 cm (PPP-ARはより高精度)	6.9 cm
収束時間	10〜30秒	10〜30秒	15〜30分	60秒
基準局データ・補強データの種別	基準局データ(自ら基準局の設置が必要)	基準局データ(国土地理院の電子基準点600点で生成)	補強データ(全世界モニタ局100局で生成)	補強データ(国土地理院の電子基準点300点で生成)
通信手段の確保	必要:電話回線または無線	必要:電話回線	不要:準天頂衛星L6(LEX)を受信するデコーダが必要	不要:準天頂衛星L6(LEX)を受信するデコーダが必要
配信契約の必要性	不要(自分で用意する)	必要:2〜3万円/月程度	不要:無料	不要:無料
利用できる衛星システム	制限なし(受信機に依存)	GPS, GLONASS等	GPS, GLONASS, QZSS等	GPS, QZSS, Galileo等
基準局・補強データの配信可能な衛星数	制限なし	制限なし	制限なし	11衛星(仕様変更は可能)
利用可能地域	基準局から10 km以内	日本全土	全世界	日本全土
利用可能な受信機	1周波以上	実質, 2周波以上(1周波の利用実績はあり)	実質, 2周波以上	実質, 2周波以上(1周波の試験実績はあり)
主な(期待される)応用分野	工事測量, 公共測量, 農業	公共測量, 工事測量	船舶, 航空, 農業	自動運転, 農業
現状の利用上の問題点	● 基準局と通信手段の確保が必要 ● 広いエリアを利用可能とするには基準局の数が必要 ● 基準局から10 km以上では, 整数値バイアスの決定ができない(収束後でも精度20 cm以上)	● 配信契約が必要 ● IFBの問題からGLONASSを併用した整数値バイアスの決定が可能か不透明(受信機メーカ・機種に依存)	● 収束に時間がかかる. サイクル・スリップやトンネル等による受信中断により再収束が必要 ● 高精度維持には開空条件の良い利用環境が必要 ● 陸上での利用は実質的にサブメータ級の精度に留まる ● 国土地理院が維持管理する測量成果と一致しない	● ローカル・エリアRTK, VRS等に比べて精度が落ちる(代替は難しい可能性が高い) ● 国土地理院が維持管理する測量成果と一致しない ● GLONASS対応がCDMA切換後で現状は利用不可(全切換は2026年以降) ● 補強データは11衛星分しか配信されない
備　考	● 低価格, 小型省電力の製品あり	● 国土地理院が維持管理する測量成果との整合性がとれている	● デコーダ市販(現状は高価な試験機のみ, 安価になり受信機に内蔵される見通し) ● NTRIP配信(有料)あり	● まだデコーダが市販されていない(現状は高価な試験機のみ, 安価になりGPS受信機に内蔵される見通し) ● NTRIP配信の計画あり ● ユーザによる精度検証はこれから実施 ● システムのチューニングにより精度改善に期待

注1:水平方向, 収束後, 63%確率誤差円, バイアス誤差除く, 移動体

初期化には, 障害物のない屋外で10〜30秒の間, 基準局のデータを遅延なく伝送する必要があります. 成功すると, 水平方向数cmの精度をもつ位置情報が安定して得られます.

方式②：基準局ネットワーク方式RTK（VRS-RTK, FKP-RTK）

基準局ネットワーク方式RTKは, 基準局に国土地理院が整備運用する電子基準点を使う方式です. 電子基準点は, 日本全土の約1300地点に, 20 k〜30 kmの間隔で設置されています. 配信データにより, VRS-RTK(Virtual Reference Station-RTK), FKP-RTK(Flaechen Korrektur Parameter-RTK)の2つの方式があります.

● 基準点データの利用は有料

電子基準点のデータは, 日本測量協会を通じて, 複数の業者に有償で配信されています. 配信業者は, 電子基準点のデータを有料会員に配信しており, 利用料は一般に数万円/月ですが, 今後変わっていくでしょう.

VRS-RTK方式は, 携帯電話などによるIP通信を介して, ユーザから届く単独測位の座標値をもとに, そこに基準局を設置した場合に得られるであろう仮想基準点データを, 仮想基準点を囲む3点の電子基準点から生成して配信します.

FKP-RTK方式は, VRS-RTK方式と同様にユーザから届く単独測位の座標値をもとに, ユーザ位置を囲む3点の電子基準点から生成される面補正パラメータ(FKP)を配信します. ユーザ側の端末では, 配信

された面補正パラメータからユーザ位置で得られるであろう基準局データを生成して，RTK測位を行います．

● 受信機は1台でOK（基準局不要）

ユーザは，移動局の受信機1台と，携帯電話など配信を受けるための端末を用意するだけで済みます．電子基準点は日本全土に配置されているので，国内では基準点からの距離の制限を受けずに公共測量に準じた測量成果が得られます．

● 水平方向精度は数cm

配信業者は，1300地点の電子基準点の中で質の高い電子基準点を選定したり，地殻変動を考慮したり，独自のサービスを展開しています．得られる位置情報は，ローカル・エリアRTKと同様に水平方向数cmの位置精度をもちます．

国土地理院が維持管理する測量成果との整合性が取れていることが最大の特徴です．公共測量などの国土地理院の地図座標値との整合性が求められる業務には必須の測位法です．

● 受信機の機種によってはGPSしか使えないことも

電子基準点の受信機では，BeiDouの受信ができません．基準局ネットワーク方式RTKでは，利用できる配信データがGPSとGLONASSのみになる制約があります．GLONASSが採用するFDMA（衛星ごとに異なる周波数を用いる方法）に起因する問題から，受信機の機種によっては，複数衛星システムを使った整数値バイアスの決定ができないという問題が生じることもあります．

次世代方式①：PPP（MADOCA-PPP）

受信できる全衛星から精密軌道暦とクロック・データを補強信号として受け取り，受信機-衛星間の距離を搬送波で直接測定する測位法です．1台の受信機で利用でき，収束後は水平方向数cm～10cmの測位精度が得られます．

MADOCA-PPPは，JAXAが開発する精密軌道クロック推定ソフトウェアMADOCA（Multi-GNSS Advanced Demonstration tool for Orbit and Clock Analysis）を使う測位法です．MADOCAで生成する補強信号は，cm（センチ・メートル）級測位補強サービスとして，準天頂衛星2号機から放送しています．IP通信によるNTRIP（エヌトリップ）でも配信しています．

PPPのほか，整数値バイアスを決定するPPP-AR（AR，Ambiguity Resolution）があります．測位精度はより高精度となり収束後に数cmとなります．

● プライベートな基準局不要で受信機1台で利用できる

PPPは，衛星ごとの情報を測位の補強信号として使うので，日本に限らず世界で利用できます．後述するCLASがカバーできない日本周辺の洋上もカバーします．

PPPには，受信機メーカが提供する有料サービスとして，John DeereのStarFire，Trimble社のRTX，VERIPOS社のTerrastarなどがあります．これらのサービスは補強信号を静止衛星からLバンドで放送します．Lバンド対応のGNSSアンテナと対応受信機だけ用意すればサービスを利用できます．

● 収束時間が長いので陸上以外の用途に向く

PPP，PPP-ARともに収束時間が15～30分と長く，遮蔽物などの影響により再収束が必要な場面が多い陸上での利用が困難です．一度収束させてしまえば数cmの測位精度を維持できるので，船舶のような海上や，航空機ドローンのような上空，大規模農業のような周囲に障害物のない屋外環境での応用が期待されています．

次世代方式②：PPP-RTK（CLAS）

PPPでは軌道，クロック，バイアスなどの誤差要因を衛星ごとに推定して測定精度を補強しています．それに対しPPP-RTKでは，収束時間を1分以下に短縮するために，衛星ごとの誤差要因に加えて，地域ごとの誤差要因となる電離圏と対流圏の遅延誤差を推定して補正します．

内閣府が主導し，三菱電機が開発したセンチ・メートル級測位補強サービスCLAS（シーラス）は，電子基準点のうち約300点の情報から，各衛星と12に区分けされた地域ごとの誤差を推定し，補強信号を生成します．生成された補強信号は，2020年時点で準天頂衛星より無料放送されていて，次世代高精度測位の主役として期待される測位法です．

CLASは，準天頂衛星のほか，GPS，GLONASS，Galileoが補強衛星の対象になっています．

● 精度の改善が期待されている

測位精度は静止で水平方向3.5cm，移動体で6.9cm（RMS換算）です．補強信号の通信速度が帯域制限により2000bpsしかない点や，衛星へアップリンクする際に遅延が発生する点により，精度が上がりません．移動体の位置精度は，ローカル・エリアRTKや基準点ネットワーク方式RTKの精度2cmよりも劣ります．収束時間は1分以下でPPPより改善されています．

CLASは，自動運転における車線判定などの新たな分野への利用展開が期待されています．今後のチューニングにより精度改善が切望されます．

RTK測位の誤差について

岡本 修 Osamu Okamoto

高精度測位の性能は，数値だけを見て安心していると足下をすくわれます．誤差の理由と仕様の表記方法，目的の精度が得られるまでの待ち時間の長さなどを把握しておくと，自分の用途に合った測位法を選べます．

RTK測位の誤差要因

RTK測位で生じる誤差には，挙動の違う2種類があります．図1に示すのは，壁際に三脚でアンテナを固定設置してRTK測位した結果です．測定頻度は1Hzで，1時間（3600点）の緯度方向の経時変化を示しています．観測点は3脚で固定されているので，値の変動は測位誤差を表しています．

結果には大小2種類の誤差変動があります．小さな誤差変動は常に生じています．

大きな誤差は時間をかけてゆっくり変化します．周期の異なる誤差が重なり合っているように見えます．

● ① 小さな変動は衛星の位置が原因

図2に示すように，受信衛星数を1つずつ減らしていくと，測位値の変動は大きくなります．図2(a)の緯度方向と図2(b)の経度方向には変動の大きさに違いがあります．この挙動から衛星の配置に起因した誤差であることがわかります．

図3に示すのは，衛星の幾何学的配置と誤差分布の関係です．衛星-アンテナ間の測距では，ガウス・ノイズが生じますが，衛星の幾何学的配置によりその分布は指向性をもちます．3次元で見ると卵形に分布します．これは測位計算に使う衛星配置さえわかれば，小さな誤差変動の範囲を予測できることを示しています．

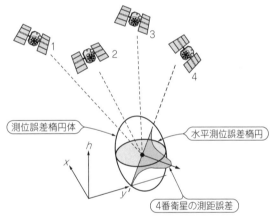

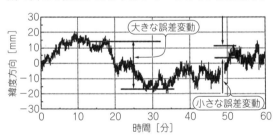

図1 観測点を壁際に固定したときのRTK測位結果には大小2種類の誤差変動が見られる
更新レート1Hz，1時間の緯度方向の経時変化．アンテナは三脚で固定設置されている．結果には大小2種類の誤差変動が見られる

図3 衛星の幾何学的配置と誤差分布の関係
衛星ごとに測位距離にガウス・ノイズが生じることを前提とすると，誤差分布は縦長の卵形になり，衛星の幾何学的配置によって形が変わる．これが指向性を持った小さな誤差変動を生じる要因である

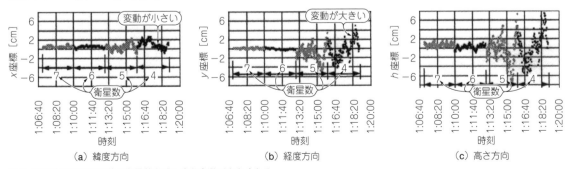

図2 常に生じている誤差は衛星数を減らすと変動が大きくなる
衛星を1つずつ減らした際の測位値の変化．緯度方向，経度方向，高さ方向ともに，衛星数が減ると変動が大きくなり，その大きさは方向により異なる

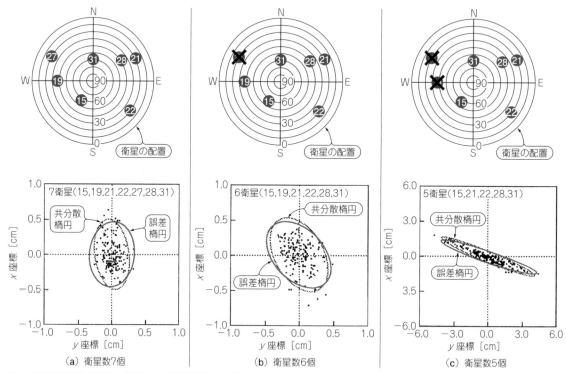

図4 衛星の幾何学的配置から算出した共分散楕円が実際の誤差分布と一致したので，ばらつく範囲は予測可能
衛星の幾何学的配置から予測した共分散楕円と測位誤差から求めた誤差楕円は一致する．小さな誤差変動は衛星配置の影響である

　図4は測位結果から計算した誤差楕円（実測値）と衛星配置から予測した共分散楕円（計算値）の比較です．共分散楕円は実際の誤差楕円とよく一致しており，衛星の配置に起因する誤差は予測可能といえます．

● ② 大きな変動の原因はマルチパス

　大きな誤差は，GPSだけを使った測位の場合，同一観測点において同一の衛星配置となる1恒星日（23時間56分56.6秒）ごとの大きな誤差変動が再現します．大きな誤差の原因はマルチパスです．

　図5に示すのは，同一観測点における1恒星日前後の高さ方向の測位結果を2つ並べた結果です．大きな誤差変動が再現されています．その差分をとった一番下の波形では，大きな誤差変動はほとんどキャンセルされ，小さな誤差変動のみになっています．この現象を用いた誤差補正法は特許取得されています．

　図6にマルチパスにより生じるオフセット誤差を示します．衛星とアンテナおよび観測点周囲の反射や回折環境との位置関係により生じます．同一の観測点であっても，周回する衛星の位置変化によって大きな誤差変動は時々刻々と変化します．

誤差の表し方

　RTK測位結果には，マルチパスを主要因とする大きな誤差変動と，衛星の幾何学的配置を主要因とする小さな誤差変動があります．大きな誤差変動は，正確さを表すAccuracyに関わります．小さな誤差変動は，精度を表すPrecisionに関わります．

● 正確さを表す値Accuracy

　正確さを表すAccuracyは，真値として何を採用するのか，大きな誤差変動を全て把握するために何時間測位すればよいのかなど，評価が困難です．

　数分間のごく短時間の測位をしても，大きな誤差変動は見つけられません．観測できるのは，小さな誤差変動だけです．

● 精度を表す値

　精度を表すPrecisionに関わる誤差を表す性能指標には，RMS（63%確率誤差円）や2DRMS（98%誤差円）があります．正確さAccuracyを含めた精度Precisionを表す性能指標としてRMSE（95%確率）があります．衛星測位の性能表示では一般的にマルチパスのない理想的な環境下における誤差を表しており，大きな誤差変動につながるバイアス誤差が含まれていないことを踏まえて，測位精度を評価する必要があります．一見，とても精度がよく見えますが，大きな誤差変動も忘れずに考慮してください．

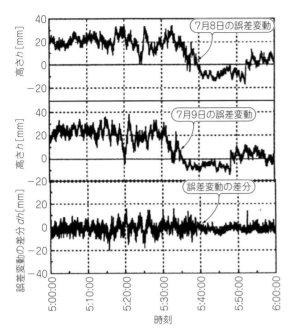

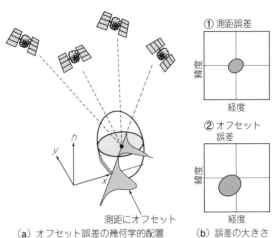

（a）オフセット誤差の幾何学的配置 　（b）誤差の大きさ

図6　マルチパスにより生じるオフセット誤差
マルチパスにより真値に対してオフセットした位置を中心に測位結果がばらつく．オフセットした位置を中心に小さな誤差変動を生じるためである．衛星は時々刻々と軌道を周回することから，同一観測点であってもオフセットは変動する

図5　大きい誤差変動は同一衛星配置だと1恒星日ごとに再現しているので補正できる場合もある
7月8日（上段）の結果と，1恒星日後となる7月9日（中段）の偏差を取ると（下段），大きな誤差変動だけがほとんどキャンセルされた．このことから，大きな誤差はマルチパスに起因することがわかる

● みちびきのcm級サービスの精度

　自分で基準局を用意するローカル・エリアRTKとみちびきによるCLAS（移動体）の水平方向の測位精度を比較します．ローカル・エリアRTKの測位精度は，受信機メーカにより表記に幅があります．例えば，OEM 615（NovAtel）では1 cm + 1 ppm（RMS：63％確率誤差円），M8P（u - blox社）では0.025 m + 1 ppm（CEP：50％確率誤差円），NV08C - RTK（NVS Navigation Technologies社）では1 cm + 1 ppm（2DRMS：98％確率誤差円）です．ppmは，基準局と移動局の距離に関する値で，1 km当たり1 mmの誤差が加算されることを意味します．

　CLAS（移動体）の仕様の6.9 cmとは，12 cm（95 ％値）をRMS換算した値です．

　ここでは**図7**のようにローカル・エリアRTKの測定精度を2 cm（RMS）として，63％確率誤差円を比較しました．参考として，M8T（ユーブロックス製）で1 Hz，1時間（3600点）の測位結果をプロットしました．CLASの測位精度については，ユーザからの精度評価がこれからという状況で，報告が待たれるところです．

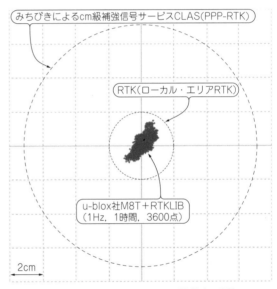

図7　ローカル・エリアRTKとCLASの測位精度の比較
CLASの測位精度をバイアス誤差をゼロとしてRMS換算して，ローカル・エリアRTKと比較した．測位結果のプロットは，周囲に障害物があるRTK測位の1 Hz，1時間の測位結果である

● 確からしい位置に収束するまでの待ち時間

　RTKではFix解が得られて初めて数cmの測位精度が得られます．初期化時間はそのまま待ち時間になるので，とても重要な仕様です．

　一方，PPPなどのRTK以外の方法では，Float解のまま，値の収束を待って利用します．洋上や上空で数cmの精度を求めず，再初期化が必要になる衛星電波の遮蔽がない観測環境のときや，RTK測位でも基準局までの距離が10 km以上でFix解を得ることが困難なときにFloat解のまま利用します．Float解は整数値バイアスを決定せずに測位情報を収束させるので，時間がかかります．整数値バイアスを決定しないことから，測位精度が数cmまで正確に収束できているかは不明です．

オープンソース RTK コアに見る RTK 測位信号処理

久保　信明 Nobuaki Kubo

改造・実験がしやすい RTK演算プログラム「RTKコア」とは

● オープンソース RTKLIB は自分で改造するには大きすぎる

測位演算プログラム RTKLIB はオープンソースなので，RTKLIB を流用，改造して使うことも許されています．しかし高精度を追求して機能を積み重ねた結果，ソース・コードは読み解きにくくなっています．

そこで，私がいつも研究用に使っている RTK 測位演算をさらにシンプルにまとめて，改造がしやすいプログラム「RTKコア」を作ってみました．

● RTKLIB の内部演算よりかなりシンプル

RTK コア・プログラムはシンプルに徹し，RTKLIB の Kinematic モード（RTK）における Instantaneous AR（瞬時 AR と呼ぶ）に近い結果だけ得られます．

あるタイミング（1 エポック）ごとの観測データだけを利用して，最小 2 乗法で RTK を行っています．前回の結果を利用するしくみがありません．

擬似距離の精度が RTK の性能に直結します．十分な数の衛星から，搬送波位相観測値が得られていることが前提になります．

● 単独測位計算の中身は RTKLIB に近い

関数ごとの違いまで詳細に調べていませんが，main 関数の上から見ていくと，衛星位置計算は仕様書に準拠するので同じです．対流圏や電離層の遅延量計算も，使っているモデルによる違いはありますがほぼ同じです．仰角・方位角の計算も同じです．

単独測位の計算について，受信機のクロック誤差の取り扱いの方法が異なりますが，最終的に推定されるクロック誤差もほぼ同じです．

● RTK 測位計算の中身も RTKLIB に近い

基準局と移動局の観測データで 2 重位相差をとり，1 エポックでの共分散値を求め，LAMBDA 法を利用して整数アンビギュイティを決定しています．LAMBDA 法の関数は，RTKLIB の関数をそのまま利用しているので，まったく同じです．

最終結果が少し異なる理由は，設定される擬似距離や搬送波位相のノイズ値の違い，衛星の仰角ごとのノイズ計算式の違いだと思われます．

● 自分用プログラムを作るには

RTKLIB のソース・コードを自由に変更し改良できるなら，そのほうがよいです．RTK コア・プログラムのポイントは，RTK の部分だけ抜き出したシンプルさです．マイクロソフトの Visual Studio をインストールすれば自由に改良できます．

RTK のソフトウェアを開発するには，一度，自身の力で一通り，理論計算式とプログラムを付き合わせる経験をしておくことが重要です．それができるようになれば，後は自分のやりたいように開発できる力が身につくと思います．

「RTKコア」の特徴

● 1 周波だが対応衛星は多い

対応する衛星は GPS/QZSS/Galileo/BeiDou/GLONASS で，対応する周波数はこれらの衛星の L1 帯（1575.42 MHz）になります．

● Windows 上で動く

本プログラムは，Microsoft Visual Studio 2010 Professional で作成しています．これ以降のバージョンの Visual Studio でも動作します．

● 入力するデータの仕様

RTK 測位の演算では，基準局と移動局の観測データ，航法メッセージ（衛星位置を計算するための情報：エフェメリス）の 3 つを使います．航法メッセージは，観測データと同じ時間帯のデータを利用します．

表1　動作確認に使った受信データ

GPS/QZSS/Galileo/BeiDou	
refB.obs	基準局の観測データ
robB.obs	移動局の観測データ
refB.nab	航法メッセージ

（a）6月23日取得ぶん（0623フォルダ内）

GPS/QZSS/Galileo/GLONASS	
refR.obs	基準局の観測データ
rovR.obs	移動局の観測データ
refR.nab	航法メッセージ

GPS/QZSS/Galileo/BeDou	
ref.obs	基準局の観測データ
rov.obs	移動局の観測データ
ref.nav	航法メッセージ

（b）8月23日（0823フォルダ内）

● 動作確認したときの条件

動作確認のため，開けた場所（東京海洋大学 越中島キャンパスの研究室屋上）で取得した受信データを表1に示します．

データは日本時間で2017年6月23日の10時半から12時過ぎと，2017年8月23日の12時半から13時過ぎに取得しました．基準局と移動局のアンテナは11mほど離れていて，受信機は2つともユーブロックスのM8Tです．

● 観測データ

拡張子がobs（observation）のファイルが観測データです．データ内部はRINEXフォーマットです．RINEXはReceiver Independent EXchangeの略で，GNSSの業界では広く利用されている共通フォーマットです．RINEXの詳細は参考文献（1）のWebページを参照してください．

ファイルの最初はヘッダで，RINEXのフォーマットのバージョン，利用している受信機，測位システム，周波数帯，擬似距離，搬送波位相，ドップラー周波数，信号レベルの有無，測定開始時刻と終了時刻などが記載されています．

ヘッダの後にデータ取得タイミング（エポック）ごとのデータが並びます．例えば，データ取得が1Hzなら，1秒間隔です．

リスト1にこの観測データの一部（最初の5衛星分）を示します．1行目はGPS時刻による日時，観測データの総衛星数です．

2行目のGはGPS衛星のことで，"G4"はGPSの4番衛星を示します．そのあと擬似距離，搬送波位相，ドップラー周波数，信号強度のデータが並んでいます．衛星の種類は，GPSはG，GalileoはE，QZSS（みちびき）はJ，BeiDouはC，GLONASSはRで表します．

2行目と同様のデータが3行目以降のように観測できた衛星の数だけ続いて，1エポック分のデータとなります．

● 航法メッセージ

拡張子nav（navigation）は航法メッセージのファイルです．衛星位置を計算するために，測位システムごとの航法メッセージを利用します．エフェメリス（Ephemeris）と呼ばれている情報です．

通常は，基準局で取得した航法メッセージを使います．移動局では，障害物で見えない衛星の航法メッセージを取得できないことがあるためです．

航法メッセージ・ファイルの一部をリスト2に示します．これはGPSの23番衛星，2017年6月23日の2時に更新されたデータです．GPS衛星は通常2時間ごとにエフェメリス情報が更新されます．

1行目は，更新時刻と，GPS時刻に対する衛星クロックの補正係数です．クロック・バイアス，1次の項と2次の項の係数となっています．この例では2次の項は0です．

各GPS衛星は，正確な時刻をもつ原子時計を搭載していますが，nsレベルの精度でみるとずれています．統一されたGPS時刻に同期させておく必要があり，その補正係数が表現されています．

2行目以降が軌道情報です．詳しくは参考文献（1）を参照してください．

● RTK演算用サンプル受信データの例

6月23日のデータにはGPS/QZS/Galileo/BeiDouとGPS/QZS/Galileo/GLONASSの2種類があります．ユーブロックスのM8Tモジュールで受信するGNSS衛星は，BeiDouとGLONASSがどちらかしか選べない排他仕様になっているため，2種類用意しました．

GPS，QZSS，GALILEOは同じ1575.42MHzで，RTKの際には混ぜて解くことができるため，ユーブ

リスト1　観測データの中身
時刻ごとに，受信できた全衛星の擬似距離や搬送波位相のデータが入っている

```
       日付      時刻           衛星数
> 2017  6 23  1 30 18.9990000   0 24
G4   20170961.336      105999112.302    -933.691      47.000
G9   23850841.510      125337026.274    1232.160      42.000
G16  20449321.887      107461911.713    210.992       46.000
G21  22688589.302      119229354.568    -539.917      43.000
G23  22664576.162      119103147.786    -120.764      43.000
...
       擬似距離          搬送波位相    ドップラー周波数    信号強度
```

リスト2　航法メッセージの中身
衛星位置の計算の元になるデータがある

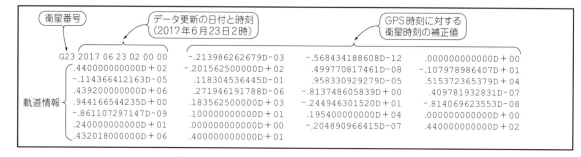

表2　「RTKコア」の測位演算時の設定を決める設定ファイルの中身（initial_setting.txt）

項　目	設定値の例	設定内容
Mask_angle	15.0	測位に利用する最低仰角マスク［°］
Ref_obs	0623¥¥rovB.obs	基準側のRINEXファイル（Directory情報を含む）
Rov_obs	0623¥¥refB.obs	移動側のRINEXファイル（Directory情報を含む）
Nav file	0623¥¥navB.rnx	航法メッセージのRINEXファイル（Directory情報を含む）
POSreflat	35.66634223	基準側の精密位置情報（緯度，WGS84）
POSreflon	139.79221009	基準側の精密位置情報（経度，WGS84）
POSrefhgt	59.735	基準側の精密位置情報（高度，WGS84）
Iteration	3600	計算回数
Code_noise	0.5	擬似距離の雑音値
Carrier_noise	0.003	搬送波位相の雑音値
Threshold_cn	32.0	測位に利用する最低信号レベル［dB/Hz］
RTK_DGNSS	1	RTK測位またはDGNSS測位を実施するかどうか（実施するときは1，しないときは0）
Ratio_limit	3.0	RTK測位のFix解の判定に利用する閾値（通常2～3）
GPS	1	GPS衛星の利用可否（1が利用で0が利用しない）
QZSS	1	QZSS衛星の利用可否（1が利用で0が利用しない）
Galileo	1	Galileo衛星の利用可否（1が利用で0が利用しない）
BEIDOU	0	BeiDou衛星の利用可否（1が利用で0が利用しない）
GLONASS	1	GLONASS衛星の利用可否（1が利用で0が利用しない）

ロックスの受信機ではこの3つの衛星はまとめて扱っています．

● **演算時の設定はファイルの値で指定する**

　測位演算に関する設定ファイルの中身の例を**表2**に示します．

　基準局の精密位置は重要です．**表2**に示した値は，国土地理院で公開されている電子基準点の観測データを基準局としてRTK測位を行った結果です．場所は東京海洋大学の越中島キャンパスです．千葉の市川基準点を用いて，2017年8月に求めました．国土地理院の電子基準点の精密位置は，そのときの日々の座標値［F3解］を用いています．

　自ら取得したデータでRTK解析を行うときは，基準局の位置を自分で設定します．

　絶対位置精度はそれほど重要ではなく，基準局と移動局の基線ベクトルだけ正確に求まればよいときは，基準局の位置は単独測位の精度で問題ありません．

RTKは，基準局と移動局間の正確な3次元ベクトルを求めるのが本質的な動作です．

● **入力ファイルの指定方法**

　RTK演算に必要な入力ファイルは前述した通り，基準局と移動局の観測データ，基準局で得た航法メッセージの合計3つです．**表2**のように設定ファイル内で読み込むファイルを指定します．

● **出力ファイルの仕様**

　出力結果は，単独/DGNSS/RTK測位，テスト用の4つのcsvファイルです．rtkフォルダの中に出力されます．単独測位は，移動局の観測値だけを使い，一般的なGPS測位と同じ方法で求めた結果です．DGNSSは，基準局の観測データを使って位置を補正しますが，搬送波位相は使っていない差動（ディファレンシャル）GNSS測位結果です．RTK測位は，搬送波位相を使ってmm単位の測距を行って測位した結果です．テスト

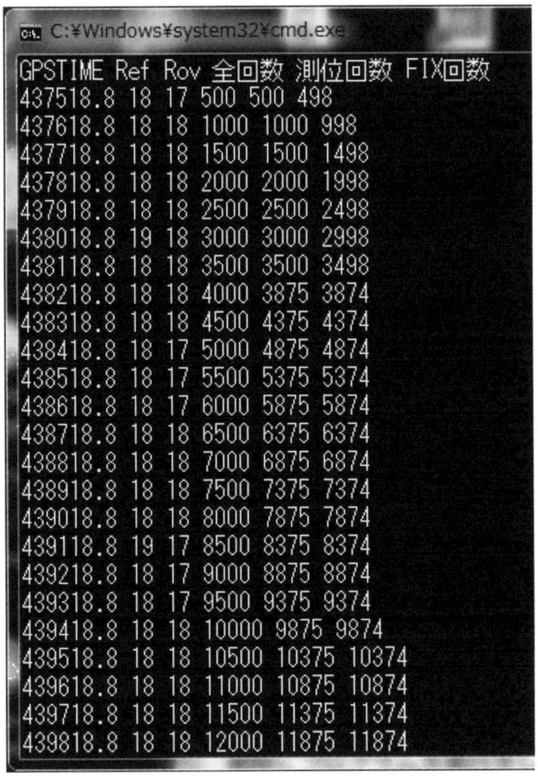

図1　「RTKコア」プログラムの実行画面

表3　「RTKコア」プログラムの出力仕様

順番	内　容
1	GPS時刻
2	利用衛星数
3	経度方向 [m]
4	緯度方向 [m]
5	高度方向 [m]
6	緯度 [°]
7	経度 [°]
8	高度 [m]
9	HDOP
10	VDOP
11	最低利用衛星数
12	受信機クロック
13	GPSと他国測位システム1番目との時計差 [m]
14	GPSと他国測位システム2番目との時計差 [m]
15	GPSと他国測位システム3番目との時計差 [m]
16以降	利用している衛星の番号（衛星の数だけ項目が並ぶ）

(a) 移動局の単独測位結果（pos.csv）

順番	内　容
1	GPS時刻
2	経度方向 [m]
3	緯度方向 [m]
4	高度方向 [m]
5	緯度 [°]
6	経度 [°]
7	高度 [m]
8	利用衛星数

(b) DGNSS測位結果（dgnss.csv）

順番	内　容
1	GPS時刻
2	経度誤差 [m]
3	緯度誤差 [m]
4	高度方向 [m]
5	緯度 [°]
6	経度 [°]
7	高度 [m]
8	Ratio値
9	利用衛星数

(c) RTK測位結果（rtk.csv）

用出力test.csvは，プログラム中で内容を指定していないので，ファイルは作られますが中身は空です．

● プログラムの動かし方

　実際にプログラムを動かしてみます．

　Visual Studioがインストールされているなら，rtk.slnをダブル・クリックすると，そのままソリューションのビルドを実行します．ビルドが正常終了することを確認してください．

　デバッグなしで開始を実行すると，図1のようなコンソール画面になります．500回ごとのGPS時刻，基準側衛星数，移動側衛星数，全回数，移動側で単独測位ができた回数，RTK測位演算が成功した回数が画面表示されます．

　演算結果はrtkフォルダのcsvファイルに出力されます．終了後，キーを押して黒い画面を閉じます．

　出力ファイルの内容を表3に示します．単独測位結果は，移動局の演算結果です．DGNSSとRTKで利用している衛星は単独測位で出力している衛星と同じです．

　RTK測位演算結果はrtk.csvです．Excelで開いたところを図2に示します．B列とC列は基準局の精密位置からの経度方向と緯度方向の位置がm単位で示されています．時系列で見ると，非常に高精度に演算

されています．

　図3に水平プロットと時系列高度の結果を示しました．

　図3(a)に示すように基準局のアンテナ位置から，東方向に約6.8 m，南方向に約 – 8.6 mの場所に移動局のアンテナがあることがわかります．

　このときの精度（標準偏差）は水平方向，高度方向ともに1 cm以内です．

　経度・緯度方向の基準局からの位置の差のm表示は，精密な計算ではありません．計算式の詳細は省略しますが，緯度方向の1° 分は110.947 km，経度方向の1° 分は111.319 kmと求まるので，緯度方向は2地点の緯度の差に110.947 kmを，経度方向は2地点の経度の差と緯度の余弦値を111.319 kmにかけてm単位の差を算出しています．

「RTKコア」による測位結果を見る

● 精度と確度

　測位結果をみるときに，精度と確度の2つの観点が

	緯度方向の距離[m]	経度方向の距離[m]	高度[m]	緯度	経度	計算に使用した衛星の数	
	A	B	C	D	E	F	G	H
1	437419	6.877495	-8.646607	35.66625694	139.7923	59.23418	9.50491	14
2	437419.2	6.876748	-8.645179	35.66625695	139.7923	59.24075	12.69632	14
3	437419.4	6.877303	-8.647507	35.66625693	139.7923	59.23749	12.68701	14
4	437419.6	6.876844	-8.646783	35.66625693	139.7923	59.23839	21.41528	14
5	437419.8	6.877166	-8.647147	35.66625693	139.7923	59.2363	14.66205	14
6	437420	6.878037	-8.645709	35.66625694	139.7923	59.2359	18.14411	14
7	437420.2	6.878319	-8.644636	35.66625695	139.7923	59.2338	19.14916	14
8	437420.4	6.876891	-8.648053	35.66625692	139.7923	59.23454	12.98136	14
9	437420.6	6.874889	-8.645095	35.66625695	139.7923	59.24185	10.79798	14
10	437420.8	6.87621	-8.646594	35.66625694	139.7923	59.23015	15.44472	14
11	437421	6.875879	-8.649963	35.66625691	139.7923	59.24916	6.851945	14
12	437421.2	6.876536	-8.647097	35.66625693	139.7923	59.23169	7.577666	14
13	437421.4	6.87757	-8.647562	35.66625693	139.7923	59.23788	13.85553	14
14	437421.6	6.876526	-8.648977	35.66625691	139.7923	59.23111	8.113209	14
15	437421.8	6.877641	-8.649167	35.66625691	139.7923	59.24426	8.172774	14
16	437422	6.876516	-8.646610	35.66625694	139.7923	59.22962	9.652609	14
17	437422.2	6.876087	-8.64578	35.66625694	139.7923	59.23168	10.9972	14

変化は0.01m未満，つまり数cmの変動しかない

図2 RTK演算結果rtk.csvファイルをExcelで開いたときの表示

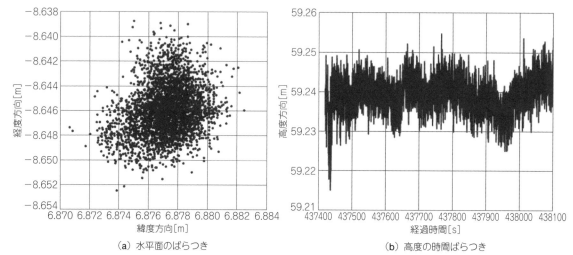

（a）水平面のばらつき　　　（b）高度の時間ばらつき

図3 RTK演算結果のプロット

あります．

図4に示すように，精度は数値の相対誤差の大きさ，確度は絶対誤差の大きさを計ります．もう少しわかりやすくいうと，精度はばらつきの指標を示し，確度はバイアスの指標を示しています．ばらつきが小さいと「精密である」といえ，バイアスが小さいと「正確である」といえます．

ばらつきもバイアスも小さい例が図4(a)，ばらつきは小さいがバイアスがある例が図4(b)，ばらつきは大きいがバイアスが小さい例が図4(c)，ばらつきもバイアスも大きい例が図4(d)です．

● 基準局があるとバイアスが小さくなりRTKが使えるとばらつきが小さくなる

実際に，GNSSの典型的な結果を単独測位，DGNSS，RTKにわけて評価してみます．図5に，同時間帯に取得されたデータを利用した3つの方式の結果を示します．原点がバイアスのない正しい位置です．

さきほどの分類でいうと，単独測位は，ばらつきもバイアスも大きい状態です．

DGNSSは，ばらつきがわずかによくなり，バイアスが大きく改善されています．

RTKは，ばらつきもバイアスも非常に小さくなっ

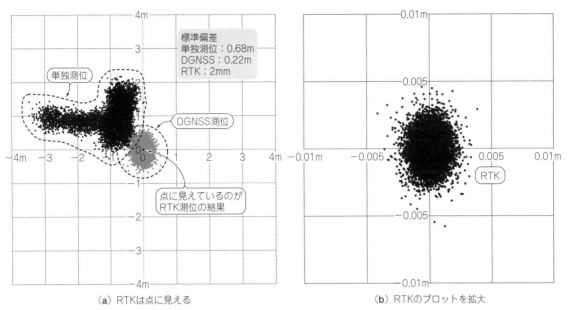

標準偏差
単独測位：0.68m
DGNSS：0.22m
RTK：2mm

単独測位

DGNSS測位

点に見えているのが
RTK測位の結果

（a）RTKは点に見える

RTK

（b）RTKのプロットを拡大

図5 単独測位，DGNSS，RTKの比較
DGNSSだと確度は良好だが精度はない．RTKになれば確度も精度も良好

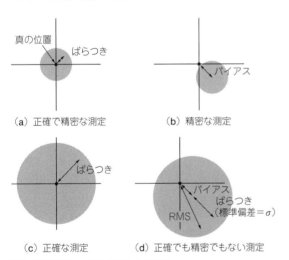

真の位置
ばらつき

（a）正確で精密な測定

バイアス

（b）精密な測定

ばらつき

（c）正確な測定

バイアス
ばらつき
（標準偏差＝σ）
RMS

（d）正確でも精密でもない測定

図4 精度（ばらつき）と確度（バイアス）
この2つは分けて評価する

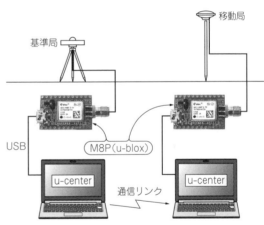

移動局

基準局

USB

M8P（u-blox）

u-center

通信リンク

u-center

図6 RTK演算に使う観測データの取得イメージ

ています．

　ここでは，典型的な例を示しました．オープン・スカイで条件のよい受信ができれば，おおむねこのような結果が得られます．バイアスの小さい結果を得たいときは，基準局による補正データが重要です．

● 「RTKコア」で使える入力ファイルを自分で用意する方法

　観測データの取得イメージを**図6**に示しました．
　RTKは本来リアルタイムで演算を行いますが，この例では扱いやすさを優先し，リアルタイム処理にはしていません．

　GPS衛星の観測データや航法メッセージの入力はファイルで行います．RTK演算を行った結果もファイルで出力します．

　観測データや航法メッセージは，u-centerをインストールしたパソコンにNEO-M8Pモジュールを接続して取得できます．u-centerの設定で，観測データであるRAWXとSFRBXを有効にします．

　u-centerを使ってユーブロックス形式のデータ（拡張子がubxのファイル）を保存できます．そのファイルをRTKLIBのRTLCONVでRINEXフォーマットに変換します．

◆参考文献◆

(1) RINEX Version 3.02
ftp://igs.org/pub/data/format/rinex302.pdf

第1部 第2部 第3部 第4部 第5部 第6部

RTK処理①…GPSデータの前処理

擬似距離や搬送波位相の観測データを利用するRTK測位のアルゴリズムを紹介します.

対応する衛星はGPS/QZS/Galileo/BeiDou/GLONASS,対応する周波数はこれら衛星のL1帯(1575.42 MHz)付近となります.

全体構成

● データ読み込み→前処理→単独測位→RTK測位

全体構成を図7に示します.最初に基準局と移動局の両方で単独測位を行います.基準局と移動局で同じ処理を行うため,同じ名前の関数が複数出てきます.

最初に基準点の観測データを1エポック分読み込み,単独測位演算を行います.次に移動局の観測データを1エポック分読み込み,単独測位演算をします.

単独測位で求めた,基準局と移動局の時刻の差を算出します.双方の時刻から,演算タイミングだと判断されると,RTK演算を行います.

● main文に含まれる関数

プログラムのメインであるmain文内の関数の処理概要を表4にまとめました.

● RTK測位演算のタイミング

基準局と移動局は,同じタイミングでデータを取得できるとベストなのですが,実際には無理です.移動局では10 Hzでデータを更新できても,基準局から送られてくるデータは1 Hzであることが一般的です.

タイミングのずれた2つのデータは,どのように組み合わせればよいでしょうか.

図8に演算タイミングのイメージを示します.

基準局の観測データのGPS時刻が,移動局の観測データのGPS時刻よりも先,かつ移動側のGPS時刻に最も近くなるときを選びます.

実際のRTK測位演算においては,基準局の観測データが受信できない状態が発生します.その状態が継続すると,基準局の時刻と移動局の時刻の差が開いていきます.このときRTK測位の性能は徐々に劣化していきます.劣化具合はさまざまな条件によるので,RTK測位をあきらめる条件は明確な秒数では規定できません.遅延が10秒でRTK測位をあきらめる受信機もあれば,20〜30秒でも継続する受信機もあります.

1 観測データの読み込み

● 必要な入力ファイルと出力結果ファイル

RTK測位演算に必要な入力ファイルは,基準局の観測データ,移動局の観測データ,基準局で得た航法メッセージの合計3つです.set_initial_value関数の中で読み込まれています.

出力ファイルもset_initial_value関数の中で定義されています.単独測位結果,DGNSS測位結果,RTK測位結果,テスト用の4つのcsvファイルです.

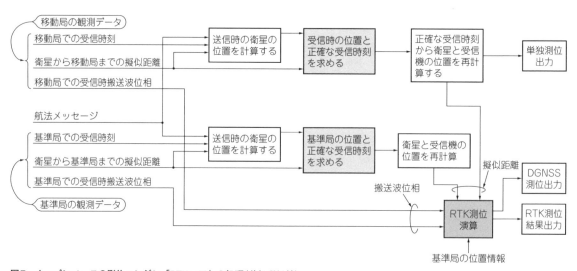

図7 オープンソースの測位エンジン「RTKコア」の処理(前処理以外)
RTK演算のFloat解の精度は,単独測位で求める衛星までの距離(擬似距離)の精度に依存する.そのため,GPSモジュールから得られる擬似距離をそのまま使うのではなく,単独測位で求めてから使う

表4　main文で呼び出されている関数の処理内容

main文内の関数名	処理概要
set_initial_value	初期設定，入力・出力ファイルの管理
read_data	1エポック分の観測データを読み込む
calc_satpos	衛星位置を計算
calc_direction	衛星の仰角と方位角を計算
calc_iono_model	Klobucharモデルより電離層遅延量を推定
calc_tropo	Saastamoinenモデルより対流圏遅延量を推定
choose_sat	最低仰角や最低信号レベルなどで測位に使用する衛星を選択
calc_pos	単独測位演算
calc_pos2	受信機時計誤差を補正した後に再度単独測位演算
calc_rtk_GQE	GPS/QZSS/GalileoでRTK演算
calc_rtk_GQEB	GPS/QZSS/Galileo/BeiDouでRTK演算
calc_rtk_GQER	GPS/QZSS/Galileo/GLONASSでRTK演算

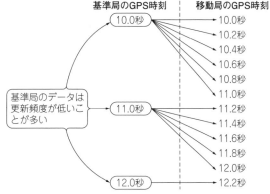

図8　一般に基準局のデータは更新レートが低く，移動局データとは1対1に対応しないので，なるべく精度が落ちないような時刻の受信データを組み合わせる

● データの読み込み

データの読み込みの関数は，観測データと航法メッセージで分かれています．read_data関数の中にread_rinex_navとread_rinex_obs302があります．

▶航法メッセージの読み込み

read_rinex_nav関数は各測位システムの航法メッセージを読み込んでいます．最初にファイルすべての航法メッセージを読み込み，構造体の外部変数にストックしています．

航法メッセージの中には衛星の健康状態を示すフラグも含まれています．フラグが立っているときは，衛星選択関数（choose_sat）でその衛星を測位演算から排除します．

▶観測データの読み込みread_rinex_obs

1エポックごとの擬似距離や搬送波位相の観測データとGPS時刻を読み込みます．

基準局で読み込んだGPS時刻はGPSTIME，移動局で読み込んだGPS時刻はDGPSTIMEとして変数に格納されます．この2つの時刻を比較してRTK演算を行います．最初に書いたように，基準側の観測データのGPS時刻が移動側の観測データのGPS時刻よりも古いこと，かつ移動側のGPS時刻に最も近くなるように読み込んでいます．1Hz同士のデータであれば同じ時刻で計算できます．プログラムを確認してください．

各国の測位衛星システムの番号は，次のように割り当てています．一般的な割り当て方法があるわけではなく，このプログラム独自の割り当て方法です．

QZSSは7機分を見込んで33～39としています．Galileo, BeiDou, GLONASSはそれぞれ30機分確保しています．

GPS	1番から32番
QZSS	33番から39番
Galileo	41番から70番
BeiDou	71番から100番
GLONASS	101番から130番

▶rinex_time関数

ストックしている航法メッセージの利用判断を行っています．

具体的には，現在のGPS時刻と航法メッセージ内の各衛星の時刻（航法メッセージの先頭にある時刻）を比較して，GPS時刻がメッセージ内の衛星時刻に達した時点で，その航法メッセージを利用開始します．

例えばGPSでは，航法メッセージの寿命は最大4時間程度と示されていて，それ以上古い航法メッセージは利用しません．実際には，GPSの航法メッセージは2時間ごとに更新されています．航法メッセージの更新間隔は衛星システムによって異なります．

2 前処理

● 衛星位置の計算

calc_sat_pos関数は各国ごとのGNSS衛星の位置計算を行います．

▶衛星の仕様書に位置の計算方法が記載されている

詳細は各衛星システムで公開されている仕様書を見てください．取得した航法メッセージから何をどのように計算するのか，式が全て記載されています．例えばGPSの場合は，以下のWebサイトに仕様書があります．

https://www.gps.gov/technical/icwg/

GPSとQZSS及びGalileoは同じ式で計算されており，この関数の中でも同じ方法で計算されています．

▶GPS/QZSS/Galileoは軌道要素と補正データから計算

航法メッセージはエフェメリスとも呼ばれるデータです．軌道を決定するために，ケプラーの6軌道要素と，摂動項（地球や月の重力など）を考慮する係数が衛星より送信されています．

calc_sat_pos関数の出力は，各衛星の地球中心座標系でのX軸方向，Y軸方向，Z軸方向の値です．

▶BeiDouは静止衛星だけ計算が異なる

BeiDouについても，GEO（静止衛星）以外は上記と同様の方法で計算されます．GEO衛星では，少し異なる計算が付加されています．

▶GLONASSは元データが異なるので計算方法が違う

GLONASS衛星は，GPS/QZSS/Galileo/BeiDouと計算方法が異なります．航法メッセージが軌道要素ではなく，30分ごとの衛星の位置と速度，加速度だからです．それらの情報からルンゲ＝クッタ法を用いて，ある時刻の衛星の位置を求めます．GLONASSの仕様書に詳細な記載があります．

▶測地系の違いの補正

各国の測地系の間，例えばGPSとBeiDouの間に時刻差はありますが，GPS，QZSS，Galileo，BeiDouでの測地系による誤差は数cm以内と言われています．

GLONASSは測地系が異なります．PZ-90系（GLONASSで採用）からWGS84系（GPSで採用）に変換する必要があります．

▶時刻の違いの補正

例えば，BeiDouはGPSと14秒の差があります．calc_sat_pos関数内で考慮されています．

本プログラムでは，GPS時刻をマスタ・クロックとしています．航法メッセージには，衛星の時計誤差を補正する情報も含まれていて，この関数内でその補正値を計算して変数にストックしています．

● 衛星の方位角・仰角の演算

仰角が低い衛星のデータは誤差が大きくなるので測位に使いません（マスクする）．

衛星の方位角と仰角は，基準局と移動局，両方ともcalc_direction関数で計算します．

▶衛星の位置は求めてあるので自分の位置を決める

方位角と仰角を求めるためには，自分（基準局または移動局）の位置と，衛星の位置の両方を求める必要があります．

衛星の位置はcalc_sat_pos関数で求め終わっているので，自身の位置があればよいわけです．

基準局側は初期設定ファイルに位置情報が入力されているので，そのまま利用します．

▶移動局も初期位置は基準局

移動局側は最初，位置がわかりません．そこで，最初のエポックでは基準局の位置を入力しています．2回目以降は，**表4**のRTK演算の関数calc_rtk_***の途中で計算されているディファレンシャル測位の結果を入力しています．衛星数が最低6機ないとこの関数を使った演算を行わないので，値が更新されないときもあります．ただ，方位角や仰角は，ユーザ位置が100m程度変わってもそれほど大きく変動しないため，更新されないことの影響はないと思われます．

▶座標変換で角度を求める

地球中心座標系でのX，Yは，ユーザ位置を原点とする平面（地球に接する平面）に変換し，Xを東方向，Yを北方向とします．Zは高度方向となります．同時に衛星位置も新しい座標系に変換されるため，そのまま方位角と仰角を計算することができます．

● 電離層遅延量推定の演算

電離層遅延量は，GPSの航法メッセージの中に含まれているクロバッチャ・モデルの値を利用して，calc_iono_model関数で推定しています．クロバッチャ・モデルの8つの係数は，set_initial_value関数の中で入力する必要があります．これらの係数は，航法メッセージ（navファイル）の先頭に記載があります．

▶計算方法

GPSの仕様書通りに計算します．まず垂直方向の電離層遅延量を求めて，その後，仰角に応じて傾斜係数という値を計算し，実際に電波が通過してくる電離層の長さに応じて遅延量を算出します．

推定された電離層遅延量は単位が[m]で，変数に格納されています．BeiDouやGLONASSは周波数が異なるため，その周波数に対応した遅延量を推定しています．

● 対流圏遅延量推定の演算

対流圏遅延量は，Saastamoinenモデルを利用してcalc_tropo関数で推定されています．このモデルでは，対流圏の影響を乾燥大気と湿潤大気に分けて計算しています．

対流圏遅延量の計算には高度が影響するため，基準局と移動局をそれぞれ別に計算します．電離層遅延量と同様に，まず垂直方向の対流圏遅延量を求めて，仰角に応じて傾斜係数を計算し，実際に電波が通過してくる対流圏の長さに応じて遅延量を計算します．

RTK処理②…衛星との距離計算

単独測位の誤差要因

送信時刻と受信時刻の差から求めた，衛星と受信機の距離を擬似距離と言い，さまざまな誤差が含まれています．要因をそれぞれ計算した上で，複数の衛星の情報を活用して誤差を減らします．

単独測位演算は，calc_pos関数で最小2乗法を用いて処理されています．

単独測位で位置を推定する際の誤差要因は，大きく6つに分けられます．表5に各誤差要因の概要をまとめました．表5はGPSなどの仕様書に出ている正式な数値ではありません．参考文献(2)から引用したおおよその値です．これらの誤差は次のように大きく3つに分けられます．

● ① 衛星側の誤差

衛星から受信するデータの正しさに起因する誤差です．表5の上から2つに相当します．衛星のクロック誤差やエフェメリスによる軌道誤差は，GPSの場合1 m以内といわれています．ユーザ側ではこれ以上補正できない誤差要因です．

ただし，リアルタイムの精密GPS軌道情報(精密歴)や精密クロックを入手できれば，10 cm以内に誤差を低減できます．PPP(Precise Point Positioning)と呼ばれる高精度単独測位は，精密GPS軌道情報や精密クロックを利用して誤差を減らします．

● ② 地球大気の物理モデルから推定する値

衛星が出す電波は，大気を通ると屈折したり伝搬速度が変わったりします．

電離層と対流圏，どちらも科学者が考案した物理モデルから推定します．この物理モデルを利用することで，大幅に誤差を低減できます．

衛星の仰角が低いほど，電離層や対流圏を通る経路が長くなり，遅延量が増大します．天頂方向と比較して，どのくらい影響が増えるのかを示す係数が傾斜係数です．

電離層遅延量は2周波の観測データがあるとほぼ完全に除去できます．

1周波ではモデルからの推定になり，誤差の低減に限界があります．太陽活動が活発でないときは誤差1 m程度で推定できます．逆に太陽活動が活発な時期では，天頂でも5 m程度の誤差に達することがあります．

対流圏モデルは比較的安定しています．乾燥大気の場合は物理モデルにより誤差10 cm程度まで正確に推定できます．湿潤大気の場合，やや推定誤差が大きくなる傾向があるようです．

大規模な太陽フレアが2017年9月に起こりました．GNSSに大きな影響は報告されていませんが，この時期の観測データを解析すると，電離層のモデルでの推定に限界があるため，単独測位の誤差が大きくなっていた可能性があります．

● ③ 受信機側に固有の値

アンテナ周辺の環境に依存する誤差要因です．主に，マルチパスと受信機自体のノイズです．

受信機内部のコリレータや受信電力に依存するので，測位演算ソフトウェアで改善できるものではありません．電波環境に依存します．

とはいえ，擬似距離のマルチパス誤差やノイズは，搬送波位相を利用することで低減できます．その誤差低減を受信機内部で行うか，ソフトウェアで行うかは決められてはいません．

擬似距離のマルチパス誤差やノイズを搬送波位相で減らす技術はキャリア・スムージングと呼ばれています．詳しくは参考文献(3)を参照ください．

処 理

● 受信機の位置をもっともありえそうな値に近づけていく

本プログラムの単独測位出力(pos.csv)は移動局の測位計算結果です．

計算するときの位置の初期値は，東京海洋大学越中島キャンパス内の私の研究室の屋上としています．仮に初期値を地球中心(0, 0, 0)としても，収束までの

表5 単独測位の6つの誤差要因

誤差要因	実際の誤差量	単独測位での誤差量
衛星のクロック誤差	$1 \, m_{RMS}$	左に同じ
衛星の位置誤差	$1 \, m_{RMS}$(視線方向)	左に同じ
電離層遅延量	$2 \sim 10 \, m$(天頂方向) 傾斜係数 3 @5°	$1 \sim 5 \, m$ (1周波)
対流圏遅延量	$2.3 \sim 2.5 \, m$(天頂方向) 傾斜係数 10 @5°	0.1 m
マルチパス誤差 (開けた場所)	擬似距離：$0.5 \sim 1 \, m$	左に同じ
受信機のノイズ	擬似距離： $0.25 \sim 0.5 \, m_{RMS}$	左に同じ

計算回数が少し増えるだけです.

least_square関数内で, 実際の演算がされています. 初期値を与えて, 各衛星の擬似距離や衛星位置, 電離層, 対流圏遅延推定量などを元に, もっともありそうな位置を求めていくイメージです.

真の距離や衛星位置, 電離層や対流圏による遅延量を誤差なく入力すると, 真の位置を出力する演算です.

実際には単独測位でそこまでの精度は出せません. マルチパスの影響が少ない屋上で受信しても, 2～3 mの精度です. 電離層の活動状態に強く依存します.

衛星配置の指標となるDOP(HDOP, VDOP, PDOP, TDOP)についても, この関数内で計算しています.

● 最小2乗法を利用して値を収束させる

最小2乗法では, 初期値や前回の値に対して, どれだけ3次元的な位置を移動させるとそれらしい値になるかを計算しています. delta[0], delta[1], delta[2]がそれぞれX, Y, Z方向の推定された移動量です. 前回得られた位置からの変化量が1 mm未満になったら, 測位演算を終了します.

3次元測位の初期値を地球中心(0, 0, 0)としたときの推定位置の変化を表6に示しました. これはGPS＋QZSSの場合です. 地球中心を初期値としても, 1回目で真値から約1269 kmに近づき, 2回目で約42 km, 3回目で約48 m, 4回目で収束しています. 5回目はほとんど動いていません.

最終的に真値から約3 mの位置に収束し, これを解としています.

● 複数の測位システムを使う場合は測位システム間の時刻差を未知数として解く

GPS衛星だけを使った単独測位演算では, 特にややこしいことはないのですが, 他の国の測位衛星のデータも使って位置を求めるとなると, 各測位システム間の時刻差の問題がでてきます.

各国の測位システムは, それぞれの衛星間で統一した時刻で運用されています.

日本のQZSSは, GPSのシステム時刻にほぼ同期するように設計されているので(放送される衛星クロック補正値で考慮), GPS衛星の中に混ぜて計算できます. その他の国の測位衛星システムについては, GPS時刻との差が未知として計算する必要があります.

▶衛星測位システムが異なると同期していない可能性がある

GPSしか使わない単独測位の場合, 受信機の座標X, Y, Zと時刻ずれΔtの4つの未知数を求める方程式を解くイメージです. それに対してGPS＋QZSS＋Galileo＋BeiDou＋GLONASSで単独測位を行う場合は, 従来の4つの未知数にプラスして, 3つのシステム間時刻差も未知として, 合計7つの未知数を最小2乗法で解いていきます. これは最低7機の衛星を利用することを意味しています. 時刻差が未知である, Galileo, BeiDou, GLONASSが最低1機ずつ含まれていることも条件です.

本プログラムでは, GPS衛星のシステム時刻をマスタ・クロックとしています. 他国の測位衛星システムとの差を毎回推定します. システム間の時刻差は外部変数のClock5[rcvn], Clock6[rcvn], Clock7[rcvn]に出力されています.

例えばGPS＋QZSS＋Galileo＋BeiDou＋GLONASSの単独測位の場合, GLONASS, BeiDou, Galileoの順番に出力されます. 図9に実際の単独測位計算で推定されたシステム時刻差を示しました.

図9はGPSとBeiDouのシステム時刻差の例を示しています. 時刻差は約40 n～50 nsです. 距離に変換すると(光速を乗算すると), 12～15 mとなります. このシステム間時刻差を考慮せずに測位計算を行っていたら, 測位結果は大きくずれるだろうと予想できます.

2017年8月中旬の実験時ではGPSとGalileo間のシステム時刻差は数ns以内と良好な値でした.

表6 測位結果は最小2乗法の演算を繰り返して答えに収束させる

計算回数	移動局の座標 X, Y, Z [m]	緯度[°], 経度[°], 高さ[m]	真値からの距離 [m]
0	0, 0, 0	－	－
1	－ 4721024.10, 4071437.54, 4414740.80	35.4558619, 139.2253324, 1268042.79	1269488.40
2	－ 3984800.75, 3376090.44, 3721082.80	35.6500785, 139.7273291, 41815.29	42208.21
3	－ 3961930.01, 3349024.38, 3698239.09	35.6663301, 139.7921216, 107.3	48.10
4	－ 3961905.45, 3348990.70, 3698211.85	35.6663434, 139.7922306, 58.52	3.12
5	－ 3961905.45, 3348990.70, 3698211.85	35.6663434, 139.7922306, 58.52	3.12

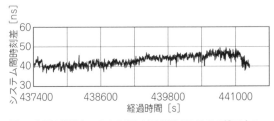

図9 各国の測位システムの間には時刻差があるので補正する
GPSとBeiDouのシステム間時刻差. 40～50 nsくらいの差がある

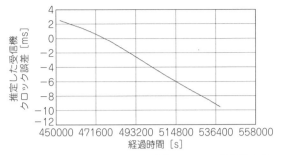

図10 GPSクロックと受信機M8P内部クロックの誤差（推定値）

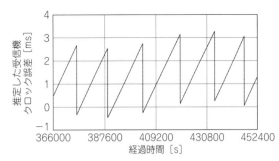

図11 GPSクロックと受信機M8T内部クロックの誤差（推定値）

● **GPS時刻と受信機内部クロックの差はかなり大きい**

　GPS時刻と受信機内部のクロックを同期させることは不可能です．GPS時刻は，原子時計により厳密にコントロールされていますが，受信機内部のクロックは必ずこのGPS時刻からずれてしまいます．単独測位計算で推定される受信機クロック誤差は，このずれを示しています．

　u-bloxの受信機NEO - M8Pの時系列クロック誤差を図10に示します．24時間で約12 msずれていることがわかります．これに光速をかけて距離に換算すると，24時間で約3600 km（1秒間に約41.7 m）の誤差です．受信機クロックを毎回推定しないと，まともな単独測位はできません．プログラム上での受信機クロック誤差は外部変数のClock_ext［rcvn］に入っています．

　同じくu-bloxの受信機M8Tのクロック誤差を図11に示します．図10と比較すると，クロックの振る舞いが大きく異なります．M8Tのほうは，2 m〜3 ms経過後，受信機側でオフセットしています．また24時間で約18 msずれていることから，前者のM8Pよりも変動が少し大きいです．これらの結果は，私の手元にあるM8PとM8Tを比較した結果なので，個体差や内部バージョンで異なるのかもしれません．

● **受信機クロック誤差の影響を減らす工夫**

　受信機クロック誤差が存在することから，衛星位置計算と単独測位計算は，2回実施しています．

　calc_pos関数で最初の単独測位を行い，同時に受信機のクロック誤差を推定します．

　推定されたクロック誤差は受信機によって異なりますが，大きな値であることが一般的です．1 ms程度の大きさで受信機内部で自動的にオフセットが出てしまうこともあります．

　最初の単独測位演算で求めた受信機クロック誤差を利用して，擬似距離を更新します（単純にクロック誤差分の距離を足す）．衛星位置を計算し直した後で最小2乗法での単独測位計算を行っています．

　プログラムのmain文では，calc_pos関数のあとにcalc_satpos関数とcalc_pos2関数が続いています．

　衛星位置計算をやりなおす理由は，衛星からの信号発射時刻を受信GPS時刻と擬似距離から計算しているため，クロック誤差が大きいと，衛星位置にも誤差が出てくるためです．

　実際にあるエポックでチェックすると，3次元で約1 m程度，衛星位置が変化していました．

　最小2乗法での単独測位計算の2回目では，すでに受信機クロック誤差分が補正されているので，推定されるクロック誤差は非常に小さくなっています．本プログラムでの単独測位演算結果は，この2回目の計算による結果をpos.csvに出力しています．

◆**参考文献**◆

(2) Pratap Misra, Per Enge 著，測位航法学会 訳；精説GPS，改訂第2版，測位航法学会，第5章，pp.137 - 185，2010年．

(3) Pratap Misra, Per Enge 著，測位航法学会 訳；精説GPS，改訂第2版，測位航法学会，第5章，5.7節，pp.168 - 171，2010年．

「RTKコア」はシンプルな作りを目指していますが，1cm精度を実現するRTK測位のポイントは押さえてあります．

衛星と受信機の距離を 1.5GHzの位相で測る

● キャリア信号の位相も使うと19cmの1/100が測れる

単独測位やDGNSS測位は擬似距離だけを利用するのに対して，RTK測位は搬送波位相も利用します．

搬送波位相は，擬似距離と比較して100倍ほど精度がよく，通常mmレベルの精度が得られます．搬送波位相は，ドップラー周波数の積算値ともいわれます．

GPSのL1信号は搬送波の波長が約19cmなので，位相360°が19cmであることを意味します．

受信機で位相の追従がうまくいけば，±15°以内程度の精度が得られるので，最大でも8mm程度の誤差で距離が測れます．マルチパスの多い環境になったり信号レベルが低下したりすると性能は劣化しますが，位相を追従できているなら±45°程度，つまりcmレベルの精度が得られます．

● 搬送波位相が使えないときもある

衛星からの直接波が障害物で遮断されたときや，受信信号のS/Nが30dBを下回るようなときは，受信機の出力する観測データに搬送波位相が含まれません．

● 19cmの波の数を求めたい

搬送波位相を利用するときに，大変やっかいなことがあります．図12に示したように，搬送波位相に関して，衛星発射時の初期位相と，受信時の位相との差は正確にわかるのですが，衛星と受信機の間の波の数（サイクル数）が不明である点です．この不明なサイクル数は，整数アンビギュイティ（ambiguity：曖昧さ）と呼ばれます．

この整数アンビギュイティがわかれば，衛星との距離は非常に正確な（mm単位の）物差しで測れます．

RTKの要は，この整数アンビギュイティを決定するアルゴリズムです．そのためには，2重位相差という誤差を最小にする考え方が必要です．

● 擬似距離で整数アンビギュイティを決められそう？

RTKでは，搬送波位相を主として利用すると書きました．実は擬似距離の役割も極めて重要です．擬似距離と搬送波位相の式を図13と図14に書きました．

2つの式をよく見てください．擬似距離と搬送波位相の違いは，整数アンビギュイティの有無であることがわかります．

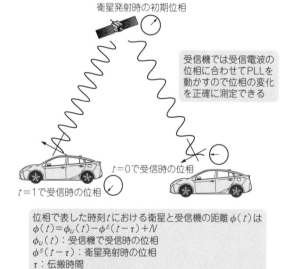

衛星発射時の初期位相

受信機では受信電波の位相に合わせてPLLを動かすので位相の変化を正確に測定できる

$t=0$で受信時の位相

$t=1$で受信時の位相

位相で表した時刻tにおける衛星と受信機の距離$\phi(t)$は
$\phi(t)=\phi_u(t)-\phi^s(t-\tau)+N$
$\phi_u(t)$：受信機で受信時の位相
$\phi^s(t-\tau)$：衛星発射時の位相
τ：伝搬時間
N：整数アンビギュイティ

図12 搬送波位相を観測して距離測定を行うと高精度な測位ができる
観測値だけでは，波の数がわからない．整数アンビギュイティがある状態という

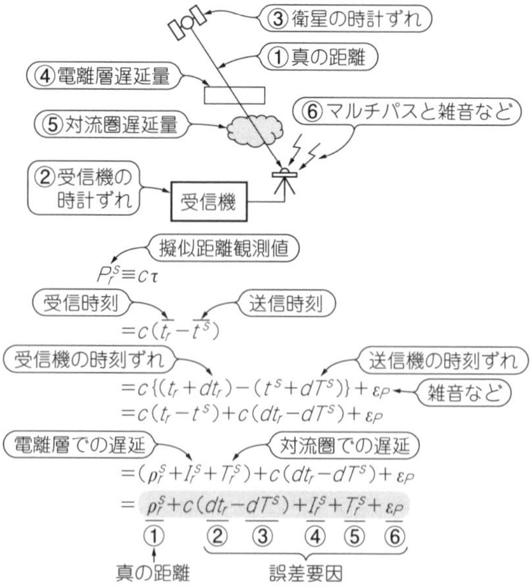

③衛星の時計ずれ
①真の距離
④電離層遅延量
⑥マルチパスと雑音など
⑤対流圏遅延量
②受信機の時計ずれ
受信機

擬似距離観測値
$P_r^S\equiv c\tau$
受信時刻　送信時刻
$=c(t_r-t^s)$
受信機の時刻ずれ　送信機の時刻ずれ
$=c\{(t_r+dt_r)-(t^s+dT^s)\}+\varepsilon_P$　雑音など
$=c(t_r-t^s)+c(dt_r-dT^s)+\varepsilon_P$
電離層での遅延　対流圏での遅延
$=(\rho_r^s+I_r^s+T_r^s)+c(dt_r-dT^s)+\varepsilon_P$
$=\underbrace{\rho_r^s}_{①}+\underbrace{c(dt_r-dT^s)}_{②\ ③}+\underbrace{I_r^s}_{④}+\underbrace{T_r^s}_{⑤}+\underbrace{\varepsilon_P}_{⑥}$
真の距離　　　誤差要因

図13 単独測位に使っている擬似距離の観測値に含まれる誤差
さまざまな誤差要因があり，m単位の精度が現実的になっている

● 擬似距離には距離換算で数十cmの雑音の影響がある

擬似距離と搬送波位相の違いは整数アンビギュイティと書きましたが，もう1つ大きな違いがあります．それはマルチパスや雑音のレベルです．

搬送波位相への雑音の影響は，距離に換算するとmmレベルです．それに対して擬似距離への雑音の影響は通常数十cmレベルです．

この2つの違いにRTKの醍醐味があります．整数アンビギュイティを求めることができれば，非常に精度のよい搬送波位相という目盛りを利用できます．しかし，擬似距離の観測精度はあまりよくないため，整数アンビギュイティを擬似距離から求めることは簡単ではないのです．

RTKコアのプログラムがやっていること①…2つの受信局の受信信号の差について，2つの衛星で差を求める

● クロック誤差の影響を受けなくなる2重差の考え方

リアルタイムで瞬時に整数アンビギュイティを求めるためには，それなりの精度が求められます．どのように精度を高めるのでしょうか．その鍵が2重差です．

整数アンビギュイティを求める際にやっかいな衛星や受信機のクロック誤差を完全に消去できます．

2重差の式を**図15**に示しました．式を見るとわかるように，受信機のクロック誤差は完全に消去され，衛星側のクロック誤差もほぼ0です．

完全に0にならないのは，基準局と移動局の受信機間で必ず遅延が発生するため，同時刻での観測データとならないことによります．わずかな量ですが，遅延時間により衛星側の時計が若干動きます．

● 2重差で電離層と対流圏の影響も相殺される

2重差をとったとき，電離層と対流圏の遅延量の誤差は，移動局と基準局の距離が10 km以内の場合は通常1 cm以内と考えてよいと思います．残りは，マルチパスと雑音です．搬送波位相への影響は非常に小さいです．

t_rに受信したときの位相

t^sに送信したときの位相

整数アンビギュイティ

ノイズなど

$$\phi_r^s = \phi_r(t_r) - \phi^s(t^s) + N_r^s + \varepsilon_\phi$$

ここで，$\phi_{r,0} = \phi_r(t_0)$，$\phi_0^s = \phi^s(t_0)$とおく

$$= \{f(t_r + dt_r - t_0) + \phi_{r,0}\} - \{f(t^s + dT^s - t_0) + \phi_0^s\} + N_r^s + \varepsilon_\phi$$

受信機の時刻ずれ　衛星の時刻ずれ

$$= \frac{c}{\lambda}(t_r - t^s) + \frac{c}{\lambda}(dt_r - dT^s) + (\phi_{r,0} - \phi_0^s + N_r^s) + \varepsilon_\phi \text{[サイクル]}$$

距離として表すと，

$$\Phi_r^s \equiv \lambda\phi_r^s = c(t_r - t^s) + c(dt_r - dT^s) + \lambda(\phi_{r,0} - \phi_0^s + N_r^s) + \lambda\varepsilon_\phi$$

$$= \rho_r^s + c(dt_r - dT^s) - I_r^s + T_r^s + \lambda B_r^s + d_r^s + \varepsilon_\Phi \text{ [m]}$$

整数アンビギュイティ　その他

図14　RTKに使う搬送波位相の観測値に含まれる誤差
いくつかの誤差要因は擬似距離と共通なので，差分をとれば整数アンビギュイティを求められそうに見える．実際には，擬似距離の精度が足りず求まらない

● 擬似距離から搬送波位相の波数を決められるのか誤差を減らした2重差で改めて比較

搬送波位相の2重差は，2重差の幾何学距離分，整数アンビギュイティ，マルチパスや雑音の合計です．

搬送波位相と擬似距離，どちらも2重差をとったときの比較を**図16**に示します．擬似距離の2重差と，搬送波位相の2重差を比較すれば，整数アンビギュイティの2重差を求めることができそうです．

できそうです，とあいまいに書いたのは，両者の最後の項である誤差ε，つまりマルチパス＋雑音のレベルが大きく異なるため，単純に比較しただけでは容易に整数アンビギュイティを求められないからです．

● 結局衛星1ペアでは波数は決められない

実際のデータで見てみましょう．付録CD-ROMに収録されている，2017年6月23日のデータからわかりやすいところを2000秒間取り出してみます．

基準衛星(衛星i)は最も仰角の高い27番衛星，ターゲットとなる衛星(衛星j)は26番衛星です．

2重差のデータを**図17**に示します．直線が搬送波位相の2重差，下の線が擬似距離の2重差，上の線が搬送波位相の2重差から擬似距離の2重差を引いた結果です．わかりやすくするため，単位はサイクルに統一しています．

移動局と基準局の差

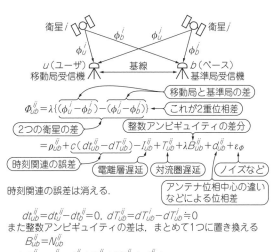

$$\Phi_{ub}^{ij} = \lambda\{(\phi_u^i - \phi_b^i) - (\phi_u^j - \phi_b^j)\}$$

これが2重位相差

2つの衛星の差

整数アンビギュイティの差分

$$= \rho_{ub}^{ij} + c(dt_{ub}^{ij} - dT_{ub}^{ij}) - I_{ub}^{ij} + T_{ub}^{ij} + \lambda B_{ub}^{ij} + d_{ub}^{ij} + \varepsilon_\Phi$$

時刻関連の誤差　電離層遅延　対流圏遅延　ノイズなど

アンテナ位相中心の違いなどによる位相差

時刻関連の誤差は消える．

$$dt_{ub}^{ij} = dt_u^{ij} - dt_b^{ij} = 0,\ dT_{ub}^{ij} = dT_{ub}^i - dT_{ub}^j \fallingdotseq 0$$

また整数アンビギュイティの差は，まとめて1つに置き換える

$$B_{ub}^{ij} = N_{ub}^{ij}$$

$$\therefore \Phi_{ub}^{ij} = \rho_{ub}^{ij} - I_{ub}^{ij} + T_{ub}^{ij} + \lambda N_{ub}^{ij} + d_{ub}^{ij} + \varepsilon_\Phi$$

さらに10km以内程度の短基線の場合には

$$\Phi_{ub}^{ij} \fallingdotseq \rho_{ub}^{ij} + \lambda N_{ub}^{ij} + \varepsilon_\Phi$$

$$I_{ub}^{ij} = I_{ub}^i - I_{ub}^j \fallingdotseq 0,\ T_{ub}^{ij} = T_{ub}^i - T_{ub}^j \fallingdotseq 0,\ d_{ub}^{ij} = d_{ub}^i - d_{ub}^j \fallingdotseq 0$$

図15　衛星2つ，受信機2つで2重に差をとることで誤差を大幅に減らす
衛星時刻の誤差と受信機時刻の誤差が消える．さらに基準局と移動局の距離が10 km未満なら，電離層，対流圏による誤差も打ち消され，誤差要因がとても小さくなる

$$\Phi_{ub}^{jj} \fallingdotseq \rho_{ub}^{jj} + \lambda N_{ub}^{jj} + \varepsilon_\Phi$$

整数アンビギュイティ

幾何距離の2重差　　マルチパスや雑音

（a）搬送波位相の2重差

$$P_{ub}^{jj} \fallingdotseq \rho_{ub}^{jj} + \varepsilon_P$$

マルチパスや雑音

幾何距離の2重差

（b）擬似距離の2重差

図16 搬送波位相と擬似距離，両方とも2重差をとって比較する
マルチパスや雑音の影響だけなので，擬似距離から整数アンビギュイティを求められそう．実際には，擬似距離へのノイズなどが大きすぎて求まらない

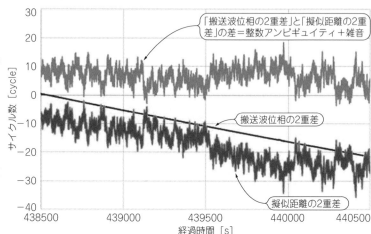

図17 高精度な搬送波位相の2重差に対して，擬似距離の2重差は波長何個ぶんもずれる
実際の受信データ例から算出．擬似距離から整数アンビギュイティを求めるのではあまり精度が上がらないことがわかる

両衛星とも PLL のロック外れがない時間帯を抜き出しているため，整数アンビギュイティは一定です．

搬送波位相と擬似距離の2重差が時間とともに動いている理由は，2つの衛星と受信機間の幾何学的距離が動いているためです．基線長が11 m程度と近いため，動く量も小さいです．

搬送波位相の2重差から擬似距離の2重差を引いた整数アンビギュイティは，大きく振れていることがわかります．このデータをみても，正しい整数アンビギュイティはわかりません．

このとき，2000秒間の平均を求めると6.6です．正しいアンビギュイティは8でした．

このように，衛星1ペアで整数アンビギュイティを求めることは困難です．

RTKコアのプログラムがやっていること②…多数の衛星ペアを作って一番誤差が小さくなるときの整数アンビギュイティを求める

● まずは整数の条件を無視して求める：Float解

ではどうするのかというと，受信できる衛星でなるべく多数の2重差を作り，それを元に正しい整数アンビギュイティを求めていきます．全体の流れを**図18**に示します．

Float解とアンビギュイティについて説明します．話を単純化にするため，衛星の数は解が取り出せる最小限の4機とします．

● 2重差から方程式を立てる

図19に2重差の概念図を示しました．衛星jを基準衛星とし，衛星iをターゲット衛星とします．bは基

---

①2重差を生成

②搬送波位相と擬似距離の2重差情報より次の3つを算出
（Float位置解，Floatアンビギュイティ，共分散）

③Floatアンビギュイティと共分散情報をLAMBDA法に入力

④LAMBDA法を介して，ベストな候補解と2番目の候補解を出力

⑤両者の残差値より，Ratioテストでベストな候補解の信頼度が高いかチェック

⑥Ratioテストをパスすれば，Fix解として出力

Floatとは，漂うことを意味し，整数化していない数値のこと
Float位置解は，本プログラムではDGNSS解とほぼ同等の意味になる．擬似距離だけから求めているため．
LAMBDA法：整数アンビギュイティ探索で有名な方法→整数最小2乗法
（Least-squares ambiguity decorrelation adjustment）

図18 搬送波位相を使って精密な位置を求める手順
単独測位で求めた擬似距離も重要なことがわかる

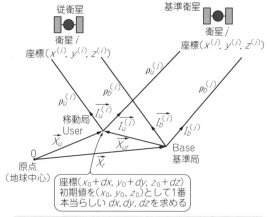

$\overrightarrow{X_{ur}}$ は基線ベクトル　$\overrightarrow{I}$ は視線ベクトル　ρ は幾何距離
（長さは1）（座標から計算する）

図19 基準衛星と従衛星，基準局と移動局の4カ所の間で幾何距離を計算する

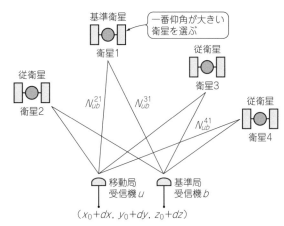

図20 解を求めるために必要な衛星は最低4つ
基準衛星を衛星1とし，残りの衛星2～4を従衛星とする．整数アンビギュイティの未知数は3つ，移動局の座標の未知数も3つである．未知数は合計6つ

観測値　未知数3つ(3次元座標ベクトル)

$$
\begin{aligned}
\Phi_{ub}^{21} &= \rho_{ub}^{21} + \lambda N_{ub}^{21} + \varepsilon_\Phi \\
\Phi_{ub}^{31} &= \rho_{ub}^{31} + \lambda N_{ub}^{31} + \varepsilon_\Phi \\
\Phi_{ub}^{41} &= \rho_{ub}^{41} + \lambda N_{ub}^{41} + \varepsilon_\Phi
\end{aligned}
\left.\begin{aligned}\end{aligned}\right\} \text{搬送波位相}
$$

$$
\begin{aligned}
P_{ub}^{21} &= \rho_{ub}^{21} + \varepsilon_P \\
P_{ub}^{31} &= \rho_{ub}^{31} + \varepsilon_P \\
P_{ub}^{41} &= \rho_{ub}^{41} + \varepsilon_P
\end{aligned}
\left.\begin{aligned}\end{aligned}\right\} \text{擬似距離}
$$

未知数3つ　搬送波位相
単位はm
λは波長

図21 搬送波位相と擬似距離，両方の2重差で，合計6本の式を立てる

準局のbaseを表し，uは移動局のuserを表しています．

ρは幾何学的距離です．ベクトル1は基準局および移動局からの衛星への視線ベクトルです．

衛星を**図20**のように4機としたので，衛星番号1を基準衛星とし，残りの3つの衛星を2，3，4としています．2重差は衛星1を基準として3つ存在します．アンビギュイティも3つになります．

x，y，zの3つの未知数である基線ベクトルと，3つのアンビギュイティを求めるために，6つの方程式を利用します．

搬送波位相と擬似距離から，**図21**に示す6つの方程式をたてます．単位はmです．上の3つは搬送波位相の2重差で，下の3つが擬似距離の2重差です．左辺は観測データから得られる2重差そのものです．

● 移動局(ユーザ)の位置をdx，dy，dzを使って表す

移動局の座標を$(x_0 + dx)$，$(y_0 + dy)$，$(z_0 + dz)$とします．x_0，y_0，z_0は初期値です(前回計算したときの位置など)．

この座標を使って，幾何学距離の2重差のρについて書き下すと，**図22(a)**のようになります．移動局側の式の一部(A，Bとした項)については，**図22(b)**のように変形できます．

図22(b)を見ると，Aの項の後半は，移動局(ユーザ)の初期値から1番衛星への視線ベクトルに，dx，dy，dzをかけたものとなっています．これは単独測位の最小2乗法で計算するときと同様の形です．

$$
\begin{aligned}
\rho_{ub}^{21} =&\ (\rho_u^2 - \rho_b^2) - (\rho_u^1 - \rho_b^1) \\
=&\ (\rho_b^1 - \rho_b^2) - (\rho_u^1 - \rho_u^2) \\
=&\ \left(\sqrt{(x^{(1)}-x_{ref})^2+(y^{(1)}-y_{ref})^2+(z^{(1)}-z_{ref})^2} - \sqrt{(x^{(2)}-x_{ref})^2+(y^{(2)}-y_{ref})^2+(z^{(2)}-z_{ref})^2} \right) \\
&- \left(\underbrace{\sqrt{\{x^{(1)}-(x_0+dx)\}^2+\{y^{(1)}-(y_0+dy)\}^2+\{z^{(1)}-(z_0+dz)\}^2}}_{\text{A}} \right. \\
&\left. \qquad - \underbrace{\sqrt{\{x^{(2)}-(x_0+dx)\}^2+\{y^{(2)}-(y_0+dy)\}^2+\{z^{(2)}-(z_0+dz)\}^2}}_{\text{B}} \right)
\end{aligned}
$$

$x^{(1)}$，$y^{(1)}$，$z^{(1)}$は衛星1の位置．$x^{(2)}$，$y^{(2)}$，$z^{(2)}$は衛星2の位置
x_{ref}，y_{ref}，z_{ref}は基準局の位置
x_0，y_0，z_0は推定する移動局の初期値
(x_0+dx)，(y_0+dy)，(z_0+dz)は移動局の位置．求めたいのはdx，dy，dz

(a) 図21の幾何距離

$$
\begin{aligned}
A &= \sqrt{\{x^{(1)}-(x_0+dx)\}^2+\{y^{(1)}-(y_0+dy)\}^2+\{z^{(1)}-(z_0+dz)\}^2} \\
&\fallingdotseq \sqrt{(x^{(1)}-x_0)^2+(y^{(1)}-y_0)^2+(z^{(1)}-z_0)^2} - \frac{(x^{(1)}-x_0)dx+(y^{(1)}-y_0)dy+(z^{(1)}-z_0)dz}{\sqrt{(x^{(1)}-x_0)^2+(y^{(1)}-y_0)^2+(z^{(1)}-z_0)^2}} \quad\Leftarrow I_u^{(1)} \cdot \begin{pmatrix} dx \\ dy \\ dz \end{pmatrix}
\end{aligned}
$$

$$
\begin{aligned}
B &= \sqrt{\{x^{(2)}-(x_0+dx)\}^2+\{y^{(2)}-(y_0+dy)\}^2+\{z^{(2)}-(z_0+dz)\}^2} \\
&\fallingdotseq \sqrt{(x^{(2)}-x_0)^2+(y^{(2)}-y_0)^2+(z^{(2)}-z_0)^2} - \frac{(x^{(2)}-x_0)dx+(y^{(2)}-y_0)dy+(z^{(2)}-z_0)dz}{\sqrt{(x^{(2)}-x_0)^2+(y^{(2)}-y_0)^2+(z^{(2)}-z_0)^2}} \quad\Leftarrow I_u^{(2)} \cdot \begin{pmatrix} dx \\ dy \\ dz \end{pmatrix}
\end{aligned}
$$

つまり，$\displaystyle \rho_{ub}^{21} = (\rho_b^1 - \rho_b^2) - \sqrt{(x^{(1)}-x_0)^2+(y^{(1)}-y_0)^2+(z^{(1)}-z_0)^2}$
$\displaystyle \qquad\qquad + \sqrt{(x^{(2)}-x_0)^2+(y^{(2)}-y_0)^2+(z^{(2)}-z_0)^2} - I_u^{(1)} \cdot \begin{pmatrix} dx \\ dy \\ dz \end{pmatrix} + I_u^{(2)} \cdot \begin{pmatrix} dx \\ dy \\ dz \end{pmatrix}$

(b) 移動局の座標をさらに変形

図22 幾何距離は座標から計算できる

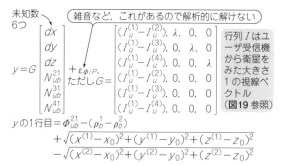

$$y = G \begin{bmatrix} dx \\ dy \\ dz \\ N_{ub}^{21} \\ N_{ub}^{31} \\ N_{ub}^{41} \end{bmatrix} + \varepsilon_{\Phi/P},$$

未知数6つ

雑音など，これがあるので解析的に解けない

ただし $G = \begin{bmatrix} (I_u^{(1)} - I_u^{(2)}), & \lambda, & 0, & 0 \\ (I_u^{(1)} - I_u^{(3)}), & 0, & \lambda, & 0 \\ (I_u^{(1)} - I_u^{(4)}), & 0, & 0, & \lambda \\ (I_u^{(1)} - I_u^{(2)}), & 0, & 0, & 0 \\ (I_u^{(1)} - I_u^{(3)}), & 0, & 0, & 0 \\ (I_u^{(1)} - I_u^{(4)}), & 0, & 0, & 0 \end{bmatrix}$

行列 I はユーザ受信機から衛星をみた大きさ1の視線ベクトル（図19参照）

y の1行目 $= \Phi_{ub}^{21} - (\rho_b^1 - \rho_b^2)$
$\quad + \sqrt{(x^{(1)} - x_0)^2 + (y^{(1)} - y_0)^2 + (z^{(1)} - z_0)^2}$
$\quad - \sqrt{(x^{(2)} - x_0)^2 + (y^{(2)} - y_0)^2 + (z^{(2)} - z_0)^2}$

図23　最小2乗法を使いやすいように未知数を右辺に寄せて行列式で表す

● プログラムで計算しやすいように未知数を整理する

推定したい dx, dy, dz, アンビギュイティ3つを右辺に残し，残りすべてを左辺に移動させると，6つの式をまとめて図23のような行列に整理できます．

この形になれば，最小2乗法で dx, dy, dz, アンビギュイティ3つを求めていけます．

基線長が100 m以内など非常に短いとき，繰り返し計算は不要です．しかし，基線長が伸びてくると，基準局と移動局での衛星の視線ベクトルが変わるため，繰り返し計算で収束させます．

● 最小2乗法でFloat解を求める

最小2乗法の式を図24に示します．重み行列 W は，関数内の前半の w_inv 関数で求めています．参考文献(4)の計算方法を踏襲しています．

ポイントは，搬送波位相と擬似距離で入力するノイズ・レベルが100倍程度異なることと，2重差のとき，相関性があることです．

各観測値のノイズ・レベルは，本プログラムでは，初期設定ファイルで入力しています．アンテナにグラウンド・プレーンがあるかないかなど，周囲の環境によってノイズ・レベルを変更して試してみるとよいです．

$$\begin{bmatrix} dx \\ dy \\ dz \\ N_{ub}^{21} \\ N_{ub}^{31} \\ N_{ub}^{41} \end{bmatrix} = (G^{\mathsf{T}} W G)^{-1} G^{\mathsf{T}} W y$$

W：重み行列を最小2乗法で求めて計算する

図24　移動局の座標と整数アンビギュイティを求める
dx, dy, dz が得られると移動局の位置がわかるので，それを元に再び計算，誤差が小さくなるまで繰り返す．この時点ではまだ整数アンビギュイティは整数になっていない（Float解という）

RTKコアのプログラムがやっていること③…整数アンビギュイティのもっともらしい値を求める

これまでの手順で，Float解が求まっています．大きくは外れていないはずなので，この値を元にFix解を求めていきます．

● LAMBDA法を用いて解の候補を見つける

整数アンビギュイティの候補を見つけます．利用している関数のソースコードはlambda.cです．これはRTKLIBのコードそのままです．

ポイントは，整数最小2乗法において，解の探索を困難にしている整数アンビギュイティ推定値の相関性をできるだけ無相関にして，解を探索しやすくしている点です．参考文献(5)を参照してください．

LAMBDA法および実際に利用しているアルゴリズムについては参考文献(6)，(7)を参照してください．

● 見つけた候補をチェックしてそれらしければFix解とする

本プログラムでの処理のイメージを図25に示しました．アンビギュイティを求めた後に検定を行う際，LAMBDA法の出力の1つである，残差値を利用します．

残差とは，LAMBDA関数内で処理されている最中の値です．これはFloat解ベースのアンビギュイティと，候補となる整数アンビギュイティとの差の衛星数分の和です．

最小残差であるアンビギュイティ候補と2番目の候補が出力されます．

最小残差であるアンビギュイティ候補が，信頼できるものであるかどうかを試すために，Ratioテストと

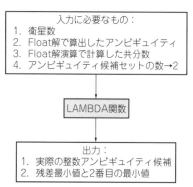

入力に必要なもの：
1. 衛星数
2. Float解で算出したアンビギュイティ
3. Float解演算で計算した共分散
4. アンビギュイティ候補セットの数→2

LAMBDA関数

出力：
1. 実際の整数アンビギュイティ候補
2. 残差最小値と2番目の最小値

図25　整数アンビギュイティを整数（Fix解）にしていく手順
RTKLIBでも使っているLAMBDA法のソースコードを利用

表7　Fix解を求めるにはLAMBDA法を使うなど入念な評価を行う
Float解の四捨五入では誤差が大きい

衛星の系列	GPS（基準衛星は16番）						BeiDou（基準衛星は7番）			
衛星番号	8	21	23	26	27	31	1	3	4	10
Float解	− 12.3	1.6	7.8	− 4.7	7.3	− 45.2	2.5	1.6	6.4	2.8
Fix解	− 11	3	8	− 3	10	− 42	5	4	9	3

このときのRatio値は4.1

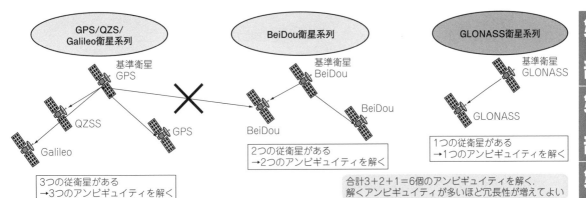

図26 複数の測位システムを利用するときは衛星の系列ごとに別の処理を実行する

呼ばれる検定を行います.

このテストは,2番目の最小残差値を最も低い残差値で割った値がしきい値以上であるかどうかで判断しています.本プログラムでは,これまでの経験からしきい値として3を設定しています.

● Float解は正しい値に近いとは限らない

表7に,Float解によるアンビギュイティとLAMBDA法で求められた正しいアンビギュイティを示します.

GPSとBeiDouで分けており,それぞれの衛星群の基準衛星は16番と7番です.全部で12機の利用衛星があったため,10個の2重位相差を生成できます.

擬似距離の精度に強く依存するFloat解から推定されたアンビギュイティは,四捨五入するだけでは正しい値にならないことがわかります.

アンビギュイティの決定には,上記のように,搬送波位相の2重差から幾何学的2重差分を除いた値は必ず整数(サイクル)になる,という特徴を利用した手法が一般的です.

自身の位置が数cmで正確にわかっているなら,2重差から逆算して整数アンビギュイティを解くことができます.しかし,そもそも数cmレベルで位置がわかっているならRTKを行いません.

障害物のない開けた環境で搬送波位相を継続して受信できていると,カルマン・フィルタなどの利用により,Float解の精度が次第によくなり,10〜20cm程度になります.その場合,推定されているFloat解の精度がよいので,正しいFix解を継続して求められます.その状態が理想的なRTK測位です.

RTKコアのプログラムが やっていること④…位置を推定

搬送波位相の2重差アンビギュイティが求まれば,観測値から位置を算出できます.

未知の値は求めたいdx,dy,dzの3つなので,整数アンビギュイティが3つ求まっていれば,位置推定が可能です.

基準局の精密座標が既知のとき,基準局から移動局までの基線ベクトルを1〜2cmの精度で求めることができるため,移動局の位置精度は1〜2cmです.

RTKコアのプログラムがやっていること⑤… 精度を高めるためには扱う衛星数を増やす

● 複数測位システムの取り扱い

GPSやQZSSと他国の衛星測位システムといっしょに,RTK演算をするときの方法について述べます.

結論からいうと,受信機NEO‐M8P,M8T(ユーブロックス)を使うとき,GPSとQZSSそしてGalileoについては,同一周波数(1575.42MHz)であることから同じ衛星群として解いて問題ありません.

同じ衛星群というのは,図26に示したように,2重位相差をとる際の基準衛星が1つでよいことを意味します.受信機内で,搬送波位相の衛星間の整合性がとれており,アンビギュイティ決定に影響を与える大きさのバイアスがないといえます.

GLONASSやBeiDouは,GPSと同じ衛星群として解くことはできません.BeiDouとGLONASSは,それぞれの衛星群で,仰角が一番大きい衛星を基準に選び,それ以外を従衛星として2重位相差をとります.

図22のように行列に並べるときは,PS/QZS/GalileoとBeiDou,GLONASSをそのまま列挙します.

利用できる衛星数がGPS/QZS/Galileoで4機,BeiDou衛星が3機,GLONASS衛星が2機だったとき,生成できる2重位相差の数は$(4-1)+(3-1)+(2-1)=6$です.

特に,各国の衛星にそれぞれ1つの周波数に対応しているNEO‐M8Pのような受信機では,このトータルの衛星数がアンビギュイティ決定の性能を決定しています.

コラム　NEO-M8P内部のRTKエンジンの測位能力を確認する方法

NEO-M8PにはRTKエンジンが内蔵されています．設定/評価用ソフトウェアのu-centerを利用すればこの内蔵RTKエンジンを試せます．

安定で永続的な運用ではありませんが（たまに停電やメンテナンスで停止している），私の所属する研究室の屋上に基準局を設置し，補正データをNTRIP Casterで配信しています（**表A**）．

NEO-M8Pをパソコンに接続し，u-centerを起動します．シリアル・ポートで認識され信号がきていることを確認し，[Receiver]タブのNTRIP client settings画面を開きます．**表A**の情報を入力します．入力後，[OK]を押すと，補正データがインターネット回線を介してM8P受信機に送信されます．測位結果もu-centerで確認できます．

接続しているパソコンがインターネットにつながっていることを確認してください．基準局が江東区と中央区の境目付近にあるため，この付近から10 km以内で周囲が開けた環境であれば，RTK測位がFixすると思います．

使用衛星はできるだけ多いほうがよいため，GPS + QZSS + BeiDou，またはGPS + QZSS + GLONASSで設定してください．GPSだけにすると，Fixするのに時間がかかります．

▶近くに基準局がないとき

出先で実験などを行うときは，補正データを配信している会社と契約をするとよいです．現在のところ，BeiDouやGalileo衛星は対応されていませんが，日本国内に3つの補正データ配信会社があります．ジェノバ，日本GPSデータサービス，日本テラサットです．詳細はWebサイトをご覧ください．これらの会社の配信データは国土地理院の電子基準点のデータを元にしているので，公共測量にも使えます．

https://www.jenoba.jp/
https://www.gpsdata.co.jp/
https://www.terasat.co.jp/

〈久保 信明〉

表A　東京海洋大学越中島キャンパスの基準局

配信元サーバ	153.121.59.53
配信サービス	NTRIP Caster
マウント・ポイント	ECJ27（RTCM v3.2, 1 Hz） ECJ22（BINEX, 1 Hz）
認証ユーザ名/パスワード	gspase/gestiss
対応衛星システム	GPS, GLONASS, Galileo, BeiDou, QZSS
基準局アンテナの精密位置	35.6663343, 139.79220132, 59.75

信頼度の高いFix解を出すには，このトータルの衛星数をおよそ10機以上利用します．通常都市部でも10機以上の衛星が利用できれば，Fix解が間違っている割合は1%以下になりそうです．

GPS/QZSS/GalileoとBeiDouを利用するとき，それぞれの衛星が2機以上，トータルで5機以上利用します．添付のプログラムでは6機以上としています．5機のときの性能があまりよくないためです．

GPS/QZSS/GalileoとGLONASSを利用するときも同様で，原理的にはトータル5機以上利用するので，本プログラムでは6機以上としています．

● 複数周波数を受信できるとさらに測位性能が上がる

NEO-M8Pのような安価な受信機と，多周波に対応している高価な測量受信機との違いの1つは，利用できる衛星の数です．

RTKのアンビギュイティ決定においては，2重位相差の数がものをいいます．例えば2周波の場合，GPSのみ5機利用すると，L1帯で4つ，L2帯で4つの式を生成できます．あわせて8つです．

単一周波数のみの受信機では，8つの式を準備するのに9機の衛星を利用します．単純に考えると，2周波なら衛星数が半分でよいわけです．

GPS以外の測位システムを低コスト受信機で利用できるため，RTKが実用レベルで活用できるようになってきた，ともいえます．

低コスト受信機でも2周波対応がでてくると，高価な測量用受信機との差はさらに縮まると考えられます．

◆参考文献◆

(4) Pratap Misra, Per Enge 著，測位航法学会 訳；精説GPS，改訂第2版，測位航法学会，2010年，第7章，pp.252-254.

(5) Pratap Misra, Per Enge 著，測位航法学会 訳；精説GPS，改訂第2版，測位航法学会，2010年，第7章，pp.253-256.

(6) Teunissen, P. J. G.; The least-squares ambiguity decorrelation adjustment: a method for fast GPS integer ambiguity estimation, Journal of Geodesy, Vol. 70, No. 1-2, pp.65-82, November 1995.

(7) X.-W.Chang, X.Yang, T.Zhou; MLAMBDA: a modified LAMBDA method for integer least-squares estimation, Journal of Geodesy, Vol.79, pp.552-565, December,2005.

3D 姿勢センサ GPSコンパス

藤澤　奈緒美 Naomi Fujisawa

姿勢測定が必要な応用

● ① 移動体のレーダ計測

　船に装備するレーダ（写真1）は，アンテナをくるくる回しながら電波を発射し，他船や陸からの反射波を捕えて，周囲の反射物までの距離と自船に対する相対的な方向をディスプレイに表示しています．

　レーダは，正面を船の正面（船首）に向くように本体を取り付けます．すると，船の正面（船首）に対して物標がどの方向にあるかを表示してくれます．

　図1に示すのは，風や潮流に押されて船が流されているときのレーダの表示です．

　図1(a)は，進行方向（COG：Course Over Ground）しか測れないレーダを積んでいる船です．船首の方位を測る機能がないため進行方位を船首方位としています．船は風に押されて横すべりしているのですが，レーダは

写真1　GPSコンパスを接続した船舶用レーダ MODEL1945（古野電気）
レーダの探知範囲は数十km四方! 少しの方位測定誤差が大きな誤差になる

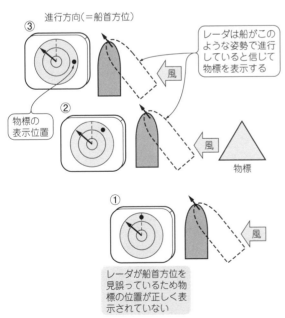

（a）船首方位（Heading）を計測できない場合
　　（進行方向COGしか計れないレーダを積んでいる船）

図1　レーダが正しく物標の位置を表示するためには船首方位が必要

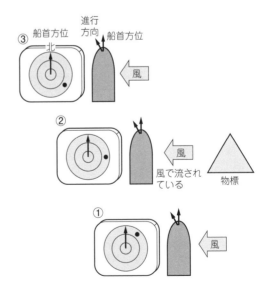

（b）船首方位（Heading）を計測できる場合
　　（船首方位を計る機能と進行方向COGを計る機能を
　　もつレーダを積んでいる場合）

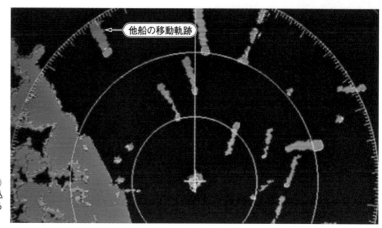

写真2 レーダ(写真1のMODEL1945など)はGPSコンパスから船の方位情報を取り込んで,動いている物標の軌跡を表示できる機能(エコートレイル機能)を搭載している

他船の移動軌跡

船が破線のような姿勢で移動していると考えます.これでは,物標の正しい位置を捕えることができていません.このようにレーダ画像が誤差をもって危険ですので,実際にはCOGを船首方位の代わりに使うことはできません.

図1(b)は,船首方位を測る機能と進行方向(COG)を測る機能をもつレーダを積んでいる場合です.物標は正しく捕えられています.

一般的なGPS受信機は進行方向(COG)は出力していますが,船首方位は出していませんから,なんらかの方法で船の姿勢(Heading)を測定する手段が必要です.

車でも,バックしたときや横滑りしたときは,進行方向と車首方位が異なります.こんな状況でも,レーダ画像上で固定物標を同じ場所(正しい自分との相対的な位置)に表示するためには,自分の正確な方位情報が必要です.レーダの探知距離は15マイル以上(27.8 km)なので,小さな方位測定誤差が大きな画像誤差につながり,障害物に衝突する可能性が高まります.したがって,レーダには高い方位測定精度が求められます.最近のレーダ(**写真1**)は,動いている物標の軌跡を表示する機能をもっています(**写真2**).

● ② ドローン

図2に示すように,ドローンを使って空撮した場合,

緯度と経度が同じ場所で撮影した画像であっても,ロール(roll)とピッチ(pitch)により,得られる撮像範囲が異なります.100 m上空でロールやピッチが1°傾くと約1.7 mの誤差になります.

3次元で姿勢を測るメカニズム

● 座標が既知の固定受信機Aから移動受信機Bに向かう3次元ベクトルを求める

複数のGPS受信機を用いると,それらの相対的な位置関係を高精度に得ることができます.これを相対測位と呼び,測量に利用されています.

図3に示すように,3次元座標が既知の点に1個のGPS受信機A(基準局)を設置し,もう1個のGPS受信機B(移動局)を測量したい点に設置します.両受信機で,同時に搬送波の位相を観測して,その差分$\Delta\phi$を計算します.

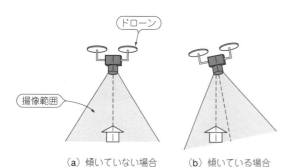

(a) 傾いていない場合　　(b) 傾いている場合

図2 撮像範囲が姿勢の影響を受けるドローンにもGPSコンパスは有効

ドローン

撮像範囲

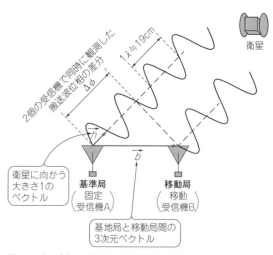

図3 3次元座標が既知の固定受信機Aと移動受信機BでGPS衛星の電波を同時に捕えて,位相差を測れば,移動受信機Bの3次元座標をcm精度で捕えることができる

衛星

$1\lambda \approx 19$ cm

2個の受信機で同時に観測した搬送波位相の差分 $\Delta\phi$

衛星に向かう大きさ1のベクトル

基準局 固定 受信機A

移動局 移動 受信機B

基地局と移動局間の3次元ベクトル

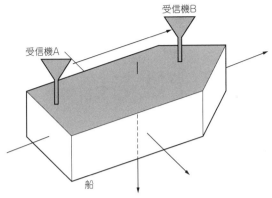

図4 受信機を2個搭載して相対測位を行うと姿勢を求められる

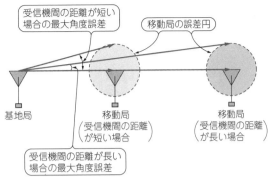

図5 姿勢角の計測精度は2個の受信機の距離を離すほど高くなる

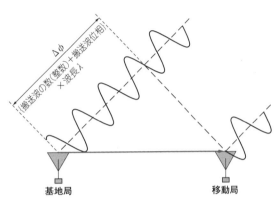

図6 2台の受信機の距離を離しすぎると, 位相差が搬送波の整数倍ちょうどになったときに姿勢角に誤差が出たり, 計算に時間がかかったりする

L1帯(1575.42 MHz)を利用するGPS電波の波長は約19 cmです. 搬送波の位相を観測できる受信機は, 1/100波長以上の分解能をもち, 搬送波の位相の差分($\Delta\phi$)をmmオーダで測ります.

$\Delta\phi$は次の2つのベクトルの内積で, 単位は波数[cycle]です. 波長(0.19 m)をかけて[m]にすることが一般的です.

(1) GPS受信機から衛星に向かう大きさ1の単位ベクトル$\vec{h}=[h_n\ h_e\ h_d]$. 座標系は北, 東, 下の3方向を正とする3次元座標系(north-east-down). $\vec{h}$は衛星の3次元座標と受信機の3次元座標から求めることが可能

(2) 基準局から移動局へ向かうベクトル$\vec{b}=[b_n\ b_e\ b_d]^T$(Tは転置行列を表す記号)

求めたいのはベクトル$\vec{b}$の3個の未知数ですから, 3個以上の衛星について$\Delta\phi$を観測して次式を解けば, 基準局から移動局への3次元ベクトルを求められます.

$$\begin{bmatrix} \Delta\phi^1 \\ \Delta\phi^2 \\ \Delta\phi^3 \end{bmatrix} = \begin{bmatrix} h_n^1 & h_e^1 & h_d^1 \\ h_n^2 & h_e^2 & h_d^2 \\ h_n^3 & h_e^3 & h_d^3 \end{bmatrix} \begin{bmatrix} b_n \\ b_e \\ b_d \end{bmatrix} \cdots\cdots\cdots (1)$$

2つのGPS受信機間の距離が数kmの範囲内なら, マルチパス誤差や熱雑音の影響があったとしても, 誤差cmのオーダで3次元ベクトルを求めることできます. 基準局の3次元座標は既知ですから, 求めた3次元ベクトルを加算すれば, 移動局の3次元座標を誤差cmのオーダで求めることができます. なお, 式(1)の1, 2, 3という数字は, 1個目の衛星, 2個目の衛星, 3個目の衛星という意味です.

● 実際には…船に受信機を2個搭載する

図4に示すように, 船の姿勢を計測するときは, 船首方向へGPS受信機を2個装備します.

この受信機間の3次元ベクトル$\vec{b}=[b_n\ b_e\ b_d]^T$を相対測位により求めます. そのうち$b_n$(南北方向成分)と$b_e$(東西方向成分)をもとにHeading(方位)がわかり

ます. また, b_d(上下方向成分)とアンテナ間距離によりピッチがわかります.

姿勢角の計測精度は約0.5°

図5に示すように, 姿勢角の計測精度は2個の受信機間の距離が長いほど向上します. 実際の製品では, アンテナ間距離が0.5 mの場合, Heading方向誤差の標準偏差は約0.5°です.

受信機間の距離が長いとデメリットもあります. 図6は移動局で観測した搬送波位相がちょうど0λの場合を示しています. 基準局で観測した搬送波位相が0.35λとすると, 差分($\Delta\phi$)は−0.35λです. しかし実際には, $\Delta\phi$は搬送波を3個含んでいます. これを整数値バイアスと呼び別途求める必要があります.

整数値バイアスを求めたあと, $\Delta\phi$を長さの単位に変換するために波長をかけます. 図6の場合は, (3−0.35)×波長(λ)です. 2つの受信機間の距離を長くするほど, 整数値バイアスを求める難易度が高くなります. すると, 姿勢角を求めるまでに時間がかかったり, 間違った整数値バイアスを求めて姿勢角に誤差が生じたりします.

高精度 GNSS 測位の可能性を探る

岡本 修, 木谷 友哉, 渡辺 豊樹 Osamu Okamoto, Tomoya Kitani, Toyoki Watanabe

RTKの実力と応用

岡本 修

● 地上に置いた基準局から，その位置と電波の情報を移動レシーバに供給

　日本が管理運営する準天頂衛星システム「みちびき」からは高精度な測位を可能とする補強信号が放送されています．ユーザはみちびきからの信号を受信するだけで6cmの測位精度を無料で得られます．

　高精度衛星測位が可能な受信機は，以前は1台数百万円していましたが，コンシューマ向け受信機メーカの参入によって劇的に価格が下がり，誰もが手に届く存在です．

　こうした背景の中，急速に普及が望まれる高精度衛星測位技術の概要と応用例を紹介します．

誤差数cm！鉛筆の動きもキャッチ

● 誤差は従来のGPSの1/100以下

　高精度衛星測位の代表格であるRTK(Real Time Kinematic)は，基準局を用いる相対測位の1種で，リアルタイムに数cmの精度が得られます．これに対して，一般的なGPS測位（相対測位に対して単独測位と呼ぶ）は精度が数mです（図1）．

　この精度の違いは，測位に使う信号の長さ（時間分解能）に起因しています．単独測位では，衛星から放

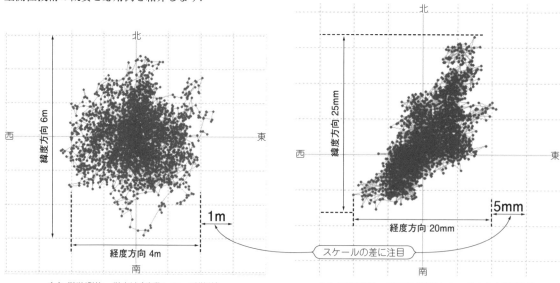

（a）単独測位…従来法（移動レシーバ単独）
　　緯度方向6m，経度方向4mにばらつく

（b）RTK測位…RTK法（移動レシーバ＋地上基準局）
　　緯度方向25mm，経度方向20mmと良好

図1　定点の測位で精度を比較（水平方向）
RTK法は，衛星と移動レシーバ間の距離情報（疑似距離）に加えて，移動レシーバと地上基準局が1機の衛星から受信する電波の位相差情報も利用する．アンテナを3脚で固定して計測しているので，測位結果のばらつきは誤差を表す．アンテナ周囲に障害物が多く，精度が落ちやすい環境で試した

写真1 2台のGPS受信機を搭載した油圧ショベルの3Dマシン・ガイダンスによる法面施工(写真提供:西松建設)
ショベルの位置と姿勢を高精度に計測して,目印なしで設計図通りの斜面にしていく

送される1.023 MHzのコードを観測しており,このコードは1023ビットの情報で構成されています. コード長は電波の状態で約300 kmであり,1ビットぶんは約300 m,受信機はこれを1/100にする分解能があることから,数mの精度で衛星-アンテナ間を測距します. 図1(a)に定点での単独測位の結果(水平方向)を示します. 単独測位では,誤差となるばらつき範囲が水平方向に数mとなりました.

これに対してRTK測位では,コードを地上まで送り届けるために利用する約1.5 GHzの搬送波(キャリア)を観測します. 波長約19 cmの1/100の分解能を有するので,約2 mmの精度で測距できます. 図1(b)に定点でのRTK測位結果(水平方向)を示します. RTK測位では,誤差となるばらつき範囲が水平方向に数cmとなりました.

リアルタイムにcmレベルで測位可能な方法は,RTK以外にも,いくつか存在します. 次世代の高精度測位を見通す上で重要であることから,後ほど紹介します.

<h2>応用</h2>

● 建設工事

建設工事における衛星測位の利用は,1980年代後半から検討され始めました.

皆さんも街中で三脚の上に載った測量機をのぞき込む作業員を一度は見たことがあると思います. あの測量機は光波測距測角儀と呼ばれ,レーザを使った測距とエンコーダによる測角を行います. ターゲットとなるプリズムと測量機間の相対位置関係を測距測角により計測します.

この測量機の代替として,GPS測量の応用研究が始まりました. 当時はまだGPS衛星が全24機しか配備されておらず,RTK法では精度が得られにくかったため,1時間以上アンテナを固定して2点間の相対位

(a) 操作者の装備例

(b) タブレット端末の表示

写真2 地下埋設物可視化システムAR View(清水建設,菱友システムズ)

置を後処理で算出するスタティック(Static)法が主流でした.

リアルタイムに高精度測位が可能なRTK法は1994年に日本に導入され,土木事業を中心に重機群の稼働管理や誘導といった,新たな施工方法を検討する研究開発が始まりました.

▶情報化施工

1994年から始まった雲仙普賢岳の無人化施工試験では,遠隔操縦する重機などにRTK受信機を搭載し,測量に利用されました. これが建設機械に搭載したさまざまなセンサから施工で得られる情報を工事に活用する情報化施工の始まりです.

現在この情報化施工は,GPS測位を利用した造成工事における盛土の締め固め回数管理や,地盤を切り盛りする土工事の仕上がり形状の管理に広く利用されています. 近年では写真1に示すように,図面に合わせて油圧ショベル,ブルドーザのブレード・バケット角を自動コントロールする3Dマシン・ガイダンスなど,さまざまな自動制御を実現しています.

▶地下埋設物の可視化

都市の近代化や人口集中に伴って,地下空間を利用する土木工事は増えています. 都市部の掘削工事では,地下に埋設された上下水道管や電力,通信ケーブルな

第1部 第2部 第3部 第4部 第5部 第6部

写真3 国土地理院が設置している電子基準点
全国に1300点配置され，GPSによる測位を続けている．リアルタイムの測位情報は有料サービスに提供されている

写真4 災害調査用ヘルメット（中電技術コンサルタント）
ヘルメットに装着された高精度衛星測位受信機やビデオ・カメラの情報をスマートフォンを介して逐次，災害対策本部へ伝送し，情報の正確な把握に役立てる

どがあり，このような埋設物の位置に注意しながら工事を進めることが重要です．

写真2に示すように高精度衛星測位およびAR（Augmented Reality）技術により，タブレット端末を利用して地下埋設物をカメラ画像に精度よくオーバーレイする地下埋設物の可視化技術が実用化され，都市部の土木工事で利用されています．

● **公共測量**

国土交通省は，2000年にRTK測位の利用について「RTK-GPSを利用する公共測量作業マニュアル」をまとめました．2002年には電子基準点を利用した商用の基準点ネットワーク方式の基準局配信サービスが開始されました．**写真3**に示すような電子基準点を使ったRTK法が利用可能となり，これを契機に公共測量でも採用されるようになりました．

● **災害調査**

大震災や土砂災害，豪雨など，想定を大きく上回る災害が近年頻繁に起きています．

災害時には通信インフラが不通となり，災害現場で何が起きているのか把握することさえ困難な状況になります．現場では生死に関わるさまざまな災害が起き，調査員がいち早く現地に入って状況を収集して，人命

救助や復興に向けた適切な計画を迅速に立てて行動することが求められます．

現地に入る調査員のヘルメットに衛星測位受信機やビデオ・カメラを付け（**写真4**），スマートフォンを使ったIP通信または低電力長距離無線LPWA（Low Power Wide Area）を用いて，調査情報を逐次本部へ送信する研究の取り組みが行われています．その中で，高精度衛星測位の活用が試行されています．

● **ロボット制御**

自律走行するロボットでは自己位置推定は重要な問題です．自己位置は，ロボットに搭載されたレーザ・レーダなどのセンサ情報から周囲の特徴的な反射物の位置を捉え，相対的に推定します．しかしレーザ・レーダの到達距離には制限があり，到達距離の範囲に反射物がない環境では，自己位置推定ができません．その解決手段として，高精度衛星測位の利用が模索されています．

つくばチャレンジは，移動ロボットに自律走行をさせる大会です．つくば市内の公園を障害物や歩行者を避けながら走行し，信号機に従って横断歩道を渡ったり，特定の人を探索しながら2km先のゴールを目指します．

2016年度からRTK測位をロボットに搭載する取り組みが始まり，2017年度には17台のロボットに高精度衛星測位受信機を搭載し，その有効性や利用方法についてデータを取得する実証実験が行われました．その様子を**写真5**に示します．

RTKのあらまし

● **個人でも試せる**

RTK測位は，座標値がわかっている点に1台の受

（a）防衛大学校冨沢研究室
ロボット後部の一番高い位置にGPSアンテナを搭載

（b）芝浦工業大学長谷川研究室
ロボットの中央にポールを立ててGPSアンテナを搭載，RTK測位データによる制御も試していた

写真5　高精度衛星測位受信機を搭載した自立走行ロボット
筑波大学に設置された基準局データを受信してRTK測位する．周囲の把握にはレーザ・レーダなどを使うが，開けた場所に出たときはRTK測位がもっとも高精度になる

信機とアンテナを固定設置しておき（基準局と呼ぶ），位置を計測したい側（移動局と呼ぶ）と合わせて2カ所で得られた観測データからリアルタイムに測位する手法です．

搬送波を観測できる受信機と，基準局の観測データを移動局まで送る伝送手段（無線か，モバイル・ルータなどによるIP通信）を組み合わせます．

オープンソースのプログラムによりパソコン上で測位を計算できます．高須 知二氏によるプログラム・パッケージRTKLIBが有名です．**図2**にRTKLIBを使うときの機器構成の例を示します．

RTKLIBの測位性能は世界的に評価されていて，市販されている受信機の多くが影響を受けています．
▶ネット上の基準局を使う場合は受信機1台で可能
● 搬送波を観測できる受信機
● ネットワークに接続できるパソコン

● 測位開始直後から得られるFloat解とcm精度の目安がついたFix解

RTK測位では約1.5 GHzの搬送波を直接観測しますが，波長が19 cmと短いことから，受信開始時には衛星-アンテナ間にある波数が不確定です．この波数を整数値バイアス（または整数アンビギュイティ）と呼びます．高精度な測位結果を得るためには，整数値バイ

アスの候補を絞り込んでいき，波数を決定する初期化が必要です．

初期化には，周囲に障害物のない理想的な環境で，10 ～ 30秒かかります．初期化時間は実用上とても重要な性能です．

図3に，初期化時間と精度の関係を示します．この絞り込む過程の測位解をFloat解，波数を決定した解をFix解といいます．Float解は水平方向で20 cm ～数mの精度しか得られません．Fix解では水平方向で数cmの精度が得られます．一般的にRTK測位における精度はFix解だけを指します．

周囲に障害物がある劣悪な環境下での測位では，初期化に時間がかかる上に，搬送波位相の波数を間違って決定するミスFixが生じることがあり，Fix解でも精度を保証できません．

受信機では搬送波位相を連続的にカウントしてFix解を維持しているので，衛星-アンテナ間が一瞬でも遮られるとFloat解に戻ってしまい，再初期化が必要となります．

● 衛星数の増加により精度が出るまでの待ち時間が短縮された

準天頂衛星みちびきが4機体制となり，日本における高精度衛星測位の利用環境は大きく進展します．日

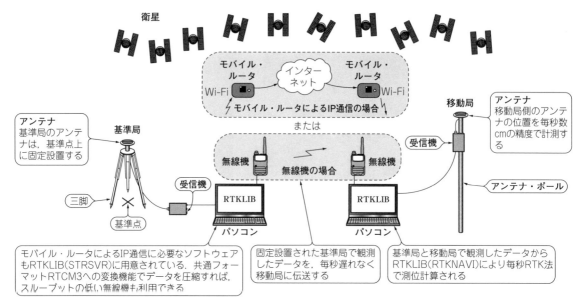

図2　オープンソース・プログラム・パッケージRTKLIBを使ったセンチ・メートル測位システムの例
受信機2台，パソコン2台が必要だが，受信機は以前より安価になった

モバイル・ルータによるIP通信に必要なソフトウェアもRTKLIB(STRSVR)に用意されている．共通フォーマットRTCM3への変換機能でデータを圧縮すれば，スループットの低い無線機も利用できる

固定設置された基準局で観測したデータを，毎秒遅れなく移動局に伝送する

基準局と移動局で観測したデータからRTKLIB(RTKNAVI)により毎秒RTK法で測位計算される

本独自の衛星だけでなく，米国が運用するGPSに加えてロシアのGLONASS，中国のBeiDou，欧州連合によるGalileoなど，利用できる衛星の全体数も増えていて，すでに百機以上になっています．これらの総称としてGNSS(Global Navigation Satellite System)という言葉も使われています．

衛星数の増加は，特に低価格なコンシューマ向け受信機にとって大きな意味をもちます．

高精度測位では，位置を確定するまでの待ち時間(初期化時間)が長くなりがちです．衛星数の増加により，受信できる信号の種類が限られるコンシューマ向けの受信機であっても，実用的な初期化性能が得られるようになりました．

● 高精度な測位結果がすぐに得られる受信機もそのうち安価に

GPS衛星からは，異なる周波数の電波も放送されています．周波数の異なる2周波，3周波に対応する受信機では，物差しとなる搬送波を組み合わせて，粗い目盛りや細かい目盛りが作れます．例えば，2周波対応受信機では，19cmの目盛りのほか，ワイドレーンとなる86cmの粗い目盛りと，ナローレーンとなる細かい11cmの目盛りが作れます．これにより，高速に(条件がよければ1秒以内に)正確なFix解が得られます．

そのような2周波，3周波対応の受信機は業務用にラインナップされていて，執筆時点では数百万円します．コンシューマ向け受信機メーカでも，このような多周波受信機のメリットに着目した低価格受信機が期待されています．

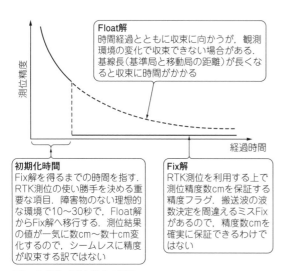

Float解
時間経過とともに収束に向かうが，観測環境の変化で収束できない場合がある．基線長(基準局と移動局の距離)が長くなると収束に時間がかかる

初期化時間
Fix解を得るまでの時間を指す．RTK測位の使い勝手を決める重要な項目．障害物のない理想的な環境で10～30秒で，Float解からFix解へ移行する．測位結果の値が一気に数cm～数十cm変化するので，シームレスに精度が収束する訳ではない

Fix解
RTK測位を利用する上で測位精度数cmを保証する精度フラグ．搬送波の波数決定を間違えるミスFixがあるので，精度数cmを確実に保証できるわけではない

図3　初期化時間と精度の関係
基準局と移動局の距離が10km以上のときは，波数を決定できずFix解が得られないか，間違った波数に決定するミスFixが発生する．そのときは波数を決定せずFloat解のまま利用する．ゆっくりとしか収束しないうえに，精度は20cm以上となってしまう

研究＆実験①…無人トラクタ

渡辺 豊樹

田んぼで作業してトラクタを降りたら，体がフラフラで腕がダルいことに気がつきました．トラクタにはハンドルの操舵をアシストするパワー・ステアリングがないので，腕に負担が掛かっていたようです．こんなとき，トラクタに自動運転機能があれば楽なのに…と感じました．

情報収集をしていたら，2013年の秋に参考文献(1)で，RTKを使った自動運転の応用事例を知りました．3年の開発期間を経て，2016年の春に，ついにトラクタの自動運転に成功しました．当時はルートを外れずに1時間動く程度でしたが，改良を重ね，今年は田んぼを一通り回れるようになりました．

エア・タンク

送信機ボックス．この中にGNSS受信機とWi-Fiモジュールがある

Wi-Fiモジュールやマイコン・ボード，モータ・ドライバ

ハンドルを操作するステッピング・モータ

GNSSアンテナ．ハンドルを切った結果が即座に測位に反映されるように前輪の上に設置

土をかきまわすロータリ．この上下の操作レバーをエア・シリンダで動かす

写真6　自動運転できるよう改造したトラクタ
ハンドルの操作，ロータリの上下を自動化した．GPS受信機の信号をノート・パソコンに送信し，操作信号を受信する．速度は制御していないが，トラクタのもつ機能で一定速度を保つ

基準局アンテナ．見通しが良いように高く上げた

写真7　基準局のアンテナは母屋に設置
落雷が怖いので，トラクタを動かさない時期は下ろす

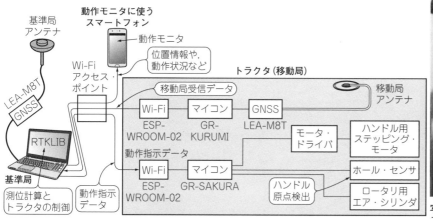

図4　自動運転システムの構成要素と信号の流れ
無線接続はいろいろ試した結果Wi-Fiになった．見通しがよい場所にWi-Fiアクセス・ポイントを設置する

Wi-FiモジュールESP-WROOM-02

マイコン・ボード

GNSS受信モジュール

写真8　トラクタの移動局受信データはWi-Fiで送信
Wi-Fi接続にはESP-WROOM-02を使用

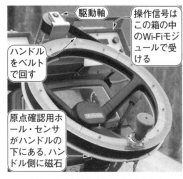

（a）ハンドルはベルトで駆動する

（b）ステッピング・モータでベルトを回す

写真9　Wi-Fiで操作信号を受信してハンドルを動かす
駆動トルクが足りなくて苦労した

● システム構成

写真6に自動運転機能を組み込んだ無人トラクタを，図4にシステムの全体像を示します．

基準局は，母屋に設置したアンテナ（**写真7**）とGPS受信モジュールLEA-M8T，RTK演算を行うノート・パソコンで構成しました．GPS受信モジュールとノート・パソコンは，USBで接続します．

移動局のアンテナはトラクタのボンネットの上に設置しました．トラクタの上部フレームに**写真8**の送信機ボックスを取り付けています．Wi-Fiモジュール ESP-WROOM-02，マイコン・ボードGR-KURUMI，GPS受信モジュールLEA-M8Tを収めています．移動局の受信データは，ESP-WROOM-02からWi-Fi経由でノート・パソコンに転送しています．

▶制御はノート・パソコンで行う

RTKLIBによる測位やトラクタの制御信号の生成は，基準局のノート・パソコンで行います．

トラクタの制御信号は，運転台にあるもう1つのESP-WROOM-02へWi-Fi経由で送信します．送られてきた制御信号は，GR-SAKURAでデコードして，ハンドルを操作するステッピング・モータ（**写真9**）や，車体後部のロータリを上げ下げするエア・シリンダのソレノイド・バルブの制御に使われます．今後は，クラッチ・ペダルと左右2本のブレーキ・ペダル，合計

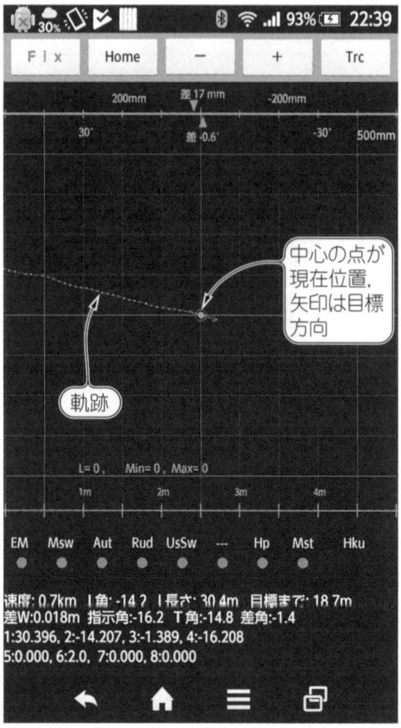

▶**図5　スマートフォンで動作モニタする**
非常停止も遠隔操作できる

3本のエア・シリンダを追加したいと思っています．

▶スマートフォンでモニタ＆緊急停止

ノート・パソコンからスマートフォンへ制御情報を送信して，動作のモニタや非常停止ができるようにしました．制御情報は**図5**のような自作アプリケーションで表示します．

● 安全対策

田んぼの周りには住宅も多く，人通りが結構あります．無人で動かすと危険です．基本的には人が乗って動かしますが，念のために，次のようなときにはトラクタのエンジンを停止します．

▶トラクタ側

- 前部センサが障害物を感知した時
- 無線LANが数秒間途絶えた時

▶パソコン側

- 走行ルートの1秒後の位置に半径1mの円を設定し，その範囲から外れた時
- 作業エリア（田の外周から1.5m内側）の外に出た時
- 手動停止（パソコンまたはスマートフォンから）

● 実際の走行履歴

走行履歴を**図6**に示します．一部ひずんでいるのは，指示通りに曲がり切れなかった部分です．

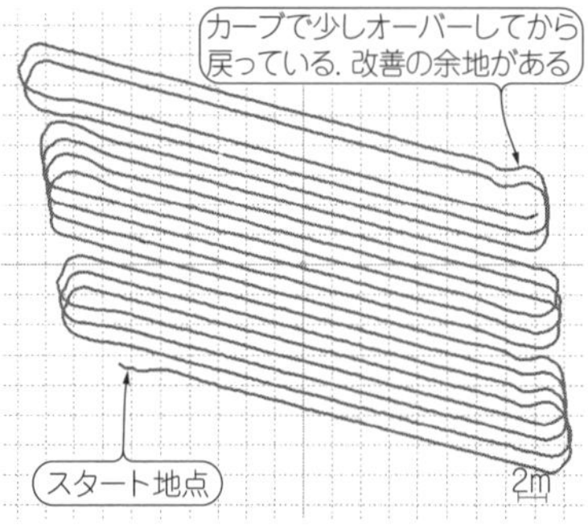

図6　自動運転したときの移動局のログ
それなりにトレースしてくれるようになってきた

カーブで少しオーバーしてから戻っている．改善の余地がある

スタート地点

2m

◆参考文献◆

(1) 岸本 信弘；特集 第5章 研究！ディファレンシャルGPSで1cm測位の世界，インターフェース，2013年10月号，CQ出版社．

研究＆実験②…人間トレーサ

木谷 友哉

公園内で測位データを元に観光案内する実験

● 時速10km以下の移動をトレース

浜松地域活性化ICT技術研究組合は，老若男女の被験者にPMV（パーソナル・モビリティ・ビークル）を使ってもらう社会実験を行いました[2]．

場所は浜松市西区のはままつフラワーパーク[3]で2017年7月～9月の日曜日のうちの4日間です．

利用したPMVはセグウェイ社のNinebot mini[4]にハンドルを追加したものです．横2輪の立ち乗り型PMVで，最高時速は10km/h程度です．80歳代の方も問題なく乗っていました．

● データ取得が目的なのでRTK測位も行う

PMVとスマートフォン・アプリによる案内で，被験者には観光地を効率よく楽しく移動してもらい，その基礎データを取得するのが本実験の目的です．

被験者は観光案内アプリ（ここで用いる位置情報はスマートフォンに内蔵された従来精度の衛星測位タイプ）を使い，PMVに乗ってフラワーパーク内を観光します．

同時に，高精度衛星測位技術によるPMVに乗った被験者の位置および慣性運動のデータを収集しました．高精度衛星測位技術の実用化のためのノウハウの取得と，PMVの運転挙動の解析のためです．ここに私たちの研究グループが協力しました．

● スマートフォンの通信回線を使って小型パソコンで測位＆ログ取得

被験者は**写真10**のような装備を身につけます．

PMVの運転では，安全のためヘルメットを着用します．本実験ではヘルメットに衛星測位用のアンテナを付けました．ウェスト・ポーチには小型パソコン（ラズベリー・パイ），電池，衛星測位用モジュールが入っています．アンテナ線はこのモジュールにつながれます．

PMVのハンドルにはスマートフォンを固定しました．観光ナビゲーション・アプリで被験者に情報提供を行います．ウェスト・ポーチ内のラズベリー・パイに高精度位置測位のためのインターネット通信をテザリングで提供する，内蔵の慣性センサで移動のようすをロギングする，といった用途も兼ねます．

ヘルメットの上にGPSアンテナ

スマートフォン．ネット接続と位置表示

セグウェイ

写真10 公園の中をパーソナル・モビリティで移動するようすをロギング

● 実験内容

1回当たり5人の被験者がそれぞれPMVによってフラワーパークを1周します．2人のインストラクタが引率します．

被験者のほとんどはPMV初体験であるため，15分程度の練習のあと，インストラクタに付いてパークを1周します．距離は約2.5km，高低差は約20mです．所要時間は休憩も入れて1回1時間強です．

● 測位システムの構成

被験者が使った高精度衛星測位システムの構成を**表1**

コラム1　1 cmRTK測位の使いどころ

● 高精度測位の活用場所は道路外がほとんど

現在，高精度衛星測位が活躍している場所は，田畑や工事現場です．道路交通法などの制約がなく，不特定の他者がいない場所では，自動運転も実用化されています．

▶農機具・建機

高精度測位を利用して，トラクタなどの農機具の運転を支援するGPSガイダンス・システムがすでに市販されています[A]．センチ・メートル精度で機体の絶対位置を推定できるRTK測位を用います．利用者は，農機具に搭載したそのシステムに表示される通りに運転したり，自動操舵システムに任せることで，真っ直ぐな畝を作れます．土地利用効率の向上や，作業従事者の手間の削減を行っています．同様のことが，工事現場では建機で行われています．

▶ドローン

ドローンなどの無人飛行機（UAV：Unmanned Aerial Vehicles）とRTK測位もよく組み合わされています．ドローンの操縦のためには，その機体の姿勢や座標を精密に計測することが必要です．ドローンにカメラを搭載して航空写真を撮影する場合，どこを撮影したのかという付加情報として，精密な位置情報が有効です．

● 自動車の運転支援にはカメラのほうが有効

▶研究の現状[B]

高度交通システム（ITS：Intelligent Transport Systems）は，情報処理技術・情報通信技術（IT）を用いて，交通の円滑化，効率化を図るためのシステムです．

通信機能付きカー・ナビゲーション・システム搭載車や，プローブ・カーなどによって交通情報をセンシングして共有するシステムや，車-車間通信による交通情報の共有，カメラやセンサによる衝突防止システム，自動運転といった研究が行われています．

▶測位ができてこその交通システムの情報化だが…

その中で測位は，要となる技術です．交通においては屋外であることが多いため，衛星測位が利用されています．ITSが構想されたのは1990年代半ばです．最初のGPS搭載カー・ナビゲーション・システムが市販されたのは1990年であり[C]，GPSがITS構想に大きな影響を与えたことは間違いないと言えるでしょう．

▶カメラと組み合わせれば誤差1 mでも十分？

ITSで利用されている一般的な衛星測位の精度は，誤差数メートルです．

道路地図上で宛先まで案内するナビゲーション・サービスや，現在位置の変化をプローブして交通状況をセンシングするサービス，現在位置を利用して交通情報や広告情報を提示するサービスなどが展開されています．

上記のような用途では，数メートル精度でもサービス可能であったり，詳細な案内を行うにしても1メートル程度の精度で十分であったりします．

現時点の自動運転車両の研究では，高精度測位のみ

に示します．後処理測位演算用データのロギングだけではなく，RTKLIBのLinux向けアプリケーションRTKRCVを使ったリアルタイム測位も行いました．

リアルタイムで測位演算したデータをRTKLIBの

表1　被験者が使った高精度衛星測位システムの構成

項　目	仕様や型名
GNSSモジュール	NEO-M8T（u-blox）
アンテナ	TW2710（Tallysman）
パソコン	ラズベリー・パイ3
ソフトウェア	RTKLIB 2.4.3b9
使用GNSS	GPS，QZSS，Galileo，BeiDou
GNSS計測間隔	5 Hz
使用電子基準局	静岡大学浜松キャンパス電子基準点
使用基準点からの距離（基線長）	8.6 k～9.2 km
仰角マスク	25°（実験に基づく）

Linux向け通信アプリケーションSTR2SVRを用いて転送し，ウェブ上の地図に表示します．被験者がスマートフォンで測位結果を確認できます．

高精度測位データの評価

● バイアス的なずれがなくスムージングも不要でそのまま使えるデータが得られる

図7にある被験者の1周分の測位結果を示します．これはロギングした衛星からの受信信号データをRTKLIBの後処理解析ソフトウェアRTKPOSTで位置データ化したものです．

図7(b)を見てもらえば分かるように，従来の単独測位では全体的に北西に2 m程度の誤差がありますが，RTK測位の図7(a)では誤差がありません．

図7(c)に示すように単独測位での推定位置は，実際の道から外れています．Google Earthでの航空写

での自動運転は困難であり，カメラやレーザなどのイメージング・センサと道路環境のダイナミック・マップを必要としています．車両の詳細な位置はイメージング・センサで同定するので，衛星測位による絶対位置の推定精度は1メートルもあれば十分と言われています[D]．

速度域の低い自動駐車システムなら高精度測位を活かせそうですが，イメージング・センサでも可能なこと，屋根付きの車庫では使えないことから，なかなか有効な場面がでてきません．

● 2輪車向けになら cm 精度が役立ちそう

▶2輪車向けの運転支援システムはほとんどない

2輪車は，運転者が身体的にバランスを取りながら操作しないといけないため，不用意な運転支援の介入は4輪車以上に危険を伴います．車両単価が低いことなどからも，4輪車に比べるとITSの導入は進んでいません．

自動車技術会の年次研究発表会(2017年度以前)において2輪車独自のITSに関する発表はほとんどなく，まだまだ黎明期です[E]．

▶車線の中の位置まで把握するなら cm 精度が欲しい

2輪車の道路内での位置取りの自由度は，4輪車より非常に高く，その移動性を利用した交通状況や環境のセンシングをするときには，サブメートルからセンチ・メートル精度の高精度衛星測位が有効になると考えられます．

私は，2輪車とは身体能力を延長させるデバイスである，と捉えていますが，これをパーソナル・モビリティ・ビークル(PMV)にも発展させると，低速であれば，高精度衛星測位のみでのPMVの自動運転や運転支援も安価に実現できるのではないかと考えています．

〈木谷 友哉〉

◆参考文献◆
(A) ニコン・トリンブル；GPSガイダンスシステム CFX-750.
https://www.nikon-trimble.co.jp/products/agriculture/cfx_750.html
(B) 首相官邸；官民ITS構想・ロードマップ2017.
http://www.kantei.go.jp/jp/singi/it2/kettei/pdf/20170530/roadmap.pdf
(C) Tech総研，リクナビNEXT；クルマのIT化の最先端「カーナビ技術」の27年史，2008年4月17日.
https://next.rikunabi.com/tech/docs/ct_s03600.jsp?p=001316
(D) 菅沼 直樹；自動運転システムにおける認知・判断・操作技術，高度交通システム2017シンポジウム，情報処理学会.
(E) 自動車技術会；2017年春季大会 ファイナルプログラム.
http://files.jsae.or.jp/taikai/final-program2017.pdf

真自体の真位置からのずれは十分小さいことが確認できています．

ここでの結果は，カルマン・フィルタなどによるスムージングの処理をしていません．それでもRTK測位では非常に安定した軌跡が得られています．単独測位がばらついているところは，木の陰で衛星からの信号がより微弱になったためと考えられます．RTKでもFix解を保つことができずFloat解になっています．

● 高さ方向の精度は劇的に改善している

図7(d)に高さ方向の測位結果を示します．

図7(b)の従来法(移動レシーバ単独)の水平方向の誤差は約2m程度，ばらつきの幅は数mです．しかし図7(d)を見ると，高さ方向では誤差が10m程度あり，ばらつきは何十mと非常に大きいことがわかります．

それに対して，RTK測位では，高さ方向の精度も非常に安定しています．PMVが転倒したかどうかの

表2 仰角マスクとFix率の対応
仰角が低い衛星の信号は誤差が大きいので測位に使わないよう指定するのが仰角マスク．あまり大きくすると使える衛星の数が減りすぎてしまう

仰角マスク	15°	20°	25°	30°	35°
Fix率 [%]	11.9	13.1	14.1	11.9	11.8

判断も，衛星測位のみで実現できそうです．

● 仰角マスクの設定で測位精度が変わってくる

はままつフラワーパークは少し谷間の土地にあり，南北に小高い丘があります．そのため，仰角の低い衛星の信号は受信できません．

RTK測位を移動体で使うには，受信状態の良好な信号の衛星のみで測位演算することがコツです．ソフトウェア的に誤差の大きい信号を排除することは簡単ではありません．

多くの衛星が受信できる現在では，マルチパスや誤

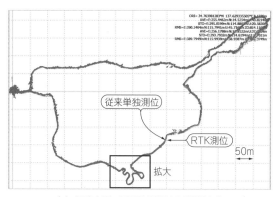

（a）経路全景．所要時間は約1時間20分

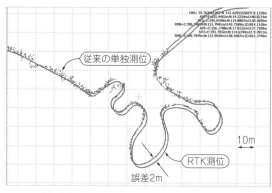

（b）（a）の一部を拡大すると2mほど誤差がある

（c）（b）を Google Earth 上にプロットすると（わかりにくいが）単独測位は道から外れている

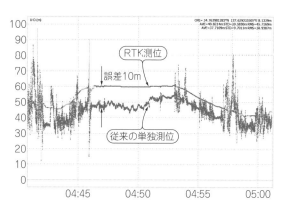

（d）高さ方向の測位精度．（b）の前後の約20分

図7　ある被験者のフラワーパーク1周分の測位結果
後処理演算での測位結果．単独測位とFix解とFloat解のRTK測位の結果．両方同じログ・データから計算．スムージング等のフィルタ処理なし

差を多く含む恐れのある衛星は，仰角マスクやSNRマスクで最初から演算対象から外しておきます．

表2に仰角マスクを変えながら演算した実験第1回のある被験者の測位結果のFix率を示します．他のパラメータのチューニングが済んでいないときだったので，Fix率が15％以下と低いのですが，この場所では仰角25°付近が最良であることが分かります．

仰角マスクの角度が低いと不可視衛星も演算に使ってしまい誤差が増えますが，角度を高くしすぎると，演算に使える衛星数が減る，というトレードオフがあります．

● 高精度計測ではアンテナの設置場所が重要

今回の実験でのFix率は平均35％程度でした．経路に藤棚があったり，林の中を通ったりということもありますが，もう少し設定をチューニングする余地がありそうです．

一部の被験者に限って，Fix率が10％以下と著しく低いことがありました．そのほとんどは女性でした．ヘルメットが頭のサイズに合わず，実験中に段々後ろにずれて，アンテナが上を向いていなかったことが理由です．

RTK測位では，各測位衛星からの信号を直接（反射ではなく）受信する必要があります．1周波RTKでは，Fix解が求まるまでに時間がかかります．

良好な測位結果を得るには，継続的に同じ衛星の信号を受信できるように，アンテナの設置場所には注意が必要です．

◆参考文献◆
(2) Hamamatsu パーソナルモビリティ ツアー，浜松地域活性化ICT技術研究組合，シーポイントラボ・静岡大学，mocha - chai，
http://hamamatsu - pm.jp/
(3) はままつフラワーパーク，
https://e - flowerpark.com/
(4) "Ninebot," Segway, http://www.ninebot.com/

研究＆実験③…書道スキャナ

岡本 修

写真11のように習字用の筆の柄先に，GNSS受信モジュール「NEO-M8P（u-blox）」とGNSSアンテナを装着して書道スキャナを製作しました．筆の運びと速さによって，cm単位の測位を可能にしたRTK（リアルタイム・キネマティック）測位誤差の特徴を確認できそうです．結果は図8，図9です．

● 実験の準備

まずは予備実験で課題を明らかにしました．

① 障害のない実験場所の確保

周囲に障害物のある環境では，安定した高精度測位解（Fix解）を得られません．反射，回折などのマルチパスによる誤差の影響を受けます．実験場所は周囲の障害物の影響が少ない屋上にしました．

② 書道の姿勢は，できるだけ伏せる

書道の基本である背を伸ばした体勢だと，書き手自身が障害物になってしまいます．伏せた体勢で文字を書くことにしました（写真12）．

③ 書く文字は，ひらがななどの単純な文字

書く題材（文字）は，漢字などの複雑な文字では判別が難しいです．ひらがなのように単純な文字のほうが確認できます．ここでは「みちびき」としました．

④ 毛先と柄先の動きを一致させるため筆を常に垂直に持つ

普通に文字を書くと，毛先と柄先の動きが一致しな

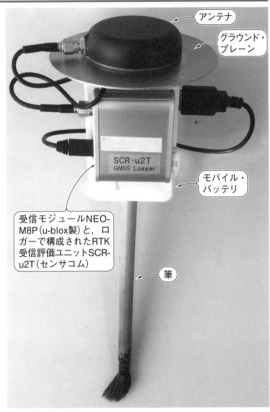

アンテナ

グラウンド・プレーン

モバイル・バッテリ

受信モジュールNEO-M8P（u-blox製）と，ロガーで構成されたRTK受信評価ユニットSCR-u2T（センサコム）

筆

写真11 製作したRTKレシーバ搭載筆ペン「書道スキャナ」
キネマティック測位誤差の特徴を確認する

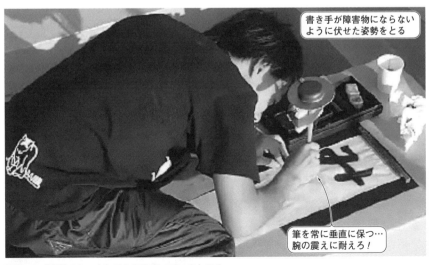

書き手が障害物にならないように伏せた姿勢をとる

筆を常に垂直に保つ…腕の震えに耐えろ！

写真12 「書道スキャナ」で文字を書いているところ
書き手自身が障害物にならないように伏せる．筆は常に垂直に走らせる

すずり(墨)の位置
まで筆を運んでい
る動作がわかる

一筆書きになる

図8 測位結果の水平方向プロット
一筆書きや, 墨をつけるために筆を運ぶ動作もプロットされるので文字
が判別しにくい

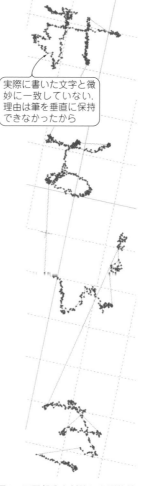

実際に書いた文字と微
妙に一致していない.
理由は筆を垂直に保持
できなかったから

**図9 不要部分を削除した測位結
果の水平方向プロット**
写真13の実際に書いた文字と一致し
ないのは, 筆が傾くから

**写真13 実際に書いた習字文
字「みちびき」**

いため, 書いた文字と測位結果のプロットが一致しま
せん. 毛先と柄先の動きを同じにするために, 筆は常
に垂直を保つことにしました.
⑤ 筆を動かす速度はゆっくり

普段どおりの速さで文字を書くと, 測位結果のプロ
ットが飛び飛びで文字に見えません. 文字が判別でき
るように筆をゆっくり動かすことにしました.

● **システム構成**

筆の柄先に装着するため, 小型軽量のGNSSアンテ
ナを選びます. アンテナ・ケーブルを引き回しながら
の筆運びは書きづらいので, ワイヤレスにします.

NEO-M8Pモジュールを搭載した小型受信機SCR-
u2T(センサコム)とUSBバッテリを装着した結果,
ハイテク風貌の筆になりました. 筆は総重量320 g,
柄の先に重たいGNSSアンテナがあるため, 筆を垂直
に保ったままで文字を書くことは辛い作業となります.

文字を書く際に腕が震えます.

当初はRTK測位での習字を試みました. リアルタ
イムの意義がないことから, ログ・データをRTKと
同等の能力を持つキネマティック法で後処理解析する
ことにしました. 受信機に内蔵するマイクロSDカー
ドに保存される観測データを, 同時観測する基準局デ
ータとともに後処理解析することで, 筆の動きを精度
数cmでプロットできます.

● **処理の流れ**

移動局となる筆に装着した受信機(NEO-M8P)で,
ublox Raw形式(RXM-RAWX)の観測データを記録
します. 観測した衛星システムはGPSとBeiDouです.
記録した観測データを次のように処理します.

(1)「RTKLIB」のデータを変換するソフトウェア
「RTKCONV」を使って, 後処理解析できるよう
にRinex形式に変換する

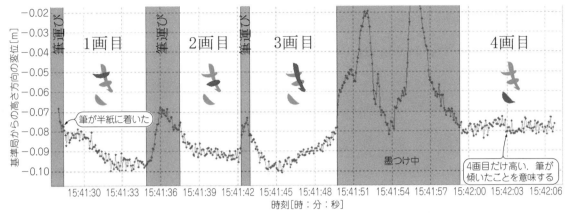

図10 文字「き」を書いているときの筆の高さ(基準局との差)方向のプロット
筆の動きを「水平」だけでなく「高さ」もよく捉えている

↓

(2) 変換されたRinexデータを元に,RTKLIBの後処理解析ソフトウェア「RTKPOST」を使ってキネマティック法による測位計算をする

(3) RTKLIBの表示ソフトウェア「RTKPLOT」で,測位結果をプロットする

「RTKLIB」があれば,すべての処理が完了します.

● 75 ms周期に更新スピードを上げる

予備実験の結果から,筆をゆっくり動かさないと,プロットから文字を判別するのが困難なことは把握していました.

ゆっくり動かすにしても,筆が重いこともあり1文字書くだけでも難しいです.

NEO‐M8Pでサポートしている観測データ出力の更新周期は最速100 ms(10 Hz)です.サポート外ですが,更新周期は最速75 ms(13.33 Hz)にできます.今回はサポート外の最速の設定で実験を行いました.

● 結果の評価

図8に測位データのプロット結果(水平方向)を示します.一筆書きになることや,すずりに筆を運ぶ墨をつける動作があるので,文字が判別しにくいことがわかります.

そこで,測位結果から不要なプロットを削除しました.図9が文字部分だけの測位結果(水平方向)です.写真13は実際に筆で書いた文字「みちびき」です.

図9と写真13を比較すると,測位結果のプロットと書いた文字が一致していません.習字の様子を撮影した動画で確認したところ,筆を垂直に保持したつもりでも,傾きが生じていました.書いた文字とプロットの形が一致しない原因です.これは予備実験で把握していたことですが,筆が重いため,意識しても垂直に維持することは困難ということです.

「みちびき」の文字のうち,「き」の文字に着目します.図10に高さ方向を示します.「き」を書く際の筆の上げ下げを見ることができます.

「き」の文字は,15時41分28秒～15時42分7秒の39秒(約500点)でプロットしています.図10の縦軸は基準局との高さの差です.高さ方向の目盛りの－0.08 mから筆先が半紙に着きます.4角目の高さが他より高いのは,4角目だけ筆が傾いたことが原因です.

キネマティック測位は,まさに筆の動きを水平方向,高さ方向ともによく捉えています.40秒程度の時間経過では,マルチパス誤差の変動が少ないこともあります.

● 最後に

キネマティック測位で習字をする実験は,容易だろうという当初の予想に反し,筆の重さや垂直保持など,さまざまな問題が露呈しました.満足する結果が得られなかったものの,筆の動きを捉える衛星測位の実力を改めて認識することができました.

実験に取り組んでくれた前田 裕太さんをはじめ,協力してくれた研究室の学生の皆さん,お疲れ様でした.

研究＆実験④…バイク・トレーサ

木谷 友哉

凹んでいる

写真14 道路の損傷箇所を避けるようすが分かるかどうかを実験
4輪車より路面状態に敏感な2輪車の走行データを使うと，補修が必要な場所を大きく損傷する前に見つけられるかもしれない

道の両脇は建物が迫っていて見通しは悪い

写真15 生活道路で実験
片側1車線，幅員は3m弱．両側に家が並ぶ

● **自動2輪車への応用事例研究**

本稿では，私の研究室で取り組んでいる自動2輪車を対象としたセンシングへの応用について紹介します．

具体的には，2輪車は状態の悪い路面を4輪車よりも積極的に避けることから，走行位置を高精度に取得することで，補修したほうがよい場所を見つけやすくなる可能性について検証しました．

精度とは本来，計測値のばらつきの小ささを表す言葉ですが，本稿では計測値のばらつきに加えて，真値からの誤差も小さいことを表す言葉として使います．

自動2輪車で路面を診断

● **加速度センサの情報を集めれば路面の状態がわかる？**

一般の道路利用者の車などに搭載されている加速度センサなどの値をGNSSによる位置情報とともにセン

シングし，そのデータを集約して処理することによって，路面性状を推定する試みがなされてきています．このデータは道路インフラの維持管理コストの低減に役立つと考えられています（コラム2に詳述）．

計測する項目は，**写真14**に示すような主に道路路面の進行方向の凹凸や，穴があるかどうか，といった情報です．

● **自動2輪車だからこそ測れる**

タイヤから伝わった路面の振動を車内で計測しています．4輪車を用いた計測では，タイヤが通らない車線中央部にある穴などの検出が困難という結果が得られています．

それに対して自動2輪車は，車線内の走行位置については，4輪車よりも自由度があると考えられます．車線の中央や，轍以外の部分にある道路の瑕疵もセンシングできそうです．

実験時は天井にアンテナを設置

(a) 軽自動車（車幅150cm）

グラウンド・プレートの上にアンテナ

(b) 原付（車幅70cm）

写真16 実験に使用した車両とアンテナ設置位置
2輪車の場合，アンテナの設置位置はヘルメットの上がベストだが，実際の運用では設置できないので，車体に設置した

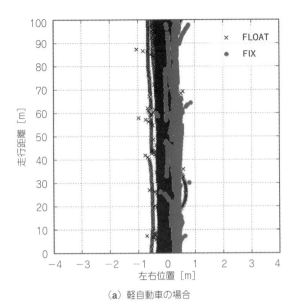

(a) 軽自動車の場合

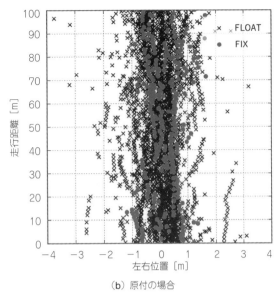

(b) 原付の場合

図11 RTKによる走行位置の計測結果から2輪車のほうが道の左右に広がって走行していそう
両側が家なので見通しが悪くFix解が得られにくい

表3 実験に利用したGNSSロガーの構成
RTKLIBはLinuxで動くコマンド・ライン版もある

項　目	名称／仕様
GNSSモジュール	NEO-M8T（ユーブロックス）
アンテナ	TW2710（Tallysman）
シングル・ボードPC	ラズベリー・パイ2＋
ソフトウェア	RTKLIB 2.4.3b9
使用GNSS	GPS，QZSS
GNSS計測間隔	5 Hz
使用電子基準局	国土地理院電子基準点

　2輪車が走行するとき，車線内の走行位置を詳細に知るためには，従来のGNSSによる数m誤差の測位では精度が足りません．

　一般的な幹線道路の1車線の幅員は3〜3.5 m[5]なので，車線のどこを走っているかという情報を付加情報として知るためには，サブメートルより高い精度にします．そこでRTK測位に着目し，cm精度で位置情報を得て，センシング・データに付加します．

基礎実験

● 2輪車のほうが車線内の自由度が高いはず

　一般的な道路の車線幅員は3 m強，自動車の全幅は軽自動車で1.5 m弱，普通車で約1.8 mです．自動2輪車は原付から大型2輪でも80 cm足らずです．そのため，2輪車の方が車線内走行位置の自由度は高いと仮説を立てましたが，果たしてそうでしょうか．ここでは，まずその仮説をRTK-GNSSによる計測結果から検証していきます．

(a) 軽自動車の場合

(b) 原付の場合

写真17 走行軌跡を航空写真に重ねたイメージ
2輪車の軌跡は道幅いっぱいに広がっている．GoogleMapを利用

● 実験の方法

　軽自動車1台と原付ミニバイク2台を用意して，1車線の幅員が3 m弱の片側1車線対面通行の生活道路（**写真15**）を走行してデータを取りました．

　RTK-GNSSのアンテナは，軽自動車は天井の中央部に，**写真16**に示す原付では車両後方のキャリア上にA4サイズのアルミ板を敷いて，その上に取り付けました．

　対象の道路を同じ方向に自動車は60回，原付はそれぞれ30回走行します．走行区間の中央100 m分に

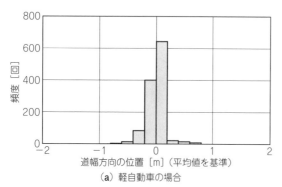
（a）軽自動車の場合

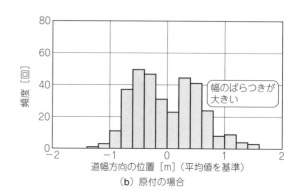
（b）原付の場合

図12 道幅に対する位置のヒストグラム
2輪車のほうが道幅に対して幅広く分布していることが確認できた

ついて，走行位置の分布を調べました．被験者には普段通りに走ってもらうように依頼していますが，現時点では個人差や心理的なバイアスについては考慮していません．

計測に利用したGNSSロガーの構成を**表3**に示します．

● **実験結果**

図11と**写真17**に，高精度測位オープンソース・ソフトウェアRTKLIB[6]を用いて後処理演算した結果を示します．

図11でFixとなっているのは，cm精度で結果が得られた点，Floatとなっているのは十数cmから数十cmの精度で結果が得られた点です．

4輪車のほうが屋根の高い位置にアンテナがあること，2輪車では運転者もGNSS信号受信の障害物になることなどから，4輪車の方が安定して高精度の測位結果が得られています．

● **車線内走行位置の統計処理**

測位精度の高いFix解となっている計測結果だけを用いて，車線内走行位置の解析を行います．Fix率は，

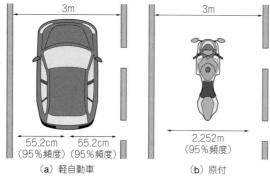

（a）軽自動車　　　　　（b）原付

図13 道幅に対する左右の許容幅

自動車で32.7 %（のべ1166地点），原付で9.4 %（のべ334地点）でした．

走行位置の道路横断方向の分布をヒストグラムにすると**図12**のような結果です．

標準偏差σは自動車で13.8 cm，原付で56.3 cmでした．分布が平均値を中心に正規分布となっていると仮定すると，$\pm 2\sigma$の範囲に全体の95 %が含まれます．この範囲（4σ分）は，自動車で55.2 cm，原付で2.25 mです．自動2輪車のほうが車線内でより広い走行位置を取っていると言えるでしょう（**図13**）．

GNSSの測位が数m精度では，この信頼性を持つ結果を得ることは困難です．RTK-GNSSならではの実験結果と言えそうです．

実証実験

● **2輪車ならではの道路状態検出が可能かどうか**

自動2輪車のほうが4輪車より走行位置の自由度が高いことを確認しました．

それでは，自動2輪車からのプローブ・データを用いて車線内の障害物を検出できるでしょうか？

自動車の左右のタイヤが通らない部分に穴などがあったとして，その上を自動2輪車が通れば車体に路面からの振動が伝わるので，凹凸があることが検出できます．cm精度で測位すれば，それが車線中央なのか左側なのかも区別できます．通常は前方に穴があれば（2輪車であれば特に）避けようとするでしょう．

車線内に障害物があるとして，それを避ける動作が検出できるかを検証します．多くの2輪車が同じ場所で避ける動作をしているなら，そこに何かがあると推測できます．これはネガティブ・センシングと呼ばれる検出法です．

● **実験内容**

道路に損傷箇所のある片側1車線の対面通行の市道

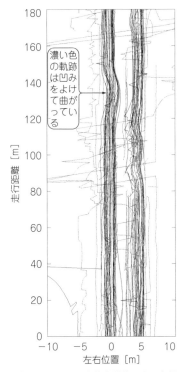

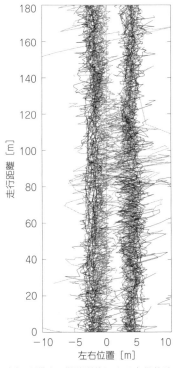

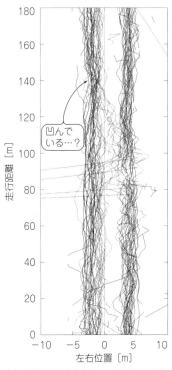

（a）RTK-GNSS高精度測位による走行
　軌跡（精度は十数cm，フィルタ等の
　後処理なし）

（b）渋滞時の単独測位による走行軌跡
　（精度は数m，フィルタ等の後処理な
　し）

（c）単独測位の(b)を元に1秒間（前後
　10エポック分）の移動平均を取り平滑
　化した軌跡

図14　写真14の道路を走ってもらったときの軌跡からRTK測位なら路面状態に関係するデータが取れそう
損傷箇所は左右位置−2m，距離135mの座標に相当．淡い線は意識的に避けずに真っ直ぐ走行してもらった軌跡，濃い線は自然に避けて走行しても
らった軌跡

において，そこを原付ミニバイクで走行する実験を行
いました．実際の損傷箇所を**写真14**に示します．

　使用した車両は，先の実験で用いた**写真16(b)**の原
付です．この車両には，先の実験の機材に加えて，3
軸の加速度（レンジは±16g），3軸の角速度（同±250
$\overset{\circ}{\text{V}}$/s）を100Hzで計測できる慣性計測装置（IMU：
Inertial Measurement Unit）をハンドルとボディの振
動軽減装置の上に装着し，加速度と各速度もロギング
します．

　被験者は，20歳代の男性6人で，路上障害物の有無
によって各5回ずつ，のべ60回計測しました．走行時
の速度は約30km/hです．

● **実験結果**

　全被験者の走行軌跡をプロットした結果が**図14**で
す．左右位置0mは左側車線の中央を表します．**写真
17**の損傷箇所は，水平位置−2m，距離135mのとこ
ろにあります．**図14**で，淡い線は意識的に避けずに
真っ直ぐ走行した軌跡，濃い線は自然に避けて走行し
たときの軌跡です．

▶**高精度測位**

　RTKLIBを用いてRTK法（Kinematic設定）で後処

理測位演算を行ったときの走行軌跡が**図14(a)**です．
このときのFix解は全体の39.6%，Float解は60.4%
でした．

　ちょうど座標（0m，135m）付近で右に避けている
のがわかります．淡い線のときには測位信号の受信状
況が悪かったときがあったようです．反対車線［座標
（4m，80〜130m）］も淡い線，濃い線ともに避ける動
作をしていることが読み取れます．こちらには道路工
事をしたパッチングがありました．

▶**単独測位**

　全く同じデータに対してRTKLIBの設定を変え，
高精度測位用の補正情報を使わずに従来の単独測位
（Single設定）で後処理演算を行ったときの走行軌跡が
図14(b)です．フィルタ処理を全く施していません．
全体的に左に2mのバイアス誤差が出ています．ラン
ダム・ノイズによって大きくばらついています．これ
では，何かを避けたかどうかを読み取るのは難しそう
です．

▶**フィルタをかけた単独測位**

　この単独測位の結果を1秒ずつ移動平均を取って平
滑化したプロットが**図14(c)**です．10Hzでの計測な
ので，前後5個ずつの計測結果で移動平均を取りました．

コラム2 ビッグ・データで道路の維持コストを減らせないか？

● インフラを維持するコストはとても大きい

交通社会が発展するにつれ，道路インフラにかかるコストが世界的に大きな社会問題になっています．特に先進国においては，建設コストよりも維持管理のためのコストが大きいです[F]．

道路の維持は，路面性状を調査して補修箇所を決定し，道路工事によって補修します．道路を長寿命化し，維持管理コストを低減するには，損傷が小さなうちから適宜補修することが有効です．

路面性状の調査には，金銭的なコストもさることながら，時間がかかります．専門の道路コンサルタント業者の供給が足りていないため，一般的には主要幹線道路の定期的な調査しか行われていません．

例えば，浜松市の道路管理延長は8359 kmで，全国の市町村で最長です（都道府県を入れても北海道に次ぐ第2位）．しかし定期的な路面性状の検査は，主要な1100 kmに留まっています[G]．

▶ 路面性状の調査項目[H]

道路コンサルタント業者による路面性状調査では，専用の計測車両を用いて実際に道路を走行し，次の7項目を計測します．

> (1) 道路のひび割れ率
> (2) 轍掘れ量（道路横断方向の凹凸）
> (3) 平坦性（IRI，道路進行方向の凹凸）
> (4) ポット・ホールの存在
> (5) パッチングの数
> (6) 段差の大きさ
> (7) 沈下・水たまり

● 路面性状のクラウド・センシング

スマートフォンの普及や，MEMSセンサ／イメージング・デバイスの登場によって，専門業者でなく一般の利用者が走行中に路面性状のデータを計測できる可能性があります．そのデータを道路インフラの維持管理に役立てる試みが始まっています．

▶ 総務省による実証実験（2014年）[H]

バスやタクシに，カメラ，加速度センサ，GNSS受信機を載せ，のべ2万kmのセンシング・データを取得して路面性状を推定する実証実験が行われました．

その結果，先述した7項目のうち，次の3項目については，専用の計測車両と遜色のないデータが取れました．

> (1) ひび割れ率
> (2) 轍掘れ量
> (3) IRI

残りの4項目については大きな隔たりがあったと報告されています．

● 2輪車計測に期待

上記の実証実験で大きな隔たりがあった項目は，4輪車ではタイヤが通過しない車線の中央などにある部分の性状を含んでいます．

そこで，車線内の走行位置の自由度の高い2輪車によるセンシング・データを使うことで，その隔たりを補えるのではないかと考え，研究を進めています．

このとき，2輪車の車線内走行位置の自由度を活用するためには，従来の衛星測位システムの精度では不十分です．より精密に車両位置を推定するために高精度衛星測位技術を利用しています．

〈木谷 友哉〉

◆参考文献◆
(F) 国土交通省；国道（国管理）の維持管理等の現状と課題について，2011年．
(G) 浜松市；公共施設長寿命化基本方針（土木施設編），2009年．
(H) 日刊建設工業新聞；総務省／性能劣る路面管理新システム／測定車に及ばず，14年度実証結果で判明，”，2015年4月10日2面．

濃い線が座標(0 m，135 m)付近で，右に避けているのはかろうじて読み取れそうです．しかし，他にも疑わしい軌跡がいろいろあり，誤った判断をしてしまいそうです．

● 実験結果の考察

単独測位でも条件が良ければ，車線内の2輪車の細かな動きを計測できるかもしれません．絶対的な位置ではなく相対的な位置の変化，それもゆっくりとした変化であれば単独測位でも利用価値はありそうです．

路上損傷箇所や路上障害物の検出などのサービスやアプリケーションでは，RTKを使った高精度測位が有効そうです．

◆参考文献◆
(5) 国土地理院；幅員構成に関する規定
http://www.mlit.go.jp/road/sign/pdf/kouzourei_2-2.pdf
(6) T. Takasu; RTKLIB: An Open Source Program Package for GNSS Positioning
http://www.rtklib.com/

第6部

高度な自己位置推定
のための技術

第18章　自動運転に関係する技術あれこれ

さらに高度な自己位置推定の世界

松岡 洋 Hiroshi Matsuoka

　自己位置推定の強力ツールであるLiDARは，周囲の空間をデータ化できることから，現在のロボットや自動運転にはほぼ必須です．しかし，信頼できる著名メーカのLiDARは数十万円以上と高価なので，自動運転の応用を考えるときのネックでもあります．

　そこで，安価なカメラでLiDAR並み同等以上のことができないか，という研究が盛んに行われています．プロセッサの高性能化により，動画処理(リアルタイム画像処理)が可能になってきたからです．本稿では，画像処理によるナビゲーションや自己位置推定の発展について紹介します．　〈編集部〉

お手本…NASAの宇宙ロボットのテクノロジ

● その①…道路の白線などを検出するレーン・トラッキング

　自動運転の歴史はカーネギーメロン大学の金出武雄教授が1995年に行ったピッツバーグ⇔サンディエゴ間3000kmの自律走行実験 "No Hands Across America"(以下NHAA)と，NASAが2004年に火星に送り込んだ探査ロボット「オポチュニティ」に始まります．

　NHAA は RALPH(Rapidly Adapting Lateral Position Handler)と呼ばれるコンピュータ・プログラムを使って，車に取り付けられたビデオ・カメラの映像から路面を抽出，カーブなどを認識して，ハンドル操作を行いました[1]．

　当時はまだパソコンのCPUもインテルのPentium ProやAMDのK6が出たころで，クロック周波数も133MHz前後と，現在の1/30程度でした．ですが図1のように，解像度を下げた画像を処理することで路面から白線などを抽出して走行レーンを追尾しました．この技術は，レーン検出あるいはレーン・トラッキングと呼ばれています．

● その②…移動前後の画像を比較して移動量を算出するVisual Odometry

　NASAでは，1980年ごろから火星に探査車を送り込むことを計画しました．

　1997年，火星への着陸成功した探査車ソジャーナ(Sojourner)は，カメラで撮影した画像を地球に送信，NASAのジェット推進研究所(JPL)でパノラマ画像に合成，その画像を元に進路を決定して，火星へ操縦指示を送ることで移動していました．

　画像送信と操縦データの返信による遠隔操縦では，往復だけで数十分を要するため，1日で走行できる距離に限界がありました．

　2004年に着陸に成功した次期火星探査車はスピリット(Spirit)とオポチュニティ(Oppotunity)の同型2台です(写真1)．ソジャーナのような遠隔操縦ではなく，探査車が自ら，カメラで撮影した画像から目的地への進路を決定して自律走行します．JPL(地球)からは目的地を指示するだけで，カメラで逐次撮影した画像から移動量を算出し，目的地までの安全な経路探索を行って移動するのです．

　火星表面のようすをカメラで撮影し，岩などの障害物を避けながら目的地までの移動経路を決定します．このとき，移動前後の画像から自分が移動した距離などを算出します．移動前後の画像を比較して移動量を算出する技術をVisual Odometryと呼びます(図2)．

　オポチュニティは，2004年から2018年まで10年以上動作し，走行距離は40kmを越えました．米国の火

 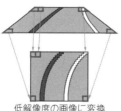

（サンプル・ウィンドウ）	低解像度の画像に変換
（a）カメラ画像の一部だけ取得	（b）補正して進行先の情報を得る

図1　カメラ画像から車線を検出してハンドルを操作する自動走行実験(1995年に行われた)
処理能力が低いぶん，解像度を下げて処理した．自動操作なのはハンドルだけで，アクセルは人間が操作した

写真1[(11)] 火星探査車オポチュニティの開発中のようす. マストの上にナビゲーション用のステレオ・カメラを搭載している(Courtesy Jet Propulsion Laboratory)
ステレオ・カメラからの画像を元に自分で走行経路を決めて移動する

星探査車(**写真2**)はこれまでに4台が着陸に成功し,現在も2012年に着陸したキュリオシティ(Curiosity)が活動中です.

● その③…自己位置推定と環境地図作成(SLAM)

レーン・トラッキングやVisual Odometryは,自律走行のための一技術に過ぎません. NHAAではレーン・トラッキングで操舵を行いましたが,信号や他の車両などの認識は行っておらず,ドライバが状況判断をして加速や制動操作を行っていました.

Visual Odometryはカメラで自動運転車の移動と姿勢を推定しますが,これを拡張して,自己位置推定と環境地図作成を同時に行うのがSLAM(Simultaneous Localization and Mapping)と呼ばれる技術です. SLAMは,カメラやLiDAR(Light Detection And Ranging またはLaser Imaging Detection And Ranging,光による物体検出&距離測定)と呼ばれるセンサを使って,周囲の地図を作成,自己位置を推定します.

Googleの自動運転プロジェクトWeymoが行っている自動運転車の実証実験では,車の上にLiDARを設置してSLAMを行い,周囲の状況を監視しています(**写真3**)[(4)].

SLAM自体もまださまざまな改良が提案されており発展途上の技術ですが,あらかじめ作成されたマップと付き合わせるには,十分な精度を持っています.

マップには走行レーンや信号機の位置,速度規制などの情報が集約されているため,目的地までの経路と操縦に必要な情報を抽出します.

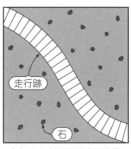
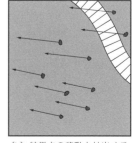

（a）石などの特徴点に注目　　（b）特徴点の移動を抽出する

図2　オポチュニティの移動量の推定方法
これを繰り返し,どちらにどれだけ動いたかを把握しながら動く

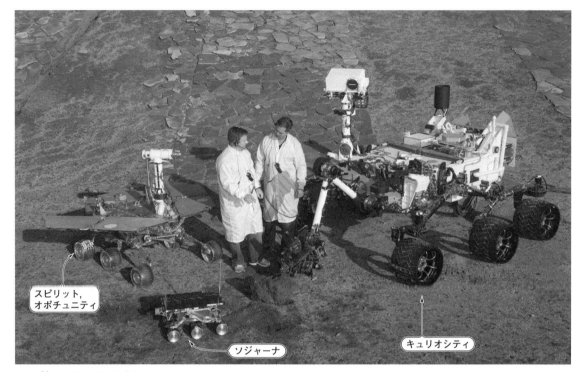

写真2[(2)]　歴代の火星探査車(Courtesy NASA/JPL‐Caltech)
スピリットとオポチュニティは同型. オポチュニティは15年近く稼働, その走行距離は45kmに達し, 地球外での最長記録となっている

● その④…ディープ・ラーニングによる物体認識

自律走行では, カメラ映像から他の車両や歩行者などの「物体」を認識し, その動きを予測することが必須です.

物体認識で問題となるのが誤認識です. ImageNetとよく呼ばれる, 100万枚を超える画像の認識率を競うコンテストILSVRC(ImageNet Large Scale Visual Recognition Challenge)の結果[(6)]を見てみると, 2012年にAlexNetが前年のチャンピオンの誤認識率を10ポイントも一挙に改善し, AlexNetが行ったディープ・ラーニングの有効性がにわかに注目されました.

AlexNetでは1000クラス種類の誤認識率が16.4でした. それ以後, ディープ・ラーニングによる改良が重ねられ, 2016年には中国のTrimps‐Soushenが誤認識率2.99と, 人間に匹敵する成績を収めました.

実用化のための研究

● センシングから制御までの時間短縮が肝

自動運転車では, あらかじめ車両や歩行者, その他の障害物などを学習データとしてディープ・ラーニングを行い, カメラがとらえた物体が何であるかをこの学習結果から推定します(図4). 加えて, 周囲に存在するさまざまな障害物を認識する情勢判断や, 意思決定のプロセスが必要です.

近年急速に普及が進むドローンも, 災害現場などでの実運用を想定すると, 自律飛行能力が必須です. 自動運転では, カメラやミリ波レーダなどのセンサによる情報取得から操縦まで, 次のOODAループを繰り返します.

- ●Observe…各種センサから情報を収集する
- ●Orient…情報を処理しレーンや障害物を認識する
- ●Decide…認識結果を評価し, どのように行動するかを決定
- ●Act…ハンドルやアクセル・ブレーキ操作を行う

火星探査車のオポチュニティでは, OODAループの処理時間に制約はありませんでした. しかし時速60 kmで走行する自動運転車の場合, 1秒で約16メートル前進します. 16メートル先に障害物を発見した場合, 処理に1秒かかるようでは間に合いません. マージンも考慮すると, 100 ms未満での処理が要求されます.

特に市街地での走行では, 歩行者や対向車などさまざまな物体の認識を高速に精度良く行うことが求められており, Orient段階ではディープ・ラーニングによる学習データから物体認識を高速に行う研究が続けられています.

● NVIDIAの映像ディープ・ラーニング

CPUやGPUの性能向上に伴い, 機械学習, 特にデ

写真3 Googleの自動運転プロジェクトからスタートした Weymoでは，カメラだけではなくLiDARも使って，環境地図作成と自己位置推定を同時に行っている．車両の上にあるのが LiDAR（Waymo）

図4[12] カメラとディープ・ラーニングの組み合わせで車の運転に必要な情報を認識・判断する研究

ィープ・ラーニングがさまざまな成果を挙げています．

GPUの代表的メーカであるNVIDIAはGPUによるディープ・ラーニングで目覚ましい成果を挙げており，日本でもトヨタとの協業が発表されて話題になりました．

自動運転車の走行実験をいち早く行ってきたのはGoogle（Waymo）です．高価なLiDARを使っているなど，まだ実用化へのハードルがあります．

これに対しNVIDIAによるシステムは，カメラとGPUの組み合わせで，LiDARよりコストを下げられます．カメラで撮影した画像によるディープ・ラーニングを行い，この学習データを自社の組み込みモジュールとして自動車メーカに提供するビジネス・モデルを構築し，トヨタとの提携に至りました．

NVIDIAは，ドライバの挙動とカメラ映像だけを元に，ディープ・ラーニング（深層学習）によってドライバの挙動とカメラ映像の関連付けを行いました．これを模倣学習（Imitation LearningまたはBehavior Cloning）などと呼んでいます．

人が運転するときは目から入った情報で判断するので，高価なLiDARを使わなくても十分な学習が行えると判断したのでしょう．人間のドライバの挙動を学習するときにレーダ情報を付加したとしても，人間がレーダの情報に基づいて判断を行っているわけではないからです．

ディープ・ラーニングには何万枚もの画像を学習データとし，適切な状態になるまで繰り返し学習を行います．したがって学習では膨大な計算能力が必要ですが，この学習データから推論する場合は，より少ない計算能力で足ります（図5）．

NVIDIAでは，これら推論の用途にArmプロセッサとGPUコアを組み合わせたモジュール（例えばDrive PX2やDrive AGX）を製品化しており，自動車

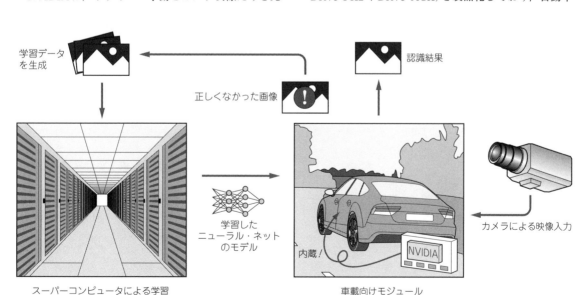

学習データを生成　正しくなかった画像　認識結果

学習したニューラル・ネットのモデル

カメラによる映像入力

内蔵！　NVIDIA

スーパーコンピュータによる学習　　車載向けモジュール

図5 ディープ・ラーニングの「推論」は「学習」より計算量が少ないのでクルマに載せやすい
学習に比べると，推論は小型のコンピュータで可能

図6[7]　NVIDIA社のディープ・ラーニングを用いた画像処理システムによる自動認識および距離測定の紹介動画
どう動くのか判断するために，何が写っているか，どう動いているか，どのくらいの距離があるかを識別する．このデータを元に，避けるのか停まるのかなどを判断する

（a）林道を飛行するドローンにカメラとGPUを搭載

（b）学習結果により適切な経路を選んで飛んでいく

図7[8]　画像データから安全具合を判断する方法はドローンなどにも応用できる

メーカに学習データとモジュールを提供します．

実際に実験車に積み込んで，デモンストレーション走行を行っている動画がYouTubeにアップロードされています（**図6**）．

● ドローンへの応用の期待

NVIDIAのカメラ映像と運転者の挙動の学習は，自動運転車以外にも応用が効きます．例えば，遭難者捜索用のドローンに山岳での自律飛行を学習させることもできます．ドローンにはJetson TX2という名刺大のモジュールを搭載し，PascalアーキテクチャのGPUがディープ・ラーニングによって生成された学習データを基に飛行コースを推論し，GPSの使えない森の中を自律飛行します（**図7**）[8]．

このようにNVIDIAの優位性は，人間の挙動とカメラからの映像を組み合わせてディープ・ラーニングを行う点にあるのです．

● 単眼カメラの映像だけで車両や歩行者との距離を割り出す技術

イスラエルのMobileye社は，カメラ映像からの画像処理による先進運転支援システム（ADAS：Avanced Driver Assistance Systems）を開発し，自動車メーカへのOEM，および自動車の追加装置として販売しています．ADASは前方車両や歩行者の検出および距離計測，レーン検出を行い，衝突，レーン逸脱などの各種警報を発します（**図8**）．

Mobileyeの技術では，単眼カメラからの映像だけ

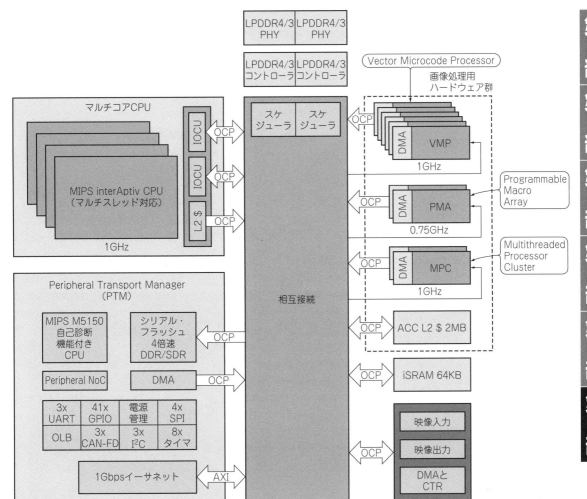

図9[(10)]　単眼カメラの映像から距離が割り出せる Mobileye の画像処理用プロセッサ EyeQ のブロック図
画像処理用の専用ハードウェアと，マルチコア CPU の組み合わせ

で車両や歩行者との距離を割り出しており，EyeQ と呼ばれるチップでその処理を行っています．EyeQ にはこの処理に特化した VMP（Vector Microcode Processor）や MPC（Multithreaded Processor Cluster）などを組み込んでおり（**図9**），GPU よりも省電力です．

このような理由から，インテルが自動運転車で先行する NVIDIA への対抗策として，EyeQ を擁する Mobileye を2017年に買収しました．

◆引用文献◆

(1) RALPH: Rapidly Adapting Lateral Position Handler
http://www.cs.cmu.edu/~tjochem/nhaa/ralph.html

(2) NASA Three Generations of Rovers with Standing Engineers
https://mars.jpl.nasa.gov/mer/gallery/press/opportunity/201
20117a.html

(3) Building Rome in a Day.
http://grail.cs.washington.edu/projects/rome/

(4) How Google's Self-Driving Car works
http://spectrum.ieee.org/automaton/robotics/artificial-
intelligence/how-google-self-driving-car-works

(5) 平成29年　福岡・大分豪雨に関する情報，国土地理院.
http://www.gsi.go.jp/BOUSAI/H29hukuoka_ooita-
heavyrain.html

(6) Large Scale Visual Recognition Challenge 2016

図8[(9)]　Mobileye は専用チップを使って単眼カメラで車両などの認識と距離推測を行う

コラム　移動撮影して3Dモデルを生成する技術SfM

　SLAMは，災害現場など人が立ち入るには危険かつ緊急性が求められる場合に，ドローンを使って地図を作成する用途にも活用されています．

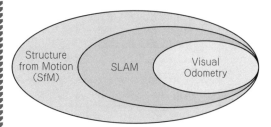

図A　移動しながら撮影した画像群から3Dモデルを再生する技術SfM(Structure from Motion)**はSLAMをさらに発展させた技術**

　SfM（Structure from Motion）はカメラを移動して撮影した画像群から3Dモデルを再構築する技術です．**図A**のように，Visual OdometryとSLAMを包含する技術です．

　九州で発生した豪雨の被災地を国土地理院がヘリコプタで撮影し，SfMによる3Dモデルが公開されています（**図B**）[5]．

http://www.gsi.go.jp/BOUSAI/H29 hukuoka_ooita-heavyrain.html#2

　このSfMは，文化財や考古学的遺物など，直接触れて計測できないような物体を再構築する用途にも用いられています．

〈松岡　洋〉

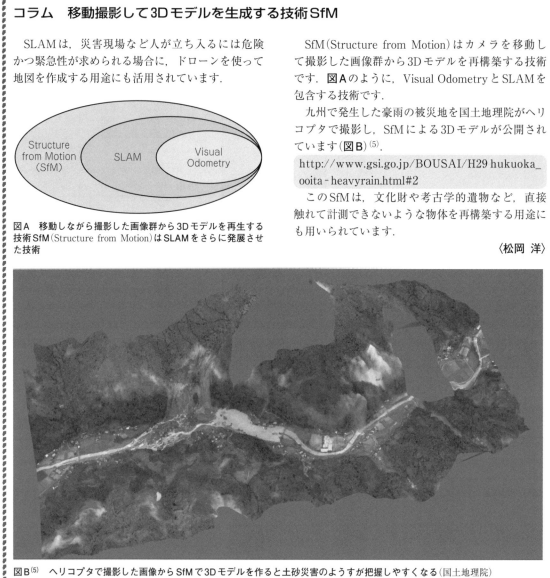

図B[5]　ヘリコプタで撮影した画像からSfMで3Dモデルを作ると土砂災害のようすが把握しやすくなる（国土地理院）

（ILSVRC2016), UNC Vision Lab.
http://image-net.org/challenges/LSVRC/2016/
(7) 距離の予測：予測精度を向上させるシステムの開発
https://blogs.nvidia.co.jp/2019/07/11/drive-labs-distance-to-object-detection/
(8) Into the Woods: This Drone Goes Where No GPS Can,NVIDIA.
https://blogs.nvidia.com/blog/2017/06/09/drone-navigates-without-gps/

(9) The Mobileye features.
https://www.youtube.com/watch?v = HXpiyLUEOOY
(10) The Evolution of EyeQ,Mobileye
http://www.mobileye.com/our-technology/evolution-eyeq-chip/
(11) Rover 2 Driving Test
https://www.jpl.nasa.gov/spaceimages/details.php?id=PIA04420
(12) NVIDIA Self-Driving Car Demo at CES 2017
https://www.youtube.com/watch?v=fmVWLr0X1Sk

クルマの自動運転の実際

目黒 淳一　Junichi Meguro

　カメラやLiDARなど，障害物や歩行者などの位置や動きを検出する認識技術が注目を集めていますが，これだけでは自動運転を実現することはできません．高精度な絶対位置の計測が不可欠で，その情報源としてGNSSを活用しています．
　本稿では，実際の自動運転車におけるGNSSの応用事例を紹介します．　　　　　　　　〈編集部〉

　GPSやBeidouをはじめとしたマルチGNSS（Global Navigation Satellite System）の活用が進んでいます．最近では，専門家ではないユーザでも手軽にcm級の絶対位置の計測が可能になりました．
　本稿では，**写真1**に示すような自動運転車におけるGNSSの利用法を解説します．

自動運転に欠かせないセンサ

● センサ①…車両の絶対位置を測れるGNSS

　自動運転の技術が注目され，研究機関や企業で自動運転車両が開発されています．そのすべてがGNSSを使用しているわけではありません．
　自動運転に必要とされる技術を次に示します．
- 車両の位置を検出する技術
- 周囲を認識する技術
- 位置と周囲の状況から最適な経路を決める技術
- 決まった経路に沿って車両を制御する技術

　図1にそれぞれの技術と自動運転の処理フローを示します．
　GNSSは，車両の位置を検出する技術の1つです．GNSSを用いれば，地球上のどこに車両がいるのかを判定できます．

● センサ②…これさえあれば自動運転は可能LiDAR

　車両の位置を検出する技術は，GNSS以外にもあります．
　SAE（Society of Automotive Engineers）レベル3以上の高度な自動運転では，**図2**のような高精度地図と**写真2**のようなLiDAR（Light Detection and Ranging）を組み合わせた事例が多いです．そこでは，高精度地図を用いたLocalization（マップ・マッチングとも呼ばれる）技術を使います．**図3**のように，LiDARで取得した情報と，あらかじめ用意しておいた高精度地図を照合し，車両の位置を推定します．
　現在の自動運転は，高精度地図を用いて，あらかじめ周囲環境や経路情報を把握します．高度な周囲環境の観測には，LiDARが必須です．LiDARがあれば車両の位置も推定できるので，GNSSがなくても自動運転ができます．実際にGNSSなしで動く自動運転車も多く開発されています．

● LiDARにGNSSを加えて優れた自動運転車を作る

　GNSSは，自動運転には不要なのでしょうか？私は

写真1[(2)]　**自動運転車に搭載されたGNSSアンテナ**
アルファードHVを改造した自動運転車で，ルーフにGNSSアンテナが2台搭載されている

一番高いところにLiDAR
GNSSアンテナ

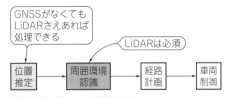

GNSSがなくてもLiDARさえあれば処理できる
LiDARは必須
位置推定　→　周囲環境認識　→　経路計画　→　車両制御

図1　**自動運転で使われる技術と処理フロー**
GNSSが用いられるのは位置推定の部分．周囲環境の認識に事実上LiDARが必須となっており，LiDARと高精度地図を用いた位置推定技術（Localization）もあるため，GNSSがなくとも自動運転はできてしまう

（a）レーザ点群

図2(3)　自動運転に用いられる高精度地図

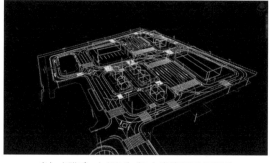

（b）点群データから生成した高精度3次元地図

写真2(4)　周囲環境の観測に使う障害物センサ「LiDAR」の例
障害物の情報は点群データとして出力される

そうではないと考えています．ただしGNSSがあることで，次のことが可能になります．

- 高精度地図の構築
- 自動運転の初期位置の探索（最初に高精度地図の中でどこにいるか判定する）
- 慣性センサと複合した連続的な相対位置の推定

GNSSの必要性①…
広域3次元地図を作れる

● 高精度地図とは…現代の自動運転の基盤データ

　自動運転に使われている高精度地図には，白線，標識，信号機などの位置や種類，図3(a)のような3次元点群も含まれています．自動運転車は，これらの情報を利用して位置を推定し，周囲環境の認識や経路決めを行います．

　高精度地図は，Mobile Mapping System（MMS）を使って道路上から情報を収集して生成するのが定石です．日本の地図会社や航測会社はMMSを保有していて，各社で高精度地図が作成できます（写真3）．

　写真3に示すのは，三菱電機製のMMSです．自動車のルーフには，GNSSをはじめ，慣性センサ（ジャイロ，加速度計），カメラ，LiDARが搭載されています．タイヤには，高精細な専用の車輪速計が設置されています．GNSSや慣性センサ，車輪速計の情報を複合して推定した高精度な絶対位置で，LiDARやカメラから取得した情報を管理します．このデータは，公共測量にも利用できる認可を得ています．

図3　LiDARと高精度地図を用いた車両位置検出のメカニズム
Localizationという技術では，あらかじめ地図を用意しておいて，自動車やロボットが取得したセンサ・データ（多くはLiDARやカメラ）が地図上のどこにあるかを探索することで，自車の位置を推定する技術である．日本語ではローカリゼーションもしくはローカライゼーションと読む．単にローカライズと呼ぶことも多い

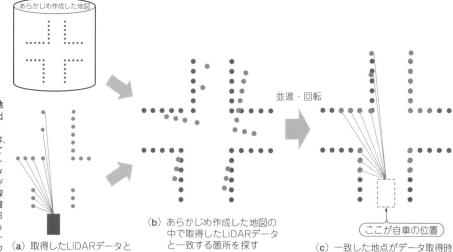

あらかじめ作成した地図

並進・回転

ここが自車の位置

（a）取得したLiDARデータとあらかじめ作成した地図

（b）あらかじめ作成した地図の中で取得したLiDARデータと一致する箇所を探す

（c）一致した地点がデータ取得時の車両位置と推定できる

GNSS, 慣性センサ, カメラ, LiDARを搭載

車輪速計を備える(右後輪)

（a）ルーフの上にセンサがぎっしり

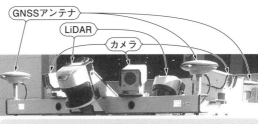

GNSSアンテナ

LiDAR

カメラ

GNSSアンテナは姿勢を把握するために3つ，LiDARは上下方向×前後の4つ，カメラは前方の左右，側面左右，後方の左右で合計6つ．それらに加えて，ホイール内部の車輪速計(オドメータ)と，高精度な加速度センサとジャイロを備える

（b）ルーフ上部を拡大

写真3 高精度地図を生成するMobile Mapping System(MMS)を搭載した車
アイサンテクノロジー社所有，三菱電機製．このMMSには自動運転ができるほどセンサを搭載している

● 県や国レベルの広域地図作成にGNSSは必須

ここでポイントになるのがGNSSです．MMSによる測量は，広範囲に及ぶことが多いので，計測には数日間を要します．そのため，最終的に複数の計測データを合わせます．このとき，絶対位置の精度が悪いとどうなるでしょうか．1m場所がずれていたら，高精度地図のデータとして成立しません．道路を往復したときのデータを合わせてみるときを考えると，高精度な絶対位置情報の必要性が想像できると思います．

このように，GNSSは自動運転に使う高精度地図を生成するときに活用されています．ロボット技術を応用したSLAM(Simultaneously Localization and Mapping)でも自動運転の地図は作成できますが，都市や県，国といった広範囲にわたる地図を作成するには，現状では最適化計算が困難なので，現実的ではありません．

広範囲での運用を想定している自動運転では，**図4**のようにMMSを使って高精度地図を作成するのが一般的です．

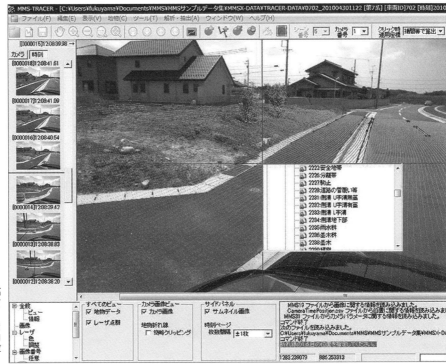

図4(3) MMSを使って高精度3次元地図を作成しているようす
MMSで取得されたデータを利用して，図化処理により自動運転などで利用する高精度地図にしている

GNSSの必要性②… 初期位置を特定できる

● 高精度地図の中のどこにいるかを判定する

自動運転の開始時，自分の居場所を知る必要があります．

高精度地図とLiDARを使ったLocalizationは，どこに車両が居るか探索するしくみなので，初期位置の情報が必要です．これは，GNSSを搭載することで，ほとんど対応できるでしょう．

● 自動運転に求められる測位精度は±1.5m

自動運転に求められるGNSSの絶対位置精度は，車線が判別できること(日本国内では±1.5m程度)といわれています．

GNSSで車線が正確にわかればよいのですが，1車線でもずれると，事故が起きます．LiDARやカメラ

で高精度地図とマッチングすれば問題ないと思いますが，周囲に似たような状況が多かったり，渋滞中で車両に囲まれていて周囲を観測できない状況だったりするかもしれません．

● マルチGNSS化により実用化が見えてきた

自動車が走行する環境で，車線が判別できる精度を持つ絶対位置推定は，GNSSでも意外と難しいです．図5に示すように，都市部ではGNSSの信号が回折や反射し，マルチパスと呼ばれる誤差が発生するため，位置の精度が著しく劣化します．

マルチパスを除去するために，さまざまな技術が研究開発されてきましたが，マルチGNSS化により，ようやく光明が差してきました．私も関連技術を開発し，学会で発表[5]しています．車線が判別できる程度の絶対位置精度は目処がつきつつあり，近い将来には実用化されるものと思われます．

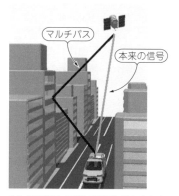

(a) 受信機との間に障害物が存在しないLOS(Line Of Sight)衛星からのマルチパス

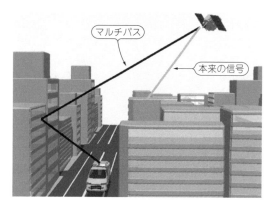

(b) 受信機との間に障害物が存在するNLOS(Non Line Of Sight)衛星からのマルチパス

上空の状態(丸で囲ったのはLOS衛星)

測位結果

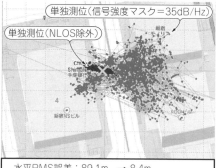

図5[1] GNSS信号にマルチパスが発生するしくみと測位結果
建物とマルチパスの関係，都市部環境では，建物の影響で衛星からの電波に誤差が発生しやすくなる．特に，見えないはずの衛星(NLOS：Non Line Of Sight)からの電波を測位演算に利用してしまうと，大きな誤差が発生する可能性が高い

水平RMS誤差：89.1m → 8.4m
最大水平誤差：271.6m → 23.2m

(c) NLOS衛星からの電波を利用すると測位結果の精度が大幅に劣化する

GNSSの必要性③…
相対位置の推定精度が向上する

● cm精度の絶対位置を常に出すのは難しい

　空が見える場所だけに運用を限定すれば，今でもGNSSだけで自動運転は可能です．しかし，普通に自動車が動く範囲には，建物や樹木，トンネルなどがあるため，常にセンチメートル精度で絶対位置を推定することは，非常に難しいです．都市部で30 cm単位の精度で位置を推定する技術を私も開発中です[6]．

　GNSSで計測した絶対位置（緯度経度）の精度は，LiDARを用いたLocalizationで使うことを想定すると，車線が判定できる程度で十分です．

● 慣性センサで自動車の動きを把握して相対位置が推定

　自動運転においてGNSSは，絶対位置（緯度経度）ではなく，相対位置（自動車がどう動いたか）の測定用に利用されています（図6）．

　LiDARを使ったLocalizationでは，高精度地図の情報をもとに自動運転を行います．安定した自動運転を実現するためには，常に正しい位置を把握することが重要です．ここでの正しい位置とは，例えば交差点に

おける停止線など，自動車の制御地点からの相対位置です（図7）．

　Localizationは，各推定が独立に実行されることが多いため，相対的に正しい保証はありません．そのため，正しく連続的な相対位置（車両の運動）を計測する技術が重要になります．車両の運動計測には，慣性センサ（IMU：Inertial Measurement Unit）を使います．

● 慣性センサのノイズを除去！カルマン・フィルタの採用

　IMUは，ジャイロと加速度計で構成されています．車輪速計で計測できる速度情報を併用すれば，速度と角速度を融合させ，連続的に位置を推定できます．

　ただし，IMUと車輪速計を用いて相対位置を計測する方法にも問題があります．IMUにはオフセットやバイアス性の誤差，車輪速計にはスケール・ファクタやスリップ誤差があります．IMUや車輪速計でも，誤差を推定できれば，相対位置を推定できます．この誤差の推定にGNSSが使えます．

　誤差推定の有名な方法は，カルマン・フィルタです．図8のように，GNSSは絶対位置，IMUと車輪速計は相対位置を計測するので，フィルタリング技術で統合するのに相性がよい組み合わせです．自動車のモデル

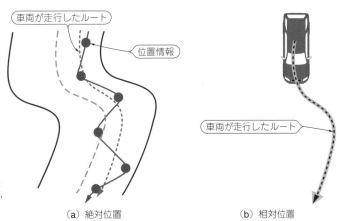

図6　絶対位置と相対位置の違い
GNSSで絶対位置を取得すると，誤差がある可能性があるので，実際に自動車が走行した位置関係とは異なる可能性がある．都市部に行くにつれてその可能性が高くなる．一方，相対位置は後述する自動車に搭載する慣性センサ（IMU）によって連続的な位置関係を計算可能できる

（a）絶対位置　　　　　　（b）相対位置

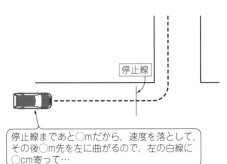

図7　自動運転における地図上の相対位置関係
図の中にある制御を切り替えるポイントまでの正確な相対位置を計測することが重要

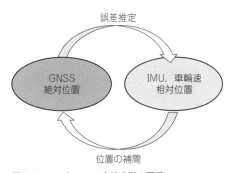

図8　GNSSとIMU，車輪速計の関係
絶対位置と相対位置を計測するセンサ同士であるため，相互補完となるため統合処理をする相性がよい

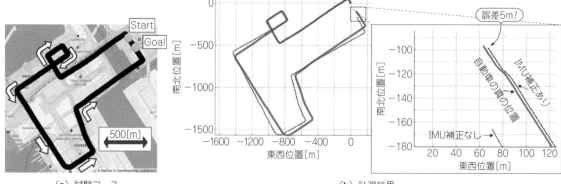

（a）試験コース　　　　　　　　　　　　　　　　　　　（b）計測結果

図9　GNSSドップラーを利用したIMU，車輪速計の誤差推定による相対位置推定の結果
この結果では，東京都お台場の道路を走行したデータから試験を行った．詳しい試験環境は参考文献(7)を参照．この実験では，将来的に自動車に搭載が予想されるMEMSのIMUを利用した．何も補正をしない状態だと5km走行後に100m程の相対位置誤差が発生するが，筆者が開発した手法だと，大きくその誤差を低減することができる

は非線形なので，実際には拡張カルマン・フィルタが使われます．この処理により，GNSSの情報と，IMU，車輪速計の情報を統合することで，それぞれの誤差ともっともらしい推定値を計算できます．

　私は，GNSSドップラーを使ったIMU，車輪速計の誤差を推定する技術の開発をしています(5)(7)．**図9**にその計測結果を示します．5kmを走行した後でも，5m程度の誤差で相対位置が推定できています．この精度なら，自動運転でも十分に適用できると思います．

＊

　GNSSは，LiDARのように目立つ存在ではありませんが，自動運転に欠かせない技術です．みちびきの運用，マルチGNSS化，多周波受信機の登場など，GNSSは大きな変化が続いています．自動車の分野においてGNSSは使い難いセンサかもしれませんが，今後の研究開発により，その状況は変化していくことでしょう．

◆**参考・引用＊文献**◆
(1) 目黒 淳一，竹内 栄二朗，鈴木 太郎；ロボティクスにおけるGNSS失敗学，特集 衛星測位とロボティクス，日本ロボット学会誌Vol.37，No.7，2019年9月．
(2)＊ 金沢大学 自動運転ユニット；計測制御研究室．
http://its.w3.kanazawa-u.ac.jp/
(3)＊ 自動運用高精度3次元地図/ADASmap，アイサンテクノロジー．
https://www.aisantec.co.jp/products-services/its-solution/adasmap.html
(4)＊ 超小型全方位レーザー LiDAR イメージングユニット VLP-16【Puck】，アルゴ．
https://www.argocorp.com/cam/special/Velodyne/VLP-16.html
(5) Junichi Meguro, Takuya Arakawa, Syunsuke Mizutani and Aoki Takanose；Low-cost Lane-level Positioning in Urban Area Using Optimized Long Time Series GNSS and IMU Data, The International Conference on Intelligent Transportation Systems（ITSC）2018，Oct. 2018
(6) 高野瀬 碧輝，荒川 拓哉，滝川 叶夢，目黒 淳一；都市部における車両軌跡を活用した高精度測位~初期条件の最適化による精密測位の改善~，ロボティクスメカトロニクス講演会2019，2019年6月．
(7) 滝川 叶夢，高野瀬 碧輝，小川 雄貴，目黒 淳一；GNSSドップラを活用した横すべり角の考慮による車両運動推定性能の向上，測位航法学会全国大会2019，2019年5月

搬送波ドップラーを利用した GPS 速度推定

目黒 淳一 Junichi Meguro

GPS受信機で速度を測る方法

GPSで速度を計測できるのはご存じでしょうか．市販にGPS速度計もありますし，一般的なGPS受信機の出力でも，NMEAフォーマットのGPRMCやGPVTGに速度情報が含まれています．

位置を微分して速度を求めているのではなく，GPS電波のドップラー・シフト周波数から直接，速度を推定しています．

GPSの電波から計測できるのは，正確に言うと速度ベクトルです．すなわち，速度の向きと大きさです．位置を推定するときと同じように，4つ以上の衛星からドップラー・シフト周波数を観測します．3軸（East/North/Up）の速度と，時計のドリフト誤差，合計4つの未知数から最小2乗法で求めます．

● GPS電波のドップラー・シフト

電波の発信源と受信部に相対速度があると，受信したときの周波数が変化する現象がドップラー・シフト（ドップラー効果）です（図1）．

GPS衛星は宇宙空間を高速で飛んでいるため，GPS衛星から発信される電波を地球上の受信機で受け取ると，ドップラー効果により周波数が変化します．この周波数の変化量（ドップラー・シフト周波数）がわからないと，GPS電波は受信できません．

そのためGPS受信機では，ドップラー・シフト周波数を探索しながらGPS衛星の電波を捕捉しています．結果として，GPS受信機はドップラー・シフト周波数を正確に把握できています．

● 単独測位にもかかわらず高精度に測れる

GPSのドップラー・シフト周波数（通称ドップラー）を利用すると，高い精度で速度が推定できます．

単独測位で位置の推定に利用するのは，時刻差から求めた距離（疑似距離）です．これに対して速度の推定に用いるドップラーは，分解能がとても高いです．

単独測位で利用されているL1（1575.42 MHz）のC/Aコードは，疑似距離の距離分解能が300 m程度です．

一方，搬送波に関しては，1/10波長単位で位相が計測できます．ドップラーではL1の波長約20 cmの1/10，2 cmの計測分解能があります（図2）．この分解能の差が，位置と速度の推定性能の差となります．

詳しくは，小島 祥子氏の博士論文「自動車運転支援のための高精度自車位置推定に関する研究」[1]で解説されています．

位置推定への応用

● 加速度センサやジャイロの補正に使える

このドップラーで推定した速度は，いろいろ使い道

疑似距離のものさしは
C/Aコードは1目盛り
300m

GPSドップラーの
ものさし搬送波位相
は1目盛り20cm

図2　単独測位で位置を求めるには精度の粗い物差ししか使えないが，速度を求める元になるドップラー・シフト周波数は搬送波位相を元にするので，高精度の物差しが使える

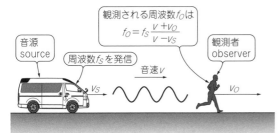

観測される周波数f_Oは
$$f_O = f_S \frac{v + v_O}{v - v_S}$$

音源 source

周波数f_Sを発信

音速v

観測者 observer

v_S

v_O

図1　波の発信源や受信側が速度をもっていると，そのぶん波の周波数が変わって受信される

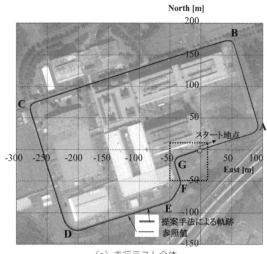

(a) 走行テスト全体

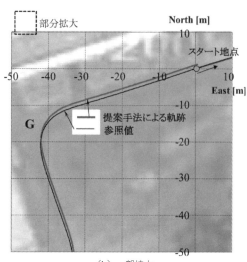

(b) 一部拡大

図3[(1)]　GPSドップラーによる軌跡推定の評価環境
参考文献(1)から図の配置を変更している．愛知県長久手市のGPSの受信環境が比較的良好な屋外環境で行われた．航空写真はGoogleEarthから引用

があります．その1つはIMU（Inertial Measurement Unit，加速度計とジャイロを組み合わせた慣性航法装置）や車輪速（オドメトリ）の誤差補正です．

ドップラーで推定した速度とIMU，車輪速の出力値を比較して誤差を推定する手法[(2)(3)]や，カルマン・フィルタなどのフィルタリング処理で誤差を補正する手法が知られています．

● 速度ベクトルを積算すると自己位置を推定できる

速度ベクトルがわかれば，GPS受信機が進んでいる方向がわかります．

方向（北基準の方位，絶対方位とも呼ぶ）が高精度に計測できるセンサは多くありません．よく知られているのは磁気センサですが，周囲の磁界に大きく影響されるため，電子機器の近くでは正しい値を計測することは困難です．

方向の測定にはジャイロも使われますが，計測できるのは相対的な角度なので，絶対的な方位ではありません．

GPSのドップラーは，空が開けていれば正しい速度と方位がわかり，高精度に自動車の「運動」を推定することができます．例えばタイヤがスリップしても，ドリフトしていても，ドップラーを使えば進行方向の正しい速度ベクトルを計測できます．

速度ベクトルは，自己位置推定にも有効です．GPSのドップラーから得られる速度を積算することで，移動軌跡を推定できます（図3，図4）．

GPS衛星が観測できない一部の場所では慣性センサと車輪速計で補間をしていますが，基本はGPSのドップラーから求めた速度を利用しています．1kmの範囲で動いて，East方向もNorth方向も最大2m程の誤差，最終地点の誤差は1.0mでした．

この実験が行われた当時は，まだマルチGNSSが簡単に利用できませんでした．いまなら観測できる衛星数が増えているので，さらに性能向上が見込めます．私の研究[(2)(3)]でも，マルチGNSSのドップラーを活用しています．

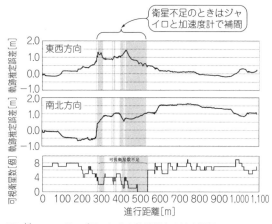

図4[(1)]　GPSドップラーによる軌跡推定の精度評価
衛星数が足りずにドップラーで速度が求められなかったときはIMUで補間している．LiDARなど他のセンサと組み合わせる場合，GPSに求められる精度は1m程度なので，実用になりそう

◆参考・引用*文献◆
(1)* 小島 祥子；自動車運転支援のための高精度自車位置推定に関する研究，名古屋大学博士論文，2015年．
(2) Junichi Meguro, Takuya Arakawa, Syunsuke Mizutani and Aoki Takanose："Low-cost Lane-level Positioning in Urban Area Using Optimized Long Time Series GNSS and IMU Data"，The International Conference on Intelligent Transportation Systems（ITSC）2018, 2018年10月．
(3) 滝川 叶夢，高野瀬 碧輝，小川 雄貴，目黒 淳一；GNSSドップラを活用した横すべり角の考慮による車両運動推定性能の向上，測位航法学会全国大会2019，2019年5月．

Appendix 5　マックスプランク研究所公開オープンソース libviso2

映像から位置を推定できる高速ライブラリ

松岡 洋 Hiroshi Matsuoka

写真1　軍事施設跡なので，左右が深い谷のようになっている
壁には細かな凸凹がたくさんあり，特徴点を取り出しやすい. Visual Odometry に向く環境

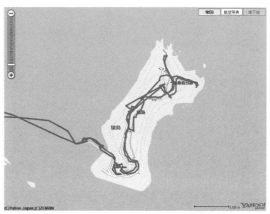

図1　猿島の中をスタビライザ付きのカメラで撮影しながら歩いたときのGPSログ
地図は YOLP を使って作図．Web サービス by Yahoo! JAPAN（https://developer.yahoo.co.jp/about）

ステレオ・カメラの映像から移動や姿勢を推定する技術は Visual Odometry と呼ばれ，いくつかのライブラリがオープンソースで公開されています．その中でも動作が高速で扱いやすい libviso2 を紹介します．ドイツのマックスプランク研究所が公開しています[1]．

ライブラリ libviso2 は，Windows と Linux に対応しています．これを使って私がカメラで撮影しながら移動したときの軌跡を算出できます．

撮影と同時にGPSで計測した移動経路を作図したものを図1に示します．猿島は昔の軍事拠点で，塹壕になっていて空が開けた場所が少なく（**写真1**），GPSの精度が落ちています．この経路をのジンバル・カメラ（手ぶれを減らすスタビライザ付きのカメラ）Osmo（DJI）で撮影し，Visual Odometry で移動経路を算出します．私が作ったプログラムを実行すると，出発点を原点とする3次元座標が出力されます．

図2に示すのは，カメラで移動しながら撮影した動画を入力して得られた3次元座標の推移です．横軸が映像の秒数，縦軸が3次元座標の変化を示しています．

14秒の地点で回廊がほぼ90°右に曲がっていることや，70秒の地点からZ軸が急に下がっていて，ちょうどトンネルの出口付近で下りになっていることなどが計測できています．

猿島の船着き場から反対側の砲台跡までの移動軌跡を2次元座標に表示したのが図3です．

猿島の回廊を実験に用いたのは，回廊の左右の壁に凸凹が多く，Visual Odometry で利用する特徴点を抽出しやすいからです．追試する際の参考にしてください．

映像から移動を推定するライブラリ libviso2 の特徴

libviso2 は，カメラや画像ファイルにアクセスする部分を除いて，依存するライブラリなどがなく完結し

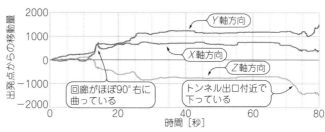

図2　Visual Odometry で算出した移動のようす
動画を解析したときの結果. 人の目ではわかりにくい上下動もちゃんと現われる

（グラフ内ラベル）Y軸方向／X軸方向／Z軸方向／回廊がほぼ90°右に曲っている／トンネル出口付近で下っている
縦軸：出発点からの移動量／横軸：時間 [秒]

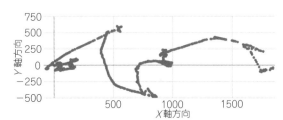

図3　Visual Odometry で算出した船着き場から砲台跡までの移動のようす
GPS ログよりもなめらかな軌跡がとれている

ていて使いやすいライブラリです.

カメラや画像ファイルへのアクセスはいずれも OpenCV で代用できます.

libviso2 の主な特徴は,

- C++ で書かれている
- 依存ライブラリがない
- 最大 15000 点の特徴点まで対応
- ステレオ画像,単眼画像の両方に対応
- 非常に高速(前身の libviso に比べて 100 倍高速)

libviso2 公式サイトでは,次のような応用を紹介しています.

- 自動車に搭載したカメラ映像から移動経路を推定
- 移動経路から経路上の地図を生成

画像にはさまざまな情報が含まれていますが,ここでは周りの画素と明るさの異なる特徴点と呼ばれる情報を利用します.

移動しながら撮影した映像は,フレームと呼ばれる連続した画像からなり,各フレームの特徴点も移動にしたがって動きます.

ある特徴点が,次のフレームのどの場所に移動したかを探し当て,フレーム間でのすべての特徴点の移動ベクトルを算出すると(**図4**),撮影したカメラが3次

元空間でどのように移動したかを求められます.

libviso2 は,フレーム間の特徴点を抽出し,移動ベクトルを求める一連の処理をライブラリにしたものです.

基本的な使い方

● [STEP1] パソコン,USB カメラ,画像ファイルを準備する

libviso2 の動作環境を**表1**に示します.CPU の条件は第3世代以降の Core i プロセッサとありますが,現在市販されているノート・パソコンであれば問題なく動作します.よほど古いものでなければ大丈夫です.

あらかじめ用意した映像ファイルや USB カメラを使えます.

● [STEP2] Visual Studio のインストール

マイクロソフト社の開発環境 Visual Studio をインストールします.個人およびオープンソース開発者向けの Community 版は無償で使えます.

● [STEP3] 画像処理ライブラリ OpenCV の設定

USB カメラの対応と,あらかじめ撮影された画像ファイルへのアクセスに対応するため,画像処理ライブラリ OpenCV を導入します.公式ページは以下です.
http://opencv.org/

Windows 用はコンパイル済みのバイナリが用意されています.

ダウンロードしたファイルを実行してファイル一式を c:¥opencv フォルダに展開してください.

別の場所に展開した場合には,libiso2 を修正して対応してください.例えば OpenCV3.2.0 の場合は,libviso2¥opencv320.props の次の箇所を修正します.

図4　2枚のフレーム間で特徴点の移動をこのように求める
これを元にカメラがどう動いたかという移動ベクトルを求める

まっすぐ進んだので中央付近の特徴点はほとんど動いていない

特徴点は進行方向を中心に動く

表1 Visual Odometry のライブラリ libviso2 の動作環境

項　目	バージョン
OS	Windows 7以降
CPU	インテル：第3世代以降の Core i プロセッサ，AMD：ほぼすべて
必要なソフトウェア	Visual Studio 2015（Communityでも可），OpenCV 3.X
入力	USBカメラまたは映像ファイル

リスト2　動画ファイルの読み込み

```
// ファイルから読み込んで，グレー・スケールに変換する
cv::VideoCapture movie(filename);
cv::Mat image, gray;

// フレーム毎に
while (movie.grab())
{
    movie.retrieve(image);
    cv::cvtColor(image, gray, cv::COLOR_BGR2GRAY);

    // グレー・スケール画像データのサイズ
    int width = gray.cols;
    int height = gray.rows;
    int bypePerLine = gray.step;
```

```
<PropertyGroup Label="UserMacros">
  <OPENCV_DIR>C:\opencv\build</OPENCV_
  DIR>
</PropertyGroup>
```

● ［STEP4］Visual Odometry のライブラリ libviso2 の準備

　公式サイトからは，libviso2のソース一式をzip形式でダウンロード（メール・アドレスを送信して請求）できます．なお，実験用のソースコードはGitHubでも公開しています．

```
https://github.com/kuronekodaisuki/
libviso2.git
```

● ［STEP5］プログラムの制作

　libviso2での処理は，初期化，画像取得，位置・姿勢推定の3段階に分かれます．

▶初期化

　まずライブラリの初期化を行います（リスト1）．

▶画像取得

　画像ファイルの読み込みではリスト2を実行します．USBカメラから直接読み込む場合はリスト3を実行します．先に接続したカメラのほうが番号が若いので，左から接続すると仮定した場合はリスト3のようになります．

▶位置・姿勢推定

　取得した左右のグレー・スケール画像をベースに，Visual Odometryで移動を検出します（リスト4）．

リスト1　ステレオ・カメラを使うときのOpenCVとlibviso2の初期化

```
// libviso2
 #include <viso_mono.h>

// 画像ファイルのアクセスにOpenCVを使います
#include <opencv2/core.hpp>
#include <opencv2/imgcodecs.hpp>
#include <opencv2/imgproc.hpp>
#include <opencv2/highgui.hpp>

#define FOCAL_LENGTH        20
#define IMAGE_WIDTH 1920
#define IMAGE_HEIGHT        1080

 Matrix pose = Matrix::eye(4); // カメラ=画像の移動行列

 // libviso2ライブラリに与えるパラメータ
VisualOdometryMono::parameters param;

 // キャリブレーション設定
param.calib.f = FOCAL_LENGTH; // focal length
param.calib.cu = IMAGE_WIDTH / 2; // principal point
                       (u-coordinate) in pixels
param.calib.cv = IMAGE_HEIGHT / 2; // principal point
                       (v-coordinate) in pixels

 // visual odometry初期化
VisualOdometryMono viso (param);
```

リスト3　USBカメラからの映像取り込み

```
// USBカメラからグレースケールに変換する
cv::VideoCapture movie(0);
                    // USBカメラは0から番号で設定する
cv::Mat image, gray;

// フレーム毎に
while (movie.grab())
{
    movie.retrieve(image);
    cv::cvtColor(image, gray, cv::COLOR_BGR2GRAY);

    // グレースケール画像データのサイズ
    int width = gray.cols;
    int height = gray.rows;
    int bypePerLine = gray.step;
```

リスト4　libviso2の関数を使って移動行列を求める

```
// グレースケール画像から特徴点抽出、移動ベクトル群から移動量
を算出
if (viso.process(gray.data, dims))
{
    // 移動行列を更新
    pose = pose * Matrix::inv(viso.getMotion());
    // フレーム間でマッチした特徴点の情報
    double num_matches = viso.getNumberOfMatches();
    double num_inliers = viso.getNumberOfInliers();
    VISO2::FLOAT values[16];

    // poseの情報を表示
    std::cout << "Matches: " << num_matches;
    std::cout << ", Inliers: "
<< 100.0*num_inliers / num_matches << "%, ";

    // 三次元座標を取得する
    pose.getData(values);
    std::cout << values[3] << ", "
<< values[7] << ", " << values[11] << std::endl;
```

リスト5　シンプルなVisual Odometryのプログラム

```cpp
#include <iostream>
#include <string>
#include <vector>
#include <stdint.h>

// libviso2
#include <viso_mono.h>

// 画像ファイルのアクセスにOpenCVを使います
#include <opencv2/core.hpp>
#include <opencv2/imgcodecs.hpp>
#include <opencv2/imgproc.hpp>
#include <opencv2/highgui.hpp>

#define FOCAL_LENGTH        20
#define IMAGE_WIDTH         1920
#define IMAGE_HEIGHT        1080

#include <Windows.h>

using namespace VISO2;

int main(int argc, char *argv[])
{
    // カメラ＝画像の移動行列
    Matrix pose = Matrix::eye(4);

    // libviso2ライブラリに与えるパラメータ
    VisualOdometryMono::parameters param;

    // キャリブレーション設定
    param.calib.f = FOCAL_LENGTH; // focal length in pixels
    param.calib.cu = IMAGE_WIDTH / 2; // principalpoint
                           (u-coordinate) in pixels
    param.calib.cv = IMAGE_HEIGHT / 2; // principal
                       point (v-coordinate) in pixels

                            // visual odometry初期化
    VisualOdometryMono viso(param);

    cv::VideoCapture movie;

    if (2 <= argc && movie.open(argv[1]))
    {
        cv::Mat image, gray;
        cv::VideoWriter writer;
        bool write = false;

        // 第二引数がある場合、これを出力ファイルとする
        if (3 <= argc)
        {
            write = writer.open(argv[2],
        cv::VideoWriter::fourcc('M', 'P', '4', 'S'), 30,
                cv::Size(IMAGE_WIDTH, IMAGE_HEIGHT));
        }

        while (movie.grab())
        {
            movie.retrieve(image);
            cv::cvtColor(image, gray, cv::COLOR_BGR2GRAY);

            int width = gray.cols;
            int height = gray.rows;
            int bypePerLine = gray.step;

            int32_t dims[] = { width, height, bypePerLine };
            if (viso.process(gray.data, dims))
            {
                // 移動行列を更新
                pose = pose * Matrix::inv(viso.getMotion());

                if (write)
                {
                    std::vector<Matcher::p_match> matched
                                = viso.getMatches();
                    std::vector<int> indices
                                = viso.getInlierIndices();
                    for (size_t idx = 0; idx < indices.size(); idx++)
                    {
                        int i = indices[idx];
                        cv::line(image, cv::Point(matched[i].u1c,
            matched[i].v1c), cv::Point(matched[i].u1p,
            matched[i].v1p), cv::Scalar(0, 0, 255), 2);
                    }
                    writer.write(image);
                }
                // output some statistics
                double num_matches = viso.getNumberOfMatches();
                double num_inliers = viso.getNumberOfInliers();
                VISO2::FLOAT values[16];

                // poseの情報を表示
                std::cout << "Matches: " << num_matches;
                std::cout << ", Inliers: "
            << 100.0*num_inliers / num_matches << "%, ";
                //std::cout << pose << std::endl;
                pose.getData(values);
                std::cout << values[3] << ", " <<
            values[7] << ", " << values[11] << std::endl;
            }
        }
        if (write)
            writer.release();
        movie.release();
    }
}
```

▶画像の移動軌跡を取得する

　画像取得と位置・姿勢推定の処理を繰り返して，画像＝カメラの移動の軌跡を取得します．映像ファイルを使った場合の基本的なプログラムを**リスト5**に示します．

● ［STEP6］ 実験

　ジンバル・カメラOsmo（DJI）で猿島の回廊を歩きながら撮影した映像をこのプログラムで解析してみます．
　動画ファイルが猿島_02 x2.mp4であれば，次のようなコマンドで実行します．

build¥x64¥Release¥demo_monocular.exe␣猿島_02

x2.mp4␣猿島結果.mp4 ⏎

　第1引数は入力映像ファイル名，第2引数はフレーム間の対応する特徴点を示す出力結果（動画ファイル）となります．
　標準出力に，出発点を原点とする3次元座標を出力します．その3次元座標をグラフに示したのが先掲の**図2**や**図3**です．

◆参考文献◆
(1) マックスプランク研究所，libviso2
　　http://www.cvlibs.net/software/libviso/

カルマン・フィルタを使った自己位置推定

内村 裕 Yutaka Uchimura

屋外においてはGNSSによる測位がロボットの位置推定(以下,自己位置推定)の選択肢となり得ます.既にカーナビゲーションや,スマートフォンの地図アプリなどでも日常的に使用されています.

GNSSによる測位精度は,周囲の環境に大きく影響されるため,GNSSの測位のみで移動ロボットの自律移動を実現するのは容易ではありません.

移動ロボットの屋外自律走行を実現するためには,GNSSによる測位と,同測位を補完する手法を融合した自己位置推定手法が有効です.

本稿では,屋外を含む生活環境における自律移動を目的に開発した移動ロボットと,同ロボットに搭載したGNSS測位を補完・統合する自己位置推定法を紹介します(**図1**).

開発した移動ロボットの概要

● 移動ロボット用のプラットフォームをベースにしたシステム

写真1に示すのは,芝浦工業大学・内村研究室で開発した移動ロボットの外観です.つくばチャレンジ(コラム参照)に出場するために製作しました.

木立の下でGNSS測位が不安定に

GNSS測位結果

100m

図1 拡張カルマン・フィルタによる位置推定軌跡は,木立の下以外でのGNSSの測位結果とほぼ一致した
拡張カルマン・フィルタによる位置推定軌跡(淡い灰色の線)とGNSSの測位結果(濃い灰色の線).GoogleMapを引用

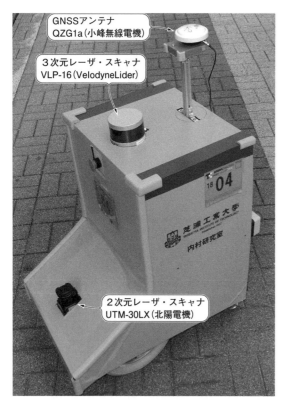

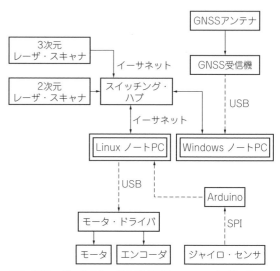

図2 移動ロボットのシステム構成図は，T-frogプロジェクトによって開発された移動ロボット・プラットフォーム（i-Cart mini）をベースにしている
モータ出力やエンコーダの値の取得は，ノートPCとUSB接続のモータ・ドライバ経由で行う

写真1 芝浦工業大学・内村研究室で開発した移動ロボットは，つくばチャレンジ（コラム参照）に出場するために製作した
前輪2輪をそれぞれ別々のモータで駆動する独立2輪駆動型の移動ロボットになっている

　前輪2輪をそれぞれ別々のモータで駆動する独立2輪駆動型の移動ロボットです（後輪2輪は非駆動輪）．ロボットの後方の柱の上にGNSSのアンテナを，本体の上部に位置推定用の3次元レーザ・スキャナ（距離計）を搭載しています．また，前方には障害物回避用の2次元レーザ・スキャナを搭載しています．

　図2に示すのはロボットのシステム構成です．ロボットの移動機構（プラットフォーム）は，筑波大学知能ロボット研究室の技術移転によるT-frogプロジェクトによって開発された移動ロボット・プラットフォーム（i-Cart mini）をベースにしています．タイヤのサイズを12.5インチに変更し，モータのギア比，受動輪およびフレーム・サイズを拡大した改造をしています．

　ロボットは前輪独立2輪をACモータで駆動しています．モータへの指令値の出力や，モータの回転を測定するエンコーダの値の取得は，ノートPCとUSBで接続したモータ・ドライバ経由で行います．

● ロボットに搭載したセンサ類

　表1にロボットに搭載したセンサ類を示します．このうち，VelodyneLider社のVLP-16は全方位レーザ

LiDARイメージング・ユニットです．内蔵した16個のレーザ送受信センサによって，水平全方位360°と垂直視野30°で対象物までの距離を測定し，1秒間に約300000ポイントの3次元点群を取得できます．測定距離は約100 m，測定精度は±3 cm（1 σ @25 m）です．

　車輪の回転数を計測するエンコーダは，車輪駆動用のモータに内蔵されており，車輪が1回転すると500パルスが出力されます．同パルス数と車輪径からロボットが進んだ距離が求まります．

　GNSS受信機としてu-blox社製のNEO-M8Tを内蔵した装置（センサコム社製 SCR-u2Tc）を使用しました．L1，E1：1575.42 MHz，G1：1602 MHz，B1：1561 MHzに対応したGNSSアンテナ（小峰無線電機製QZG1 a）に接続しています．

　ロボットの姿勢角（鉛直軸周りの回転角度）を測定するために，ジャイロ・センサADIS16136（アナログ・デバイセズ社製）を使用しています．センサで取得した角速度を時間積分することで角度情報に変換します．

　ロボットの前方に搭載した2次元レーザ・スキャナUTM-30LX-EW（北陽電機製）は，ロボットの走行経路上の障害物を検知するために搭載しています．スキャン時間が25 msと高速なので，ロボットの前を横切る自転車のような移動体でも検知が可能です．なお，測距距離（検出保証距離）は0.1～30 mで，測距分解能は1 mmです．

● ソフトウェアに係わるシステムの構成

　ロボットの自己位置推定を含む制御にはLinux（Ubuntu 14.04）をインストールしたノートPCを使用

表1　製作に使用したセンサ類

項　目	型　名	メーカ名
3次元レーザ・スキャナ	VLP-16	VelodyneLider
2次元レーザ・スキャナ	UTM-30LX-EW	北陽電機
ジャイロ・センサ	ADIS16136	アナログ・デバイセズ
GNSS受信機	SCR-u2Tc	センサコム
GNSSアンテナ	QZG1a	小峰無線電機

しています．また，同PCとは別にRTK測位用のオープンソース・ソフトウェアRTKLIBを使うためにWindowsをインストールしたノートPCも搭載しています．RTKLIBはLinux上でもCUIベースのツールが使用できるので，ラズベリー・パイでも実装可能です．ここではRTKLIBの各種GUIツールを利用するためにWindows PCを使用しました．

また，ジャイロ・センサのデータをSPIインターフェース経由で取得するため，Arduino Unoを使用しています．Arduinoの周期実行タスクで角速度を積分して角度に変換しています．ArduinoとLinux PC間はUSBインターフェースで接続しました．

ロボットに搭載した各種センサのデータ取得，ロボットの位置推定，地図生成，自律移動などに，ロボット用のソフトウェア・プラットフォームであるROS(Robot Operating System)を利用しています．ROSの導入によって，ロボット用のソフトウェア開発が大幅に削減できます．ROSのインストール法と運用については，ROS Wiki(http://wiki.ros.org/ja)などを参照してください．

精度の高い自己位置推定の方法

● ジャイロや車輪の回転信号とRTK測位を組み合わせる

移動ロボットの位置を推定する手法としては，車輪の回転速度や車輪径などのパラメータから移動距離と姿勢(方位角)を算出するオドメトリ手法が知られています．

左右の車輪の回転速度差から姿勢を算出するホイール・オドメトリでは，車輪の滑りなどによって十分な精度が得られないケースがあり，姿勢の計測にジャイロ・センサを使用するジャイロ・オドメトリが使われる場合もあります．

しかし，オドメトリは単位時間あたりの移動距離，方位の積算によって位置を推定するため，わずかな誤差の積み重なりで結果的に大きな誤差を生む可能性があります．特に，移動距離が長い場合や，滑りやすい路面の場合はオドメトリの信頼性が低くなります．

一方，RTK-GNSSにおいてFix解が得られたとき

は数cmの誤差範囲で絶対位置が得られます．しかし，Fix解が得られるか否かはロボットの周囲の環境に大きく依存します．例えば，森や林の中のように上空が木々に覆われている場合や，周囲が高い建物に囲まれていて，マルチパスの影響が大きい場合などは，Fix解が得られるとは限りません．Float解でも単独測位やDGPSに比べればかなりよい精度ですが，移動ロボットの経路追従には必ずしも十分な精度とはいえません．

つくばチャレンジのコースには，鉄道高架下や上空が枝葉に覆われた樹木の下を通るコースが設定されています．同区間においてはGNSS-RTK測位解の精度が大きく低下するため，オドメトリによる補完が必要になります．

移動ロボットの車輪回転角を取得するロータリ・エンコーダの取得周期は0.01秒程度(100 Hz)なのに対して，RTKLIBから得られる測位周期は1秒程度(1 Hz)です．このため，Fix解が連続的に得られた場合も，解と解の間の1秒間はオドメトリの測定結果で補完する必要があります．

● 拡張カルマン・フィルタで誤差を除去して最も確からしい位置を推定する

オドメトリとRTK-GNSSの測位の2つの位置測定値から，最も確からしい位置推定値を得るために，拡張カルマン・フィルタ(EKF)を適用します．

拡張カルマン・フィルタは，運動モデルによる状態(ロボットの位置，姿勢)の予測値と，観測値の差にカルマン・ゲインを乗じて状態推定を行います．ロボットの運動モデルを式(1)に，計測モデルを式(2)に示します．

運動モデル
$$X_{k+1} = f(X_k, v_k, w_k) \cdots\cdots\cdots\cdots\cdots\cdots (1)$$
ただし，
$$f(X_k, v_k, \omega_k) = \begin{bmatrix} x_k \\ y_k \\ \theta_k \end{bmatrix} + \begin{bmatrix} v_k \cos\theta_k \Delta_t \\ v_k \sin\theta_k \Delta_t \\ \omega_k \Delta_t \end{bmatrix}, \quad X_k = \begin{bmatrix} x_k \\ y_k \\ \theta_k \end{bmatrix}$$

計測モデル
$$Z_k = HX_k \cdots\cdots\cdots\cdots\cdots\cdots\cdots\cdots (2)$$
ただし，
$$H_k = \begin{bmatrix} 1 & 0 & 0 \\ 0 & 1 & 0 \end{bmatrix}$$

車輪型移動ロボットの場合，式(1)におけるx_kはロボットのX座標，y_kはロボットのY座標，θ_kは姿勢角(ヨー角)，v_kは速度，ω_kは角速度，Δ_tはサンプリング周期であり，運動モデルはオドメトリによる位置推定に相当します．

RTKLIBの測位結果は姿勢角を含まないので，計測モデルの式(2)の行列H_kで位置座標を抽出しています．

拡張カルマン・フィルタの基本式を次に示します．

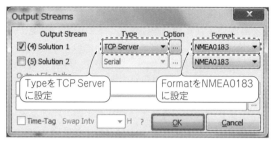

(a) Solution1の設定

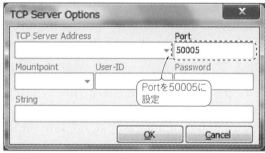

(b) Portの設定

図3　測位情報の取得とロボット座標系へ変換するため, RTKNAVI の Output Streams を設定する

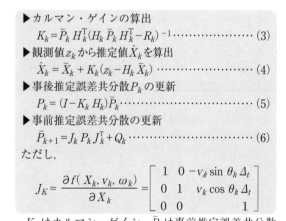

▶カルマン・ゲインの算出
$$K_k = \bar{P}_k H_k^{\mathrm{T}} (H_k \bar{P}_k H_k^{\mathrm{T}} - R_k)^{-1} \cdots\cdots\cdots\cdots\cdots (3)$$

▶観測値 z_k から推定値 $\hat{X}_k$ を算出
$$\hat{X}_k = \bar{X}_k + K_k (z_k - H_k \bar{X}_k) \cdots\cdots\cdots\cdots\cdots (4)$$

▶事後推定誤差共分散 P_k の更新
$$P_k = (I - K_k H_k) \bar{P}_k \cdots\cdots\cdots\cdots\cdots\cdots\cdots (5)$$

▶事前推定誤差共分散の更新
$$\bar{P}_{k+1} = J_k P_k J_k^{\mathrm{T}} + Q_k \cdots\cdots\cdots\cdots\cdots\cdots\cdots (6)$$

ただし,
$$J_K = \frac{\partial f(X_k, v_k, \omega_k)}{\partial X_k} = \begin{bmatrix} 1 & 0 & -v_k \sin \theta_k \Delta_t \\ 0 & 1 & v_k \cos \theta_k \Delta_t \\ 0 & 0 & 1 \end{bmatrix}$$

K_k はカルマン・ゲイン, $\bar{P}_k$ は事前推定誤差共分散(行列), R_k はシステム雑音の共分散(運動モデルの誤差共分散)で, オドメトリの誤差の共分散に相当します. Q_k は観測雑音の共分散で, Float解の場合は行列の各要素に大きな値を設定しています. Fix解の場合は, オドメトリとFloat解より小さな値を設定しています. 後述の結果においては, 共分散の値は, Fix解, オドメトリ, Float解の順に大きく設定しました. 運動モデルによる位置の推定は逐次(100 Hz 毎に)行いますが, 1 Hz ごとにFixまたはFloat解が得られると, 式(4)〜(7)の手順で計算します.

このとき, 式(4)で得られる $\hat{X}_k$ が拡張カルマン・フィルタによるロボットの位置推定値であり, オドメトリとGNSSの測位結果を融合した位置推定結果となります. 測位結果がFloatの場合や, 1秒ごとにFix値が

リスト1　nmea_tcp_driver, utm_odometry_node, libgps のインストール手順

```
ROSのインストール後, ワークスペースが未作成の場合は, 次のようにcatkin_wsを構築してからnmea_tcp_driver, gps_commonパッケージをインストールする
手順① catkin_wsの構築
$ mkdir -p ~/catkin_ws/src
$ cd ~/catkin_ws/src
$ catkin_init_workspace
$ cd ~/catkin_ws
$ catkin_make
$ source devel/setup.bash
~/.bashrc に source ~/ catkin_ws /devel/setup.bash を追加する.
手順② nmea_tcp_driverパッケージのインストール
$ cd ~/catkin_ws/src/
$ git clone https://github.com/CearLab/nmea_tcp_driver.git
$ cd ~/catkin_ws
$ catkin_make
手順③ libgpsのインストール(既にインストールされていたら不要)
$ sudo apt-get install libgps-dev
手順④ gps_commonパッケージのインストール
$ cd ~/catkin_ws/src/
$ git clone https://github.com/swri-robotics/gps_umd.git
$ cd ~/catkin_ws
$ catkin_make
$ source devel/setup.bash
```

得られた場合にも次の1秒までの間は, 直近の推定値 $\hat{X}_k$ を初期位置として式(1)の運動モデル(オドメトリ)による位置推定を行います.

ロボットへの実装においては, 走行速度を大きく超えるような測位値が得られた場合は, 観測値から除去するような例外処理も必要です.

ROSによるRTK測位データ処理を実装する

● RTK-GNSSの測位情報の取得とロボット座標系への変換

RTK-GNSS測位結果を開発した移動ロボットで利用するために, GUIツールRTKNAVIで得られた測位結果をROSのパッケージ(ツール)を使用して, UTM座標系に変換します. この際, Fix解とFloat解を明確化し, 各解の共分散値を設定するために, ROSのパッケージのソースコードの一部を修正します.

図3(a)のようにRTKNAVIの出力(Output Streams)のTypeをTCP Serverに, FormatをNMEA0183に設定しました. また, 図3(b)のようにTCP Server OptionsのPortを50005に設定しましたが, ポートは他のTCPサービスが使っていなければ別の番号でも構いません.

ネットワーク経由で送られるNMEAフォーマットの測位情報を取得して, 緯度・経度の測位データに変換するために, ROSのパッケージであるnmea_tcp_driverを使用します. また, 緯度・経度の測位データをUTM座標系に変換するために, gps_commonパッ

リスト2　nmea_utm.launchのコード

192.168.0.11はRTKNAVIが稼働するPCのIPアドレス．本ファイルをcatkin_ws/src/nmea_tcp_driver/launch/を作成し，同ディレクトリに置く

```
<launch>
  <node pkg="nmea_tcp_driver" type="nmea_tcp_
driver" name="nmea_tcp_driver">
   <param name="host" value="192.168.0.11" />
   <param name="port" value="50005" />
  </node>
  <node pkg="gps_common" type="utm_odometry_node"
name="utm_odometry_node">
   <remap from="/fix" to="/tcpfix" />
   <remap from="/odom" to="/utm" />
  </node>
</launch>
```

リスト3　トピック /tcpfixの出力結果から緯度と経度が確認できる

```
header:
 seq: 19 (*1)
 stamp:
  secs: 1542360780 (*1)
  nsecs: 393790960 (*1)
 frame_id: /gps
status:
 status: 2
 service: 1
latitude: 34.7265984833        緯度
longitude: 137.717852513       経度
altitude: 97.336
position_covariance: [1.0, 0.0, 0.0, 0.0, 1.0, 0.0,
0.0, 0.0, 4.0]
position_covariance_type: 1
((*1)は時間変化する値)
```

ケージのutm_odometry_nodeを使用します．gps_commonパッケージを使用するためには，libgpsライブラリが必要です．

　nmea_tcp_driver，utm_odometry_node，libgpsのインストール手順は**リスト1**を参照して下さい．nmea_tcp_driverとutm_odometry_nodeは，**リスト2**のようなlaunchファイルを作成して，次のコマンドで起動します．

$ source ~/catkin_ws/devel/setup.bash
$ roslaunch nmea_tcp_driver nmea_utm.launch

　別のターミナルでトピック/tcpfixを表示すると，**リスト3**のような出力が得られます．

　トピックとはROS上のノード（タスク）間で，情報を送受信するためのデータを含むメッセージのようなもので，各ノードはトピックを非同期に送信（publish），受信（subscribe）できます．トピックには，**リスト3**のように通し番号やタイム・スタンプやステータスが含まれます．

　リスト3から，latitude（緯度）が34.7265984833度，longitude（経度）が137.717852513度と測位したことがわかります．この測位結果は，文献(6)の静岡大学浜松キャンパスの基準局と移動局（ローバ）を使用した場

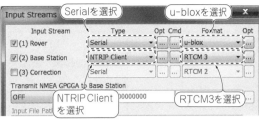

(a) Input Streamsの設定

(b) NTRIP Client Optionの設定

図4　RTKLIB用のGUIツールRTKNAVIの設定
つくばチャレンジ仕様

合の例です．

　さらに，次のようにトピック/utmを表示すると**リスト4**のような出力が得られます．

　リスト4のposition:の下の3行, *x*, *y*, *z*が計測点のUTM座標値です．このケースでは東経135°の子午線から東に748863.601911 − 500000 = 248863.601911 m，赤道から北に3846088.44682 mの地点にアンテナが設置されています．

　つくばチャレンジで走行した際には，**図4**に示すようにRTKNAVIのInput Streamsの(1)をSerialに設定して受信機と接続し，(2)Base StationのTypeをNTRIP Clientに設定し，NTRIP Client OptionsのNTRIP Caster Host（基準局）をRTK2go.com，Portを2101，Mount pointをTUKUBA - RTCM3に設定しました．

● RTK-GNSSのためのnmea_tcp_driverの修正

　ROSにおける実装では，nmea_tcp_driverを使用してNMEAフォーマットの測位情報から，緯度・経度情報を含む測位情報に変換します．

　nmea_tcp_driverはGNSS情報を収納するトピックの型として定義されているNavSatFix型でデータを出力します．しかしながら，現状のNavSatFix型は，測位状態（satellite fix status information）の種別に，**リスト5**に示す4状態しか用意されておらず，RTK-GNSSのFix解とFloat解の設定がありません．

　一方，u - blocksを含むRTK - GNSS のNMEA GPGGA のメッセージには**リスト6**に示すように，Field 6：GPS Quality indicatorのフィールド（経度の符号E,Wの次の数字）にRTK の Float解 とFix解 の区別があり，Fix解では4, Float解では5が設定されて

リスト4 トピック/utmの出力結果からUTM座標値が確認できる

```
header:
 seq: 35
 stamp:
  secs: 1542361100
  nsecs: 316454887
 frame_id: /gps
child_frame_id: ''
pose:
 pose:
  position:
   x: 748863.601911
   y: 3846088.44682
   z: 97.118
  orientation:
   x: 0.0
   y: 0.0
   z: 0.0
   w: 1.0
```

UTM座標値

リスト5 NavSatFixのstatusの定義では，Fix解とFloat解の設定が記述されていない
http://docs.ros.org/api/sensor_msgs/html/msg/NavSatFix.html参照

```
NavSatStatus status  # satellite fix status information

statusの取り得る値
int8 STATUS_NO_FIX = -1  # unable to fix position
int8 STATUS_FIX = 0      # unaugmented fix
int8 STATUS_SBAS_FIX = 1 # with satellite-based augmentation
int8 STATUS_GBAS_FIX = 2 # with ground-based augmentation
注)上記の unable to fix position はRTKのfixではなく測位ができない状態
```

リスト6 測位状態(品質)の値の定義でFix解とFloat解を設定する

```
Field 6: GPS Quality indicator
0: Fix not valid
1: GPS fix
2: Differential GPS fix,
4: Real-Time Kinematic, fixed integers
5: Real-Time Kinematic, float integers
```

リスト7 RTK-GNSS測位用にnmea_tcp_driverのソースコードの一部を書き換える

driver.py の 抜粋. https://github.com/CearLab/nmea_tcp_driver/blob/master/src/libnmea_navsat_driver/driver.py

```
81:    if not self.use_RMC and 'GGA' in parsed_sentence:
82:        data = parsed_sentence['GGA']
83:        gps_qual = data['fix_type']
84:        if gps_qual == 0:
85:            current_fix.status.status = NavSatStatus.STATUS_NO_FIX
86:        elif gps_qual == 1:
87:            current_fix.status.status = NavSatStatus.STATUS_FIX
88:        elif gps_qual == 2:
89:            current_fix.status.status = NavSatStatus.STATUS_SBAS_FIX
90:        elif gps_qual in (4, 5):
91:            current_fix.status.status = NavSatStatus.STATUS_GBAS_FIX
92:        else:
93:            current_fix.status.status = NavSatStatus.STATUS_NO_FIX

(中略)

109:        hdop = data['hdop']
110:        current_fix.position_covariance[0] = hdop ** 2
111:        current_fix.position_covariance[4] = hdop ** 2
112:        current_fix.position_covariance[8] = (2 * hdop) ** 2 # FIXME
```

ソースコードを書き換えた

います.

リスト7にnmea_tcp_driverのソースコード(driver.py)の抜粋を示しますが，同コードでは，

```
90:     elif gps_qual in (4, 5):
91:        current_fix.status.status = NavSatStatus.
STATUS_GBAS_FIX
```

のように，本来Fix，Floatの別となる部分が，いずれの場合もSTATUS_GBAS_FIXとなっています.
(STATUS_FIXはRTKのFixではなく，単独測位でも測位結果が得られればFIXとなる)

そこで，elif gps_qual が4の場合は，current_fix.status.status を4に，elif gps_qual が5の場合は，current_fix.status.status を5とするようにコードを書き換えます. また同ソースコードの109行目付近では共分散の設定を行っています(リスト7参照). ここでは，東西方向(position_covariance[0])，南北方向(current_fix.position_covariance[4])，高さ方向(position_covariance[8])の共分散の値を設定しています. いずれもHDOP(Horizontal Dilution of Precision)がそのまま

使用されています.

この値を，単独測位，DGPS，RTK Float，RTK Fixなどに応じて，適切な共分散値に設定すれば，拡張カルマン・フィルタの中での推定値算出に反映されます.

● RTK-GNSSとオドメトリの拡張カルマン・フィルタを組み合わせる効果

つくばチャレンジのコース内においてRTK-GNSSの測位データとオドメトリを拡張カルマン・フィルタで融合した実験を行いました.

図5にRTK-GNSSで測位した結果とオドメトリによる自己位置推定結果を示します. 濃い灰色線がRTK-GNSSの測位結果の軌跡で，淡い灰色線がオドメトリだけのときの位置推定結果です. また，図1にRTK-GNSSとオドメトリによる位置推定を拡張カルマン・フィルタで融合した結果を示します. 淡い灰色線の線が拡張カルマン・フィルタの結果です.

図6は，背景の写真を除いて，拡張カルマン・フィルタ，オドメトリ，RTK-GNSSの測位結果を比較し

図5　オドメトリの位置推定軌跡はGNSSの測位結果と大きく逸脱した
オドメトリの位置推定軌跡（淡い灰色の線）とGNSSの測位結果（濃い灰色の線）．GoogleMapから写真引用

た結果です．いずれの図も，縦方向が南北方向，横方向が東西方向に相当します．つくばチャレンジのコースは総延長2km以上ありますが，本コース長は約1kmの区間の結果です．ロボットは，図の左上からスタートし，反時計回りにコース上の遊歩道を走行しました．

　図5のオドメトリによる位置推定結果（淡い灰色線）では，スタート後しばらくの間は実際のコース上を通る軌跡を描いているのですが，図中下部の西から東（左

から右）に向かう部分では，遊歩道から南方向にずれた位置推定をしています．また，コース後半では，実際の経路から大きく逸脱した位置を推定していますが，オドメトリで使用したジャイロ・センサのドリフトが誤差が要因と考えられます．一方，拡張カルマン・フィルタで推定した自己位置は，スタートからゴールまで，実際の経路をほぼ追従した結果を示しています．

　特に，図5，図1，図6の右上付近では，写真2に示すように木立の下を通る経路になっており，RTK-GNSSの測位結果が不安定です．図7に同地点付近のGNSSの拡張カルマン・フィルタの測位結果を示しま

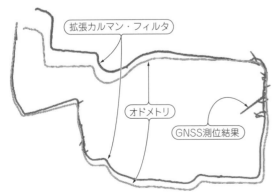

図6　背景の写真を除き，拡張カルマン・フィルタ，オドメトリ，GNSSの測位結果を見やすく表示した

写真2　木立の下では枝葉が上空を覆って衛星が不可視になる
図中の矢印はコースの進行方向

コラム　自律移動ロボットの底上げに…つくばチャレンジ

つくばチャレンジは，同特区内における遊歩道などの実環境で，移動ロボットに自律走行させる技術チャレンジです．

屋外（一部私有地を除く）では，歩道も含めて道路交通法の遵守が必要です．モータを含む原動機を搭載した移動体は，移動ロボットも含め車両に相当するため（電動車いす，歩行補助車，アシスト付き自転車を除く），広場・公園を含む公道を走行する場合は，車検や車両登録などの手続きが必要です．

このため，開発した移動ロボットを公道で走行テストすることは困難ですが，2011年3月つくば市はモビリティロボット実験特区に認定され，同市内の指定区域内においては実験目的での走行が許可されています．

2007年の第1回から2011年までの5年間のつくばチャレンジ第1ステージでは，つくば駅周辺の公園，遊歩道を通るコースが設定され，エレベータに乗り込んだ後，屋内を走行する課題も設定されました．

2013年から2017年までの第2ステージにおいては，経路上の指定区域内の指定探索対象（特定の服装の人物）を探索する課題と，赤信号・青信号を認識して横断歩道を渡る課題が含まれました．2018年から始まった第3ステージでは，ゴールへ到達する経由点の設定が日ごとに変化するような課題の設定が加わりました．

ロボットはスタートしてからはゴールするまで完全な自律走行が求められるので，歩行者や自転車などの回避機能も必要です．例年，70〜80程度のチームが全国から参加し，課題達成，コース完走を目指していますが，走行結果に順位をつけないので，自らの技術を秘匿することなく，実験走行日やシンポジウムのポスタ・セッションなどで，互いの情報交換を行っています．この結果，自律移動ロボット技術の全体的な底上げにつながっており，学術的・教育的な側面はもとより実用化の面でも価値のあるチャレンジとなっています．

つくばチャレンジの詳細はWebページ（https://tsukubachallenge.jp/）を参照してください．

〈内村 裕〉

す．同図に示すようにRTK-GNSSの測位が不安定な場所では，オドメトリとRTK-GNSSの相互補完が有効に作用しています．

*

RTK-GNSSによる測位においてFix解が得られた場合は，非常に高い精度で位置計測が行えますが，常にFix解が得られるとは限りません．本稿で紹介したジャイロ・オドメトリのような方法で補完する必要があります．こうした技術の複合によって，移動ロボットの自己位置推定の精度が向上し，自律移動ロボットの実用化が期待できます．

◆参考文献◆

(1) 友納 正裕；移動ロボットのための確率的な自己位置推定と地図構築，日本ロボット学会誌，29巻，5号，pp.423-426，2011年．

(2) 小宮 康平，宮下 隼輔，丸岡 泰，内村 裕；探索範囲を最適化したマップマッチング法による自律移動ロボットの制御，電気学会論文誌D，133巻，5号，pp.502-509，2013年．

(3) 森本 祐介，滑川 徹；拡張カルマンフィルタを用いた移動ロボットの自己位置推定と環境認識，日本機械学会運動と振動の制御シンポジウム講演論文集11巻，pp.200-205，2009年

(4) 小倉 崇；ROSではじめるロボットプログラミング，工学社，2015年．

(5) ROS.org.　http://wiki.ros.org/ja

(6) 木谷 友哉；第15話 私のオープンRTK基地局，トランジスタ技術，2018年1月号，pp.82-84，CQ出版社．

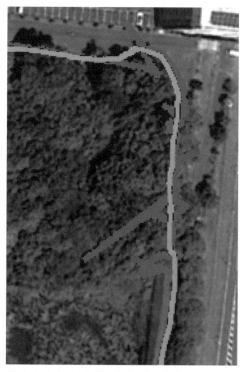

図7　RTK-GNSSの測位が不安定な場所では，オドメトリとRTK-GNSSの相互補完が有効に作用する
木立の下の拡張カルマン・フィルタ（濃い灰色の線）の推定結果，GNSSの測位結果（淡い灰色の線）．GoogleMapから写真引用．図5の右上部を拡大した

粒子フィルタを使った自己位置推定

赤井 直紀 Naoki Akai

自己位置推定とは，与えられた地図上で，ロボットや自動車などの対象の相対位置を求める技術です．ロボットや自動車は外界を計測するためのセンサを搭載しているものとし，そのセンサの計測値と地図を比較することで，自己位置推定を行います．確率ロボティクス[1]という本では，この問題を確率的に解く方法が述べられています．

確率的自己位置推定の定式化，およびそれに関わる数学的知識を簡単に説明します．そして定式化された式を基に，粒子フィルタによる自己位置推定の実装例Monte Carlo Localization（MCL）の動作を説明します．

確率的自己位置推定の基礎

確率的自己位置推定では，確率に関する知識を用います．ここでは，自己位置推定の定式化において用いられる，確率の予備知識を説明します[3]．

● 確率変数間の関係を表すグラフィカル・モデル

グラフィカル・モデルとは，確率変数間の関係を図に表したものです．

グラフィカル・モデルでは図1のように，白色のノードが未知（推定したい）変数，灰色のノードが可観測変数を表します．どの色や形のノードが何の変数を表すかは，教科書や論文によって違います．

グラフィカル・モデルにもいくつかの種類がありますが，自己位置推定では有向非循環グラフ（ベイジアン・ネットワークとも呼ぶ）を用います．これは，確率変数間の依存関係を矢印で表したグラフで，「矢印の先の変数は，矢印の根元の変数に依存している」ということを意味します．

有向非循環グラフは，依存関係を表す矢印間でルー

プ（循環）が存在しません．ループが存在しないので，未知変数の推定が困難になることを防げます．グラフィカル・モデルを用いると，変数同士の関係性や式の展開が理解しやすくなるメリットがあります．

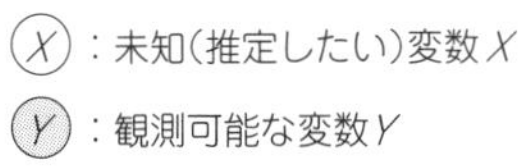

● 全確率の定理

確率論において重要な定理は，加法定理と乗法定理です（コラム1参照）．

$$p(Y) = \int p(X, Y) dX \cdots\cdots\cdots\cdots\cdots (1)$$

$$p(X, Y) = p(Y|X)p(X) \cdots\cdots\cdots\cdots (2)$$

この2つの関係を用いると，全確率の定理を導くことができます．

$$p(Y) = \int p(Y|X)p(X) dX \cdots\cdots\cdots\cdots (3)$$

全確率の定理を表すグラフィカル・モデルを図2（a）に示します．「変数Yが変数Xに依存している」という関係です．この関係が成り立つときには全確率の定理が適用できることを覚えておくと，後で示す式展開が理解しやすいでしょう．

全確率の定理をよく見ると，左辺は変数Yに関する確率のみを表しますが，右辺は，変数Xが与えられた下での変数Yの条件付き確率$p(X|Y)$，変数Xに関する確率$p(X)$です．

これはすなわち「Yに関する確率を求めるために，Xに関する確率と，Xが与えられた下でのYに関する確率を導入できる」ことを意味しています．すなわち，「Xを用いてYを予測できる」ということを意味しています．

● ベイズの定理

式(1)～式(3)を用いると，次に示すベイズの定理が導けます．

$$p(X|Y) = \frac{p(X, Y)}{p(Y)} = \frac{p(Y|X)p(X)}{p(Y)}$$
$$= \frac{p(Y|X)p(X)}{\int p(Y|X)p(X) dX} \cdots\cdots\cdots\cdots (4)$$

(X) ：未知（推定したい）変数 X

(Y) ：観測可能な変数 Y

図1 グラフィカル・モデルに使うノードの意味
色や形で，未知なのか，観測可能なのかを表現する

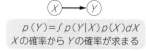

$$p(Y) = \int p(Y|X)p(X)dX$$
X の確率から Y の確率が求まる

（a）全確率の定理

図2　グラフィカル・モデルで変数同士の依存性を表わした例
変数の依存性からグラフを描くと，そのグラフから確率論の定理を適用できるかどうかが一目瞭然

$$p(X|Y) = \frac{p(Y|X)p(X)}{\int p(Y|X)p(X)dX}$$

X の確率から Y の確率が求まるが，Y の確率（尤度）で X の確率（事前確率）を更新して事後確率が手に入る

（b）ベイズの定理

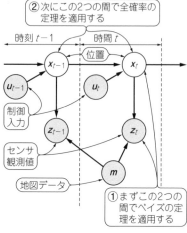

図3　自己位置推定の元になるグラフィカル・モデル
1つ前の時刻 $t-1$ の位置 x_{t-1} から，制御入力 u_t に応じて動いた結果が，現在の位置 x_t であること，センサ観測値は位置と地図から決まることを図示した

① まずこの2つの間でベイズの定理を適用する
② 次にこの2つの間で全確率の定理を適用する

ベイズの定理を表すグラフィカル・モデルを図2（b）に示します．「可観測変数 Y が未知変数 X に依存している」という関係です．この関係が成り立つときにベイズの定理が適用できる，と覚えておくと，後の式展開が理解しやすいでしょう．

ベイズの定理の重要なところは，「左辺の条件付き確率と右辺の条件付き確率が逆になる」ということです．

左辺の条件付き確率は，可観測変数 Y が与えられたとき，未知変数 X が得られる確率を意味します．

一方，右辺の条件付き確率は，未知変数 X がもし固定された場合に可観測変数 Y が得られる確率を意味し，このような確率を「尤度」と呼びます．

右辺に存在する X に関する確率 $p(X)$ を「事前確率」と呼びます．すなわちベイズの定理とは，「未知変数 X に関する事前確率 $p(X)$ に対して，尤度 $p(Y|X)$ をかけて更新することで，可観測変数 Y が与えられた下での X に関する確率 $p(X|Y)$ を求める」ということを意味します．ここで更新して得られた確率である $p(X|Y)$ を「事後確率」と呼びます．

● 有向分離

有向非循環グラフは，確率変数間の依存関係を表すものですが，実際に変数間の依存関係を把握するためには，少し複雑なルールが存在します．なぜなら，直接矢印で結ばれていない変数同士が依存していることもあるからです．これは，ある変数が観測（条件付け）されたときに，その変数の観測という事象が他の変数に対して影響を与えるためです．

このような関係を考慮しながら，変数間の依存関係を把握することを「有向分離」と呼びます．

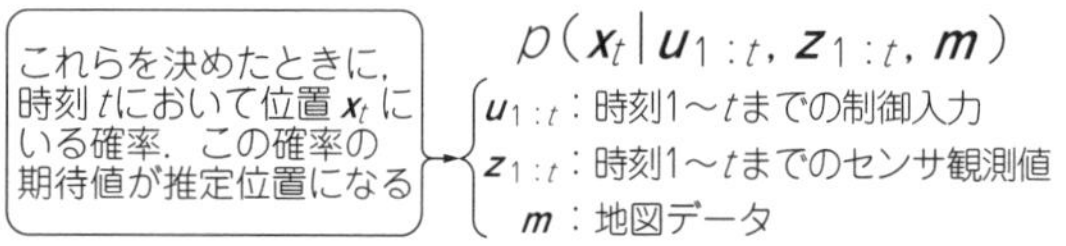

```
これらを決めたときに，
時刻 t において位置 x_t に
いる確率．この確率の
期待値が推定位置になる
```
$$p(\boldsymbol{x}_t | \boldsymbol{u}_{1:t}, \boldsymbol{z}_{1:t}, \boldsymbol{m})$$
$\boldsymbol{u}_{1:t}$：時刻1～t までの制御入力
$\boldsymbol{z}_{1:t}$：時刻1～t までのセンサ観測値
$\boldsymbol{m}$：地図データ

図4　位置 x_t の確率分布を求めることが自己位置の推定になる

自己位置推定のモデルでは，あまり複雑な関係が現われないため，ここでは用語の紹介に留めます．参考文献(4)の記事は，有向分離に関して非常にわかりやすくまとめてあるので，参考にしてみてください．

確率的自己位置推定の定式化

確率的自己位置推定問題で用いられる式は，ベイズの定理による確率分布の再帰的な更新（ベイズ・フィルタ）として定式化されます．この定式化の考え方を説明します．

● 自己位置推定のためのグラフィカル・モデル

図3に，自己位置推定で利用されるグラフィカル・モデルを示します．自己位置推定のモデルでは，自己位置 $\boldsymbol{x}$（太字でベクトルを表わす）が未知変数として扱われ，制御入力 $\boldsymbol{u}$（ベクトル），センサ観測 $\boldsymbol{z}$（ベクトル），地図 $\boldsymbol{m}$（ベクトル）が可観測変数として扱われます．

● 推定したい自己位置

自己位置推定の問題では，次に示す確率分布を求めることが目標になります．

$$p(\boldsymbol{x}_t | \boldsymbol{u}_{1:t}, \boldsymbol{z}_{1:t}, \boldsymbol{m}) \cdots\cdots\cdots (5)$$

この式は，図4のように，時刻 t における自己位置 $\boldsymbol{x}_t$ に関する条件付き確率分布を意味しています．$1:t$ は時刻1から t までの時系列データを表しています．すなわち，$\boldsymbol{u}_{1:t} = (\boldsymbol{u}_1, \cdots, \boldsymbol{u}_t)$ を意味します．

この式を図3に示すグラフィカル・モデルを参考にしながら展開していきます．

● ベイズの定理を適用し確率分布を求めていく

まず時刻 t の自己位置 $\boldsymbol{x}_t$ とセンサ観測 $\boldsymbol{z}_t$ に着目します．図5に示すように，この関係が成り立つ時はベイ

$$p(X|Y) = \frac{p(Y|X)p(X)}{\int p(Y|X)p(X)dX}$$

$$(X) \longrightarrow (Y)$$

$$(x_t) \longrightarrow (z_t)$$

$$p(x_t|z_t) = \frac{p(z_t|x_t)\,p(x_t)}{\int p(z_t|x_t)\,p(x_t)\,dx_t}$$

このように対応付けると式(6)が導かれる

$$p(x_t|u_{1:t}, z_{1:t}, m) = \frac{p(z_t|x_t, u_{1:t}, z_{1:t-1}, m)\,p(x_t|u_{1:t}, z_{1:t-1}, m)}{\int p(z_t|x_t, u_{1:t}, z_{1:t-1}, m)\,p(x_t|u_{1:t}, z_{1:t-1}, m)\,dx_t}$$

(a) 図2(b)に示した有向モデルのベイズの定理　　　　　　　　　　　(b) 図3中のx_tとz_tの関係

図5　図3のx_tとz_tの関係に着目して確率分布を展開していく

$$(x_{t-1}) \longrightarrow (x_t)$$

図2(a)と同様に考えて全確率の定理を使うと,

$$p(x_t) = \int p(x_t|x_{t-1})\,p(x_{t-1})\,dx_{t-1}$$

実際にはx_tが条件付き確率なので,

$$p(x_t|u_{1:t}, z_{1:t-1}, m) = \int p(x_t|x_{t-1}, u_{1:t}, z_{1:t-1}, m)\,p(x_{t-1}|u_{1:t}, z_{1:t-1}, m)\,dx_{t-1}$$

図6　図3のx_{t-1}とx_tの関係に着目して確率分布を展開する

ズの定理が適用できます.

$$
\begin{aligned}
&p(x_t|u_{1:t}, z_{1:t}, m) \\
&= \frac{p(z_t|x_t, u_{1:t}, z_{1:t-1}, m)p(x_t|u_{1:t}, z_{1:t-1}, m)}{\int p(z_t|x_t, u_{1:t}, z_{1:t-1}, m)p(x_t|u_{1:t}, z_{1:t-1}, m)dx_t} \\
&= \eta\, p(z_t|x_t, u_{1:t}, z_{1:t-1}, m)p(x_t|u_{1:t}, z_{1:t-1}, m)
\end{aligned}
$$
$\quad\cdots\cdots\cdots\cdots\cdots\cdots\cdots$ (6)

ηは正規化係数(確率分布の総和が1になるための制約となる項)を表します. ベイズの定理により導出される分母は正規化のための係数であり, あまり重要ではないので, ここではηとして省略します.

右辺第1項に着目し, 時刻tのセンサ観測z_tに依存しない変数を条件から削除します. この削除の条件を調べる際に, 有向分離を用います.

$$
\begin{aligned}
&p(x_t|u_{1:t}, z_{1:t}, m) \\
&= \eta\, p(z_t|x_t, m)p(x_t|u_{1:t}, z_{1:t-1}, m)
\end{aligned}
$$
$\quad\cdots\cdots\cdots$ (7)

次に右辺第2項に着目し, x_tとx_{t-1}の関係に着目します. 図6に示すように, この関係が成り立つ時は全確率の定理が適用できます.

$$
\begin{aligned}
&p(x_t|u_{1:t}, z_{1:t}, m) \\
&= \eta\, p(z_t|x_t, m) \times \\
&\int p(x_t|x_{t-1}, u_{1:t}, z_{1:t-1}, m)p(x_{t-1}|u_{1:t}, z_{1:t-1}, m)dx_{t-1}
\end{aligned}
$$
$\quad\cdots\cdots\cdots\cdots\cdots\cdots\cdots$ (8)

同様に, 被積分項の第1項からx_tが依存していない項を削除します. 被積分項の第2項からu_tも削除できます.

$$
\begin{aligned}
&p(x_t|u_{1:t}, z_{1:t}, m) \\
&= \eta\, p(z_t|x_t, m) \times \\
&\int p(x_t|x_{t-1}, u_t)p(x_{t-1}|u_{1:t-1}, z_{1:t-1}, m)dx_{t-1}
\end{aligned}
$$
$\quad\cdots\cdots\cdots\cdots\cdots\cdots\cdots$ (9)

式(9)の左辺と右辺の被積分項の第2項に着目すると, 時刻tと$t-1$の再帰的な式になっていることが確認できます. これが確率的自己位置推定において利用

される式になります.

式(9)とベイズの定理は対応しており, 右辺の第2項(積分項)が事前確率, 第1項が尤度, 左辺が事後確率に対応すると解釈できます.

● 確率モデル

式(9)には2つの重要なモデルが含まれています.

$$p(x_t|x_{t-1}, u_t) \quad\cdots\cdots\cdots\cdots\cdots\cdots\cdots\cdots (10)$$
$$p(z_t|x_t, m) \quad\cdots\cdots\cdots\cdots\cdots\cdots\cdots\cdots\cdots (11)$$

これらはそれぞれ「動作モデル」と「観測モデル」と呼ばれます. 粒子フィルタを実装するには, これらのモデルの詳細を数式として定義する必要があります.

まずはこれらの詳細よりも, 式(9)と粒子フィルタによる自己位置推定の実装がどのように対応するかを説明します.

粒子フィルタによる自己位置推定法

粒子フィルタ(またはパーティクル・フィルタ)を用いた自己位置推定は, Monte Carlo Localization(MCL)とも呼ばれます. 本節では, MCLの実装に関する内容を説明します.

● 確率分布を有限個の粒子で近似する

粒子フィルタとは, 端的には「確率分布を有限個の粒子で近似する方法」といえます.

例えば, 時刻tにおける自己位置x_tに対する確率分布を以下のように近似表現します(図7).

$$p(x_t) = \sum_{i=1}^{M} \omega_t^{[i]}\,\delta\,(x_t - x_t^{[i]}) \quad\cdots\cdots\cdots\cdots (12)$$

δはクロネッカのデルタで( )内が0であるときに1, そうでない場合に0です. Mは粒子数, $x_t^{[i]}$と$\omega_t^{[i]}$はそれぞれ, i番目の粒子の状態と重みです. 全粒子の重みの総和は1となるように重み付けします.

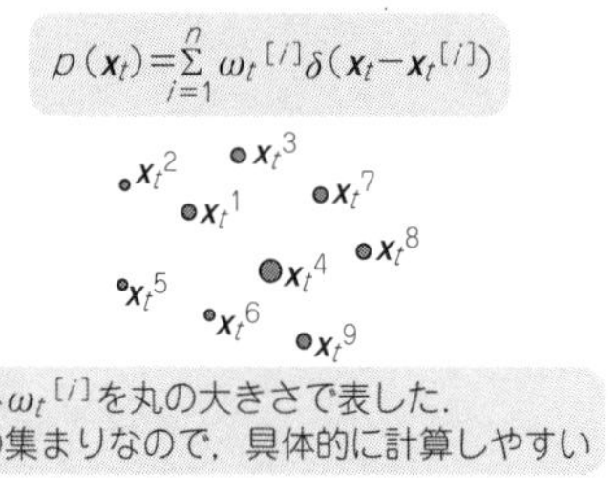

$$p(\boldsymbol{x}_t) = \sum_{i=1}^{n} \omega_t^{[i]} \delta(\boldsymbol{x}_t - \boldsymbol{x}_t^{[i]})$$

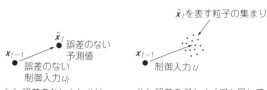

重み$\omega_t^{[i]}$を丸の大きさで表した.
点の集まりなので,具体的に計算しやすい

図7 確率分布を重み付けのある粒子の集まりで表わす
式で表現できない複雑な分布も近似して表現できるので,コンピュータ
で処理するのに向いている

粒子フィルタによる自己位置推定では,「動作モデルによる状態の更新」,「観測モデルによる尤度付け」,「状態推定」,「リサンプリング」の4ステップを繰り返すことで,式(9)に示す確率分布を再帰的に計算します.ここでいう「状態」とは具体的に言うと「各粒子が持つ位置と姿勢」という意味になります.

粒子フィルタによる自己位置推定の概略を図8に示します.位置を点で,姿勢を矢印で表わしています.

● **動作モデルによる更新**

前提として,時刻$t-1$時点の粒子群(図8では左側の灰色の点と矢印)が与えられているものとします.

ロボットがエンコーダを所有していたとすると,時刻$t-1$からtの間の移動量を計測できます.この移動量を用いて,ロボットの運動モデルに従って状態更新を行えば,時刻tにおける自己位置$\boldsymbol{x}_t$を予測できます.このような方法で状態を予測することを「オドメトリ」と呼びます.

しかし,オドメトリによる予測は確実ではなく,必ず不確かさを含みます.すなわち,予測された自己位置$\boldsymbol{x}_t$に関する分布は,一意的な値として定めることは正しくありません.

そこで粒子フィルタでは,各粒子の状態をエンコーダの計測値に従って更新させる際に,任意のノイズを加えてそれぞれの状態を更新します(図9).

これにより,図9の黒色の粒子群が示すように,粒子は広がりを持つこととなり,予測された自己位置に対する不確かさを表現できます.

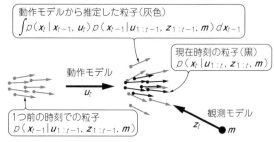

図8 粒子フィルタによる自己位置推定の考え方

なお,このような運動モデルに従って予測された自己位置に関する分布を「予測分布」と呼び,これはベイズの定理における事前確率に相当します.

● **観測モデルによる尤度付け**

動作モデルによる更新を終えた後に,観測モデルを用いた尤度計算を行います(図10).

この操作は,端的にいえば「地図と観測値を照合する」というプロセスです.すなわち,各粒子の状態に基づいてセンサ観測を座標変換し,それぞれで地図と観測の一致度のようなものを計算します.

この一致度の計算には観測モデルを用います.結果として,粒子の重みは次のように計算されます.

$$\omega_t = p(z_t|\boldsymbol{x}_t, m) \cdots\cdots\cdots\cdots\cdots\cdots (13)$$

なお,後の計算を簡単にするために,次式に従って重みの正規化(重みの総和を1にするための処理)も行います.

$$\omega_t^{[i]} \longleftarrow \frac{\omega_t^{[i]}}{\sum_{j=1}^{M} \omega_t^{[j]}} \cdots\cdots\cdots\cdots\cdots\cdots (14)$$

粒子群の重みの総和で対象の粒子の重みを割る,という操作です.この重み付けされた粒子群が,ベイズの定理における事後確率を近似しています.

● **状態推定**

重みの計算を終えたら,粒子の位置の重み付き平均を取ることで,時刻tの自己位置の推定結果$\boldsymbol{x}_t$とします(図11).

図9 動作モデルを使って状態を更新する
制御入力は分かっているはずなので,それを使って新たな位置と向きを計算する.このときわざと誤差を加える

(a) 誤差のないセンサはないので完全な予測はできない
(b) 誤差のぶんノイズを足して粒子を分布させる

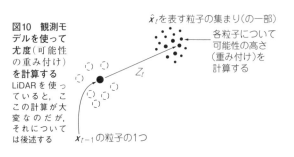

図10 観測モデルを使って尤度(可能性の重み付け)を計算する
LiDARを使っていると,この計算が大変なのだが,それについては後述する

各粒子について可能性の高さ(重み付け)を計算する

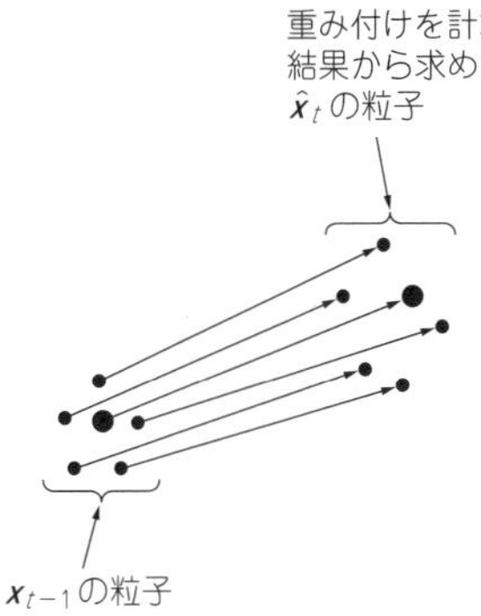

図11 重み付けの結果から，それらしい位置と向き（状態）を推定する

このとき，それらしい結果を1つだけ選ぶのではなく，複数の粒子を残した状態にすることがポイント

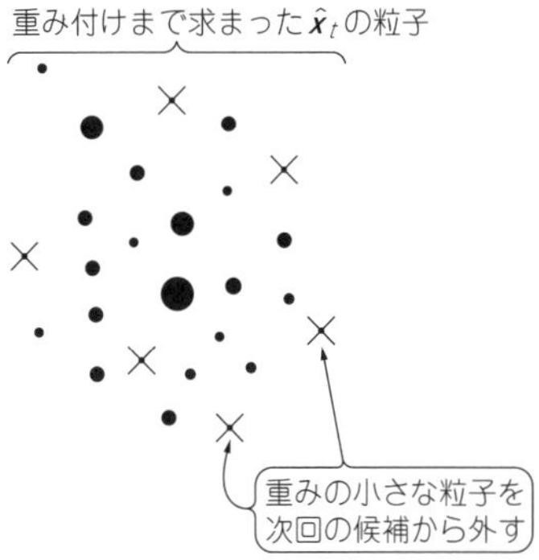

重み付けを計算した結果から求めた $\hat{x}_t$ の粒子

x_{t-1} の粒子

重み付けまで求まった $\hat{x}_t$ の粒子

図12 重み付けが小さい（可能性が低い）粒子を減らすリサンプリング

重みの小さな粒子を次回の候補から外す

$$x_t = \sum_{i=1}^{M} \omega_t^{[i]} x_t^{[i]} \quad \cdots\cdots\cdots\cdots\cdots\cdots (15)$$

この操作は事後確率 $p(x_t|u_{1:t}, z_{1:t}, m)$ から期待値を計算しています．

ここでもし，最も重みの大きい粒子の状態を1つだけ取り上げて，それを自己位置推定の結果として利用したとすると，それは「最尤状態」を表したものであり「観測モデルの値が最大となる状態を選択する」という操作とほぼ等価になります（粒子群内で重みの最大の粒子と，最尤解は必ずしも一致しないので等価にはならない）．すなわち，最適化計算，手法名としてはICP（Iterative Closest Point）アルゴリズムによるスキャン・マッチングなどによる推定結果と同様の考え方となります．ベイズ・フィルタにより得られた値とは異なる解釈です．

粒子フィルタの考え方を使う場合，重みの少ない粒子もあえて候補として使うことが重要です．

● リサンプリング

動作モデルの節にて説明した通り，粒子の位置は，ノイズを考慮しながら更新されていきます．すなわち，長い時間更新が行われると，現在位置とは遠い位置に粒子が存在する可能性がだんだん高くなり，不要な粒子が多量に存在する状態になります．

この状態を回避するために，リサンプリングを行います．リサンプリングとは「有効な粒子を残し，不要な粒子を削除」するプロセスです（**図12**）．リサンプリングの方法自体はさまざまな方法が考えられます．

例えば，ある要素 b_i が i 番目以下の正規化された粒子の重みの総和になる，という要素を導入したとします．

$$b^{[i]} = \sum_{j=1}^{i} \omega_t^{[j]} \quad \cdots\cdots\cdots\cdots\cdots\cdots (16)$$

そして0から1の乱数 r を発生させ「$r \le b_i$ なら i 番目の粒子を複製する」という方法をとると，重みの大きい粒子が複製されやすくなり，重みの小さな粒子は削除されます．

確率モデル

式(9)に示した通り，自己位置推定のモデルには「動作モデル」と「観測モデル」という2つの重要な確率モデルが含まれます．これら2つのモデルの数式化について説明します．

● 動作モデル

動作モデルとは，ロボットが時刻 $t-1$ から t へ制御入力 u_t によって遷移するモデルを表します．

ここでは，粒子フィルタを実装するということに焦点を当て，どのような動作モデルを用いれば，時刻 $t-1$ から t への状態の遷移の不確かさが表現できるかを考えます．

ロボットはエンコーダを搭載していると仮定しているので，移動量を計測できます．制御入力 u_t は，エンコーダにより記録された進行方向の移動量 Δd_t と角度方向の移動量 $\Delta \theta_t$ で置き換えられます（**図13**）．

制御入力 u_t といいつつ，エンコーダの計測値となりましたが，自己位置推定の分野ではこの場合でも u_t を制御入力と呼ぶので，本稿でもこのまま制御入力と呼びます．

ロボットの移動機構が左右独立2輪機構（左右のタイヤにモータが装着しており，それぞれが独立して回

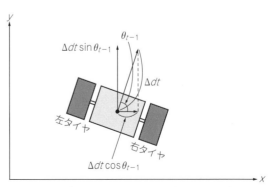

図13 動作モデルを作るために，位置と向きの差分を求める

転できる機構)だとすると，$t-1$からtへのi番目の粒子の状態遷移は次のように表現できます.

$$\begin{pmatrix} x_t^{[i]} \\ y_t^{[i]} \\ \theta_t^{[i]} \end{pmatrix} = \begin{pmatrix} x_{t-1}^{[i]} \\ y_{t-1}^{[i]} \\ \theta_{t-1}^{[i]} \end{pmatrix} + \begin{pmatrix} \Delta d_t^{[i]} \cos\theta_{t-1}^{[i]} \\ \Delta d_t^{[i]} \sin\theta_{t-1}^{[i]} \\ \Delta\theta_{t-1}^{[i]} \end{pmatrix} \cdots\cdots (17)$$

$$\Delta d_t^{[i]} \sim N(\Delta d_t, \alpha_1 \Delta d_t^2 + \alpha_2 \Delta\theta_t^2) \cdots\cdots (18)$$

$$\Delta d_t^{[i]} \sim N(\Delta\theta_t, \alpha_3 \Delta d_t^2 + \alpha_4 \Delta\theta_t^2) \cdots\cdots (19)$$

$\alpha_1 \sim \alpha_4$：オドメトリによる位置推定の不確かさをモデル化するための任意係数，$N(a, b^2)$は平均a，分散b^2のガウス分布に従う乱数を発生させる関数

これにより，粒子群が移動の不確かさを表現するようになり，粒子の分布が拡張して遷移していくことになります.

● **観測モデル**

▶ **観測の独立性**

LiDARのようなレンジ・センサを想定すると，1度に複数の観測値(距離の計測値)を得られます. すなわちセンサ観測z_tは，

$$z_t = (z_t^1, z_t^2, \cdots, z_t^K)$$

です.

観測モデルを厳密にモデル化するためには，次の同時確率分布を定義する必要があります.

$$p(z_t|x_t, m) = p(z_t^1, z_t^2, \cdots, z_t^K|x_t, m) \cdots\cdots (20)$$

これはK個の観測すべてが同時に得られる確率を表す同時分布をモデル化する必要がある，ということを意味しています. 詳細は省きますが，このような同時確率分布のモデル化は極めて困難です.

そこで，各観測は独立しているという「観測の独立性」という仮定を導入します. 確率論において，試行が独立していると見なされれば，同時確率は積の形に分解できます. そのため，観測モデルは次のように分解されます.

$$p(z_t^1, z_t^2, \cdots, z_t^K|x_t, m) = \prod_{k=1}^{K} p(z_t^k|x_t, m) \cdots (21)$$

すなわち，ある1つの観測z_t^kに対するモデル化ができれば，後はそれらの結果を積算することで，観測

コラム1 確率論を支える2つの基本「加法定理」と「乗法定理」

確率論を理解する上で重要な2つの定理が，加法定理と乗法定理です. 確率論における式の展開では，この2つさえ知っていればよい，といわれるほど重要な定理です.

	$X=1$	$X=2$	$X=3$	$X=4$	
$Y=3$	12回	18回	5回	7回	C_{y1} 42回
$Y=2$	15回	9回	10回	18回	C_{y2} 52回
$Y=1$	13回	21回	20回	15回	C_{y3} 69回

$\begin{array}{cccc} C_{x1} & C_{x2} & C_{x3} & C_{x4} \\ 40回 & 48回 & 35回 & 40回 \end{array}$

試行回数Nは，
$N = 12+18+5+7$
$+15+9+10+18$
$+13+21+20+15$
$=163$

試行回数

● **同時確率**

$$p(X=2, Y=1) = \frac{21^{n_{21}}}{163} \fallingdotseq 0.129$$

$$p(X=2) = \frac{C_{x2}}{N} = \frac{48}{163} \fallingdotseq 0.294$$

● **加法定理の確認**

$$p(X=2) = \sum_{i=1}^{3} p(X=2, Y=i)$$

$$= \frac{21^{n_{21}}}{163} + \frac{9^{n_{22}}}{163} + \frac{18^{n_{23}}}{163} = \frac{48}{163} \fallingdotseq 0.294$$

● **条件付き確率**

$$p(Y=1|X=2) = \frac{21^{n_{21}}}{C_{x2}} = \frac{21}{48} \fallingdotseq 0.438$$

● **乗法定理の確認**

$$p(X=2, Y=1) = \frac{21^{n_{21}}}{N} = \frac{21^{n_{21}}}{C_{x2}} \cdot \frac{C_{x2}}{N}$$

$$= p(Y=1|X=2)p(X=2)$$

図A 2つの変数XとYについての確率を考える

● **2つの独立な事象を同時に扱う…同時確率**

図Aに，簡単なくじの結果を示した例を示します. XとYの箱があり，Xの箱からは1〜4の値，Yの箱からは1〜3の値が書かれたくじが出てきます. この2つの箱からくじを取り出すたびに，書かれた値を確認して箱に戻していきます.

この操作を$N=163$回実行し，それぞれの値が何回出たかを記録した値が図Aです. 表記の都合上，$X=i$，$Y=j$となった値が出た回数をn_{ij}と表記します. すなわち，n_{21}は$X=2$，$Y=1$となった回数を表し，今回の例では21となります.

まず「同時確率」について考えてみます. 同時確率とは，2つ以上の事象が同時に起こることを表した確率です. 図Aの例では，同時確率は次のようになります.

$$p(X=i, \quad Y=j) = \frac{n_{ij}}{N} \cdots\cdots\cdots\cdots\cdots (A)$$

具体的に計算すると，$p(X=2, Y=1) = 21/163 \fallingdotseq 0.129$となります.

さらにここで，次の変数を導入します.

$$c_j(X) = \sum_{j=1}^{3} n_j(X) \cdots\cdots\cdots\cdots\cdots (B)$$

これは，Xの目の値を固定した場合のくじが出た回数を表します. 例えば$c_j(2)=48$となります. この変数を導入することで，Xに関する確率は次のよ

全体のモデル化ができます.

そこで,LiDARのようなレンジ・センサが計測する多数のビームの中での,1つのビームに対する観測のモデル化について考えていきます.

▶ビーム・モデル

まず,ある任意位置x_tが与えられ,そこからd [m] 先に障害物が存在するという地図mが与えられたとします.

この場合,もし環境に何の変化もなければ,レンジセンサから出力されたビームはこの障害物に当たり,計測値はd [m] となることが予測されます.しかし,計測には誤差があることも知られています.この誤差は,中心極限定理を考慮すると,ガウス分布によって表現できます(図14).そのため,d [m] 先の障害物に当たる可能性があるという現象は,次のようにモデル化されます.

$$p_{hit}(z_t{}^k|x_t,m)=\frac{1}{\sqrt{2\pi\sigma^2}}\exp\left\{-\frac{(d-d_t{}^k)^2}{2\sigma^2}\right\}\cdots(22)$$

$d_t{}^k$:実際にセンサが計測した距離の値

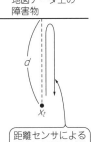

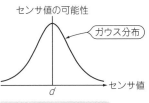

図14 観測モデルを作るために,地図データと観測値を照らし合わせるモデルについて考える
地図に応じた距離データが得られるはずだが,さまざまな誤差があるのでそれらを組み込んでいく

これでモデルが完成,というわけにはいきません.「環境に何も変化がない」という仮定を設けましたが,実環境では歩行者などの地図に存在しない障害物がレンジ・センサから放たれたビームを妨害することがありえます.この場合,計測値はd [m] よりも短くな

うに表現できます.

$$p(X=i)=\frac{c_j(i)}{N}\cdots\cdots\cdots\cdots\cdots\cdots\cdots(C)$$

具体的には$p(X=2)=48/163\fallingdotseq0.294$です.

● 周辺確率と加法定理

ここで,図Aと式(C)に着目すると,式(C)の分子の値は,$X=i$で固定した場合のくじが出た回数を,Yの値を変えながら足した数と等しいことがわかります.

すなわち式(A)と式(C)の間には,次の関係が成り立ちます.

$$p(X=i)=\sum_{j=1}^{3}p(X=i,\ Y=j)\cdots\cdots\cdots(D)$$

これを「確率の加法定理」と呼びます.また式(D)は,$p(X=i)$の他の変数(この場合はY)を変動させた場合の確率の足し合わせであり,この操作は「周辺化」とも呼ばれます.そして,周辺化により得られた確率を「周辺確率」と呼びます.

● 条件付き確率と乗法定理

次に,「条件付き確率」について考えてみます.条件付き確率とは名前の通りで,「ある条件が与えられた下での確率」となります.

図Aで,例えば$X=i$と固定された場合を考えてみます.この確率は次の様に表現されます.

$$p(Y=j|X=i)=\frac{n_{ij}}{c_j(i)}\cdots\cdots\cdots\cdots\cdots(E)$$

具体的には,$p(Y=1|X=2)=21/48\fallingdotseq0.438$となります.条件付き確率では,「|」の後ろの変数が条件を表し,これは固定値です.すなわち,$p(Y|X)$はYに関する関数となります.

式(A)に示す同時確率を式変形し,式(E)に示す関係性を適用すると,次の関係を得られます.

$$p(X=i,\ Y=j)=\frac{n_{ij}}{N}=\frac{n_{ij}}{c_j(i)}\frac{c_j(i)}{N}$$
$$=p(Y=j|X=i)p(X=i)\cdots\cdots\cdots\cdots(F)$$

これを「確率の乗法定理」と呼びます.これは,同時確率が,条件付き確率と単体の確率の積により表現されることを意味しています.

● 全確率の定理とベイズの定理

また,式(D)に式(F)を代入すると,次の「全確率の定理」を導出できます.

$$p(X=i)=\sum_{j=1}^{3}p(Y=j|X=i)p(X=i)\cdots(G)$$

さらに,これらの関係性を用いると,次に示す「ベイズの定理」も導出することができます.

$$p(Y=j|X=i)=\frac{p(X=i|Y=j)p(Y=j)}{p(X=i)}$$
$$=\frac{p(X=i|Y=j)p(Y=j)}{\sum_{j=1}^{3}p(X=i|Y=j)p(Y=j)}\cdots\cdots\cdots(H)$$

〈赤井 直紀〉

ることが予測されます.

また,レンジ・センサは扇形にレーザ・ビームを照射するため,遠方になるほどビームが疎になる,すなわち物体を観測する可能性が低下するという特徴があります.

このようなレンジ・センサの性質と,予測しない障害物によりビームが妨害される現象は,指数分布を用いてモデル化できます.

$$p_{short}(z_t^k|\mathbf{x}_t,\mathbf{m}) = \frac{1}{1-\exp(-\lambda d)}\lambda\exp(-\lambda d_t^k) \cdots (23)$$

また実際の計測というのは,時に全く予測できない値になることがあります.例えば,計測値がフェンスなどの地図にある障害物を貫通して最大値となることや,どのようにも説明できないランダムな値になることです.これらに対するモデルは,次のような分布を仮定してモデル化します.

$$p_{max}(z_t^k|\mathbf{x}_t,\mathbf{m}) = \begin{cases} 1 & (d_t^k \geq D \text{のとき}) \\ 0 & (\text{それ以外のとき}) \end{cases} \cdots (24)$$

$$p_{rand}(z_t^k|\mathbf{x}_t,\mathbf{m}) = \text{unif}(0,D) \cdots (25)$$

ただし,D は使用するレンジ・センサが計測できる最大の距離,unifは指定された区間内での一様分布を示します.

式(22)〜(25)で説明したモデルを線形結合すると,「ビーム・モデル」と呼ばれるモデルが導出されます.

$$p(z_t^k|\mathbf{x}_t,\mathbf{m}) = \begin{pmatrix} z_{hit} \\ z_{short} \\ z_{max} \\ z_{rand} \end{pmatrix}^{\mathrm{T}} \cdot \begin{pmatrix} p_{hit}(z_t^k|\mathbf{x}_t,\mathbf{m}) \\ p_{short}(z_t^k|\mathbf{x}_t,\mathbf{m}) \\ p_{max}(z_t^k|\mathbf{x}_t,\mathbf{m}) \\ p_{rand}(z_t^k|\mathbf{x}_t,\mathbf{m}) \end{pmatrix} \cdots (26)$$

ビーム・モデルにおいても,確率分布の定義域における積分値が1になるという制約を満たす必要があるため,これらの線形結合のための係数の総和は1になる必要があります.

この係数を理論的に決めることは不可能に近いため,データ・ドリブンに決める手法などが用いられたりします.しかし実際には,経験的に決めた値を用いても,それなりに機能することが知られています.

粒子フィルタによる自己位置推定の実際

実際にMCLを動作させて,その性能を検証します.なお,検証ではRobot Operating System(ROS)を用います.

● 「ROS」…自動運転システム構築のサポートをしてくれるミドルウェア

ROSは,PC上にネットワークを構築し,各モジュール(ROSではノードと呼ばれる)がこのネットワークを介して値をやり取りすることで,分散的なシステム構築を可能とさせてくれるミドルウェアです.各ノードがネットワークを介してやり取りする値をのことを「メッセージ」と呼び,メッセージのやり取りを行うためには,メッセージの型を定義する必要があります.実際にネットワーク上で配信されるメッセージには名前が付いており,「/message_name」というように表記します.

● ロボットの構成

本検証で使用するロボットは,2次元LiDARを搭載しているものと想定します.2次元LiDARとして北陽電機のUTM-30LX(通称TOP-URG)を想定します.

ロボットは,車輪の回転量を計測できるエンコーダを搭載していると想定し,オドメトリによる位置予測が行えるものとします.なお,このようなロボットの教材用のものとして,T-frog Projectが開発したi-Cart mini[5]があります.

● 事前準備の地図構築

前述の通り自己位置推定とは「与えられた地図上での対象の相対位置を求める問題」です.

つまり,まず最初に「地図を与える」必要があります.そのためにまず,地図の構築を行います.

▶地図構築にはgmappingを使う

本検証では,ROSのパッケージとして提供されているgmappingを使用して地図の構築を行います.

Ubuntu 18.04を使用している場合,gmappingはapt-getでインストールできないので,GitHubから直接プログラムをダウンロードし,コンパイルを行う必要があることに注意してください.

gmappingを実行するために,まず2次元LiDARの計測値とオドメトリをROSのネットワーク上で配信する必要があります.

2次元LiDARの計測値をやり取りするためのメッセージの型として「sensor_msgs::LaserScan」,オドメトリをやり取りするためのメッセージの型として「nav_msgs::Odometry」が,それぞれROSにデフォルトで用意されています.

まずはこれらのセンサの値をこのメッセージの型に合わせてネットワークに送信する必要があります.しばしばこれらのメッセージは「/scan」,「/odom」と命名されて配信されることが多いので,本記事でもこのように呼びます.

様々な開発者がROSをベースに構築したプログラムを公開しているため,大抵は必要なプログラムをダウンロードして,該当するノードを起動するだけで,このメッセージの送信を行うことができるようになります.

▶センサ位置とロボット位置,オドメトリとロボット位置の関係を設定する

次にtfを設定する必要があります.tfとは,物体の

位置関係を表したようなものです．なおtfもネットワークを介してメッセージとして配信されており，しばしばそのメッセージは「/tf」と命名されています．

まず，ロボットの位置を表す点（/base_linkとよく呼ばれる）と，2次元LiDARの位置関係を記述するtfを作成します．この位置関係は基本的には静的であるため，static_transform_publisherを用いて，事前に定義しておくと便利です．

次に，オドメトリとロボット位置に関するtfを作成します．これは基本的に，オドメトリのメッセージを作成するノードが行ってくれます．

▶ロボットを動かして地図を構築

これらのメッセージとtfの準備を終えたあとに，実際にロボットを動かすと，gmappingによる地図構築が可能になります．

構築された地図をネットワークでやり取りするために「nav_msgs::OccupancyGrid」という型が用意されています．gmappingが起動している状態でmap_serverというパッケージのmap_saverというノードを起動すると，構築した占有格子地図を保存してくれます．

▶構築できる地図の例

構築した占有格子地図の例を**図15**に示します．黒色の領域が障害物がされた地点（占有領域），白色の領域はレーザ・ビームが通過した地点（非占有領域），灰色の領域はレーザ・ビームが通過していない地点（未知領域）をそれぞれ表しています．

gmappingによる地図構築は失敗することもあります．その場合には，各種パラメータを調整することで，地図構築が成功する場合もあります．パラメータを調整しても成功しない場合は，異なる方法で地図構築を

行うことを検討してみてください．

パラメータを調整するたびにロボットを操縦し，都度地図構築のテストを行うのは大変非効率です．そのため，1度ロボットを動かした際の/scan，/odom，および/tfのメッセージをrosbagを用いて記録しておき，オフラインでパラメータ調整を行いながら地図構築を行う方法が効率的です．

● オドメトリ×LiDAR×粒子フィルタによる自己位置推定

図16に，**図15**に示した地図を用いて自己位置推定を行った結果を示します．なおこの例は参考文献(6)に公開されているシミュレータを用いています．

最初ロボットは$(x, y) = (0, 0)$の地点に存在します．黒色の線は真のロボットの位置であり，自己位置推定は，この位置を正確に追跡できていればよいことになります．

▶オドメトリはどんどんずれていく

灰色の線がオドメトリによる推定軌跡です．前述の通り，オドメトリとは車輪の回転量に基づいて計算されたロボットの位置です．

オドメトリによる位置予測は誤差を含むため，推定された軌跡は正しくなりません．加えて，外界センサなどの情報を用いて推定誤差を修正していないため，走行するに従い，真値から徐々に離れてしまっていきます．

▶MCLによる自己位置推定

一方で灰色の細線は，MCLにより推定された軌跡です．オドメトリによる推定軌跡の位置推定誤差が増大している一方で，MCLによる推定軌跡は正しく真

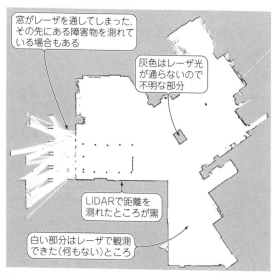

図15　2次元LiDARで構築した地図の例

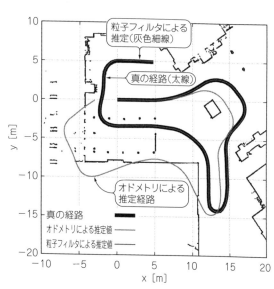

図16　オドメトリ（制御入力）だけで推測した自己位置と，粒子フィルタを使った自己位置推定を比較

コラム2　自動運転の最重要テクノロジ「自己位置推定」

● 自己位置推定は重要な技術

自己位置推定とは，与えられた地図上での相対位置を求める問題です．

これとだけ聞くと，自動走行とは一見関係のない技術のように聞こえますが，実は自己位置推定は，「自動走行を構成する技術の中で最も重要な技術」であるともいえます．

● 人が運転するときはいろいろなものの意味を理解して判断しているはず

我々人間が自動車を運転できるのは「交通環境に

（a）このような状況のとき…

（b）走行可能な範囲を特定し

おける意味理解力が極めて高いから」であるといえます．

例えば図B(a)を見てみると，実に多くの意味（進行方向や交通ルールなど）を画像1枚から理解できています．

一方で，機械が画像1枚から認識できる情報は，人間と比べてここまで多くありません．図B(b)には，図B(a)の画像に対して機械学習の手法を適用した結果を示します．

● 機械学習の進歩で識別精度は上がったが，交通における意味まで把握させるのは難しい

ディープ・ラーニング（深層学習）に代表される機械学習の発展に伴い，画像に映る物体を機械が高精度に認識できるようになってきました．しかし，これはあくまで「画像に映る物体が何か」を識別しているにすぎず，人間が行うような「交通における意味」を理解しているとはいえません．

機械がこのような意味を画像などのセンサ情報からオンラインで認識することは，依然として困難な

（c）交通ルールに従って動く

図B[10]　目に映ったいろいろなものを把握することで交通ルールを守り安全に運転できる

値を追跡できていることが確認できます．

今回の例では動的な障害物もシミュレートしていますが，問題なく位置推定が行えています．

▶誤差をグラフ化

MCLとオドメトリによる推定軌跡と真値間での位置誤差$\sqrt{\Delta x^2 + \Delta y^2}$と角度誤差$|\Delta\theta|$の値を図17に示します．多少の誤差はあるものの，MCLを使うと，真値にかなり近い値が推定できていることが確認できます．

MCLには，多数の派生形が存在します．代表的なものとして，adaptive MCLとaugmented MCLがあり，どちらもAMCLと略されます．

ROSのパッケージで公開されているAMCLは，前者のadaptive MCLになります．adaptive MCLとは，

必要な粒子数を状況に合わせて適応的に決定することで，計算効率性を向上させた手法です．

augmented MCLは，自己位置推定の失敗状態の予測，およびその状態から復帰するために必要な粒子数を見積もる手法になります．これらの詳細に関しては文献(1)に譲ります．

研　究

● 性能をより向上するには

▶ビーム・モデルは正しそうだが計算量が増えすぎる

MCLを端的に述べると，自己位置の候補となる地点を多数選び，その中で最もらしい地点を推定するという方法であり，この候補地点を粒子により選択して

課題です.

しかし，このような意味理解を行わずに自動走行を実現することはできません．そこで，どのように機械に意味理解を実現させるかを考えたときに，「地図を使う」という方法があります．

● 識別した車や人と地図上の位置を関連付けさせることで意味を把握させられる可能性がある

あらかじめ地図にさまざまな情報を記述しておけば，その地点における交通の意味を理解させることできます．例えば，この地点では左を通過する，この信号を見る必要がある，歩行者が優先である，などということを記述しておけば，その位置を走行するための意味を理解できます．

● 自分の位置を正しく把握しているからこそ地図が活用できる

しかし，単に地図に情報を記述しただけでは，その情報は活用できません．その情報が記述された地図において，「自らがどの位置に存在するのか」という情報がわかることで，初めて地図に記述した情報を活用できるようになります．このために自己位置推定が必要であり，自動走行において自己位置推定が重要です．

● 地図上の位置が分かっていると，そこから何が見えるかがわかるので，画像認識が楽になる

図Cは，「3D LiDARを用いた自己位置推定の結果を基に，地図にある静的な情報をカメラ画像に逆投影した結果」を示しています[2].

地図には，自動車が走行すべき経路や，注目すべき信号などの情報が記述されているため，自己位置推定を行うことで，自動車がどこを走行すればよい

か，などの意味を理解できます．

またこの画像は，「画像から白線や信号機を認識した結果」ではなく，「自己位置推定の結果を基にその位置を予測した結果」を示しています．つまり，画像全体を探索して信号などの物体を認識する必要がなくなります．

結果として，画像中の限定した領域を探索して物体認識を行うことが可能となるので，物体認識の精度を劇的に向上させられます．

高精度な自己位置推定を行うことができれば，「自動走行のために要求される要素技術の達成を劇的に簡略化させてくれる」という効果も得られます．

これらの理由から，自動走行を実現するにあたり，自己位置推定は必要不可欠です． 〈赤井 直紀〉

図C 自己位置が推定できていれば，地図と組み合わせると，画像のどこに何が見えているはずなのかがわかる
画像処理の負担を大幅に減らせる

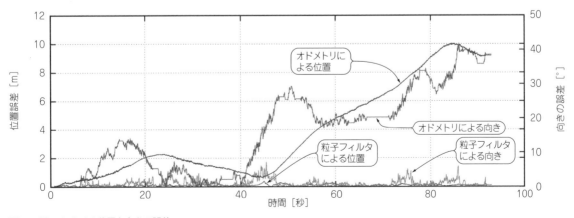

図17 図16における位置と向きの誤差

います.

そのため, 粒子数が増えるほど推定の精度が上がる傾向ですが, 当然ながら, 計算量が増大します. 特に, 今回紹介したビーム・モデルを観測モデルとして用いると, 計算時間が長くて大変です.

▶別のモデルを導入して計算量を減らすアイデア

そこで, このビーム・モデルに代わる観測モデルとして「尤度場モデル」というものが提案されています[1].

尤度場モデルを用いることで, 計算時間が速くなることや, 得られる尤度分布が滑らかになるという利点があります. 「尤度分布の滑らかさ」に関する利点はここでは深く触れませんが, これは推定結果の安定性が向上します.

しかし尤度場モデルは, 環境の動的変化に対して脆弱である性質があります. 観測モデルには, 推定精度と環境変化に対するロバスト性という観点で, トレード・オフの関係があるといえます.

この様な問題は, 前述のadaptive MCLによる粒子数の適応的な選択だけで解決できる問題ではなく, 根本に当たる観測モデルの性能を向上させる必要があります.

そこで私たちは, センサ観測のクラスを考慮しながら自己位置推定を行う手法を提案しています[7]. これにより, 環境変化に対応しながら高速に自己位置推定が行えることを示しています.

● 位置推定が失敗したことを検出する研究

自己位置推定の「推定」とは, 「正しそうな値を予測する」ということを意味します. すなわち, 「推定さえた結果は正しい」という保証はどこにもありません.

augmented MCLも位置推定の失敗を予測しますが, これは経験的な結果に強く基づいており, その性能は観測モデルの性能に強く依存します. これに対して, 私たちは機械学習を活用することで, 自己位置推定結果に対する信頼度を明示的に求める取り組みを行っています[8]. そして, 本手法により推定された信頼度を用いて, 自己位置推定結果の正誤が正確に説明できることを示しました.

自己位置推定の失敗, すなわちセンサ観測と地図の

ミスマッチを識別することは困難な問題です. 詳細は省きますが, これは式(21)を導出するために使用した「観測の独立性」の影響です.

一方で, 観測の独立性を使用しない場合, 自己位置推定の問題を解くことが不可能に近くなります. そこで私らは, 観測の独立性の影響を受けずに, 正確にミスマッチを識別する手法を提案しました[9]. これにより, ミスマッチの発生する状態をモデル化することができ, 位置推定の失敗を検知できることを示しました.

◆参考文献◆

(1) Sebastian Thrun(著), Wolfram Yurgard(著), Dieter Fox(著), 上田 隆一(翻訳);確率ロボティクス, マイナビ出版, 2016年.

(2) E. Takeuchi et al.; A 3-d scan matching using improved 3-d normal distributions transform for mobile robotic mapping, In Proceedings of the IEEE/RSJ International Conference on Intelligent Robots and Systems, 2006.

(3) C.M. ビショップ(著), 元田 浩(監訳), 栗田 多喜夫(監訳), 樋口 知之(監訳), 松本 裕治(監訳), 村田 昇(監訳);パターン認識と機械学習, 丸善出版, 2012年.

(4) 須山 敦志(@sammy_suyama);「グラフィカルモデルを使いこなす! ～有向分離の導入と教師あり学習～」, 『作って遊ぶ機械学習。』.
http://machine-learning.hatenablog.com/entry/2016/02/14/123945

(5) T-frogプロジェクト ロボットフレーム i-Cart mini
http://t-frog.com/products/icart_mini/

(6) AutoNaviのGituhub リポジトリ
https://github.com/NaokiAkai/AutoNavi

(7) N. Akai et al.; Mobile robot localization considering class of sensor observations, In Proceedings of the IEEE/RSJ International Conference on Intelligent Robots and Systems, 2018.

(8) N. Akai et al.; Simultaneous pose and reliability estimation using convolutional neural network and Rao-Blackwellized particle filter, Advanced Robotics, 2018.

(9) N. Akai et al.; Misalignment recognition using Markov random fields with fully connected latent variables for detecting localization failures, IEEE Robotics and Automation Letters, 2019.

(10) C. Liang-Chieh et al.; Searching for Efficient Multi-Scale Architectures for Dense Image Prediction, In Advances in Neural Information Processing Systems 31, pp. 8699-8710, 2018.

第22章 位置推定の「信頼度」を評価する

AIを使った自己位置推定

赤井 直紀 Naoki Akai

● 自動車は安全第一！推定値を疑う

現在の自動運転では，現在位置と地図を照らし合わせて，どう動くかを判断しています．推定した自己位置が正しくないと，動き方の判断も間違ってしまいます．

ところが，その自己位置は推定でしかないので，間違っていることもありえます．間違っているならどう動くかの判断も変わってきます．従来の自己位置推定方法では，その推定位置がどのくらい正しそうなのか，参考になる値を求める方法がありません．

そこで，自己位置を推定するとき，その推定結果がどのくらい正しそうなのか，「信頼度」とでもいうべき値が得られるような自己位置推定システムを考えてみます．

信頼度を組み込んだ，粒子フィルタを使う自己位置推定システムを実際に作って，実験してみます．

〈編集部〉

位置推定の「信頼度」とは

● 推定時の確率が高い＝「自信がある」とは別モノ

位置に対する確率分布は，位置推定結果の「不確かさ」を教えてくれます．確率分布が狭くまとまっていれば，推定に自信がある状態です．

一方で，今回考えている信頼度（reliability）は「正しいかどうかを表す確率値」になります．信頼度は，推定値の良し悪しを客観的に測ったような値になります．

推定結果の自信と信頼度は，全く別のものを表しています．「自信はあるが信頼度が低い」という状態や，「自信はないけど信頼度が高い」という状態が現れます（図1）．

従来の自己位置推定では信頼度を得ることができないので，新しい手法が必要になります．

自動位置推定に「信頼度」が求められる理由

● 自動運転で位置推定が果たす役割を考えてみる

位置推定とは，与えられた環境地図上でセンサ，実際にはセンサを搭載した移動体の位置を推定する技術で，現状の自動走行システムにおける根幹です．

図2に示すのは，位置推定に基づいて自動走行するシステムのブロック図です．自動運転知能と呼ばれる周辺環境認識や，経路計画機能は，位置推定の結果を利用して実行されます．

そのため位置推定に失敗するとほかの機能も正常に働かなくなり，自動走行の失敗に直結します．

● 推定した自己位置は間違っているかもしれない

位置推定は，センサ観測と地図の間で何かしらの対応付けを決め，その対応付けの誤差距離（残差）を最小化することで行われます．あるいは，センサ観測が得られる確率をモデル化し，最尤状態を求めます．

ここで注意していただきたいことは，位置推定の結果は，最適もしくは最尤の状態というだけであり，正しい推定結果であることは保証されていないことです．特に，対応探索や観測のモデル化を行った場合，環境変化の影響を受けやすくなるため，変化する環境が含まれる状態での最適・最尤状態は，間違った位置推定結果になることがあります．

残差の総和を確認するなどして，位置推定が正しく行われたかどうかを確認することは可能です．しかし，そのような方法は結局，環境変化の影響を受けやすいため，経験則的な指標にしかなり得ません．GNSSな

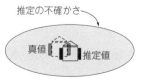

図1 推定位置が信頼度できるかは，自己位置推定中の確率の高さとは異なる
自己位置推定に使う粒子フィルタとは全く異なる方法，具体的にはニューラル・ネットワークを使って，推定位置の正しさを評価する機構を追加してみる

（a）低確信度で高信頼度 　　（b）高確信度で低信頼度

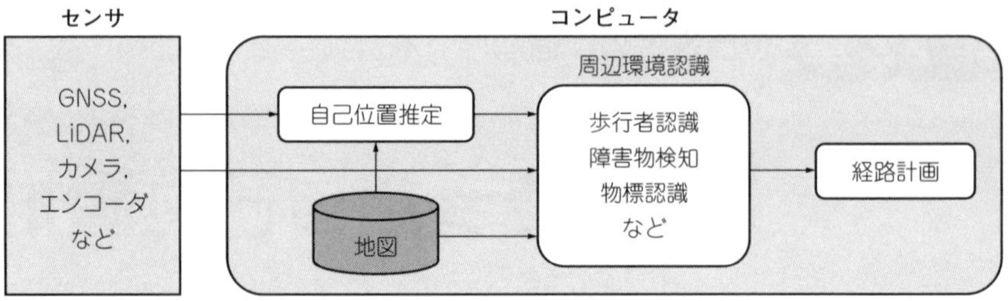

図2 自動運転知能と呼ばれる周辺環境認識や経路計画機能は，位置推定の結果を用いている
一般的な自動走行システムのブロック図．処理は矢印に沿って行われる．位置推定は自動走行システムの根幹に位置する

どを用いた冗長なシステムを構築して位置推定の失敗を検知することも可能ですが，異なる位置推定結果が出たときに，どちらが正しくどちらが間違っているのか，確実に判定する術はありません．

図1に示すように，位置推定は自動走行システムにおいて根幹的な技術ですが，その成功・失敗を識別する術を推定プロセス内部には含んでいません．一度位置推定を利用すると，その推定結果は常に正しいと仮定するしかない，というのが現状です．もちろんこのような仮定は，安全面から見て適切ではありません．ここでは，私が提案する機械学習を併用した信頼度付き位置推定(Localization with Reliability Estimation: LWRE)の詳細を解説します．

● **自己位置を推定したときに正しいかどうかの参考値が欲しい**

工学の分野では，対象が与えられた条件で，規定の期間中，要求された機能を果たすことができる性質を信頼性といい，それを確率で表現したものを信頼度と定義しています．本稿では，位置推定における信頼度を「要求された精度で位置推定が行えているかどうかを表した確率」として定義します．要求された精度を満たすかどうかを位置推定の正誤と定義します．

図2に示すように，位置推定結果はさまざまなモジュールに利用されます．これらのモジュールの性能を考慮すると，位置推定に対する要求精度が決められます．

本稿では，特に他のモジュールを考慮することはしませんが，私の経験を基に，位置誤差が50 cm，角度誤差が3°を超えたとき，位置推定に失敗した状態とします．それ以外を位置推定が成功状態とします．ここでいう誤差とは，推定値と真値の差ですが，当然ながら推定時には真値を得ることができません．

● **AIを使えば「位置」と「信頼度」を同時に推定可能**

今回紹介するシステムの新規性は次の2点です．

(1) 位置推定の正誤を畳み込みニューラル・ネットワーク(CNN)を用いて判断している

(2) CNNの出力も用いて位置と信頼度を同時に推定するグラフィカル・モデルを導入している

現状多くの自動走行システムは「推定」に基づき動作していますが，推定とは最適や最尤などの正しそうな解を求めている処理に過ぎず，正しいかどうか何も指標がない状態です．

より安全な自動走行システムを構築していくためにも，ここで紹介するような推定結果に対する信頼度を定義する方法が，今後重要になっていくといえます．

自己位置推定の信頼度を数値化する粒子フィルタの作り方

● **グラフィカル・モデルに信頼度を加える**

グラフィカル・モデルとは，確率変数同士の関係をグラフで可視化したものです[3]．

図3に示すのは，通常の位置推定や信頼度付き位置推定で利用されるグラフィカル・モデル(有向非巡回グラフ，DAG : Directed Acyclic Graph)を示します．灰色で書かれているノードが観測できる変数(センサ・データや既知として与えられる地図データなど)で，白色で書かれているノードが推定したい変数(位置など)を示します．DAGでは，矢印の先の変数は矢印の基の変数に依存していることを意味します．

通常の位置推定では，制御入力u，センサ観測z，および地図mが与えられた基で，時刻tにおける位置xの確率分布を求めます．

$$p(x_t | u_{1:t}, z_{1:t}, m) \cdots\cdots\cdots\cdots\cdots (1)$$

この式は次のように展開されます(乗法定理，ベイズの定理，マルコフ性および全確率の定理を適用します)[3]．

$$\eta p(z_t | x_t, m)$$
$$\times \int p(x_t | x_{t-1}, u) p(x_{t-1} | u_{1:t-1}, z_{1:t-1}, m)$$
$$dx_{t-1} \cdots\cdots (2)$$

ただし，η：正規化係数．

式(2)は，式(1)に示す位置に関する確率分布が，ベイズ・フィルタを用いて再帰的に計算できるということを意味します．$p(z_t | x_t, m)$は観測モデルと呼ばれ，尤度計算を行うために利用されます．

また$p(x_t | x_{t-1}, u_t)$は動作モデルと呼ばれ，事前分布を求めるために用いられます．

粒子フィルタ(Particle Filter)を用いることで，式(2)は近似的に計算することができます．そのような

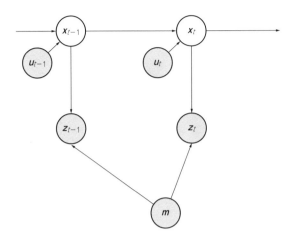

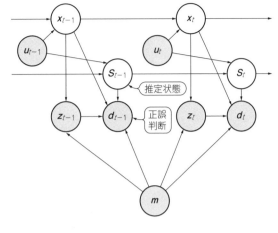

(a) 一般的な自己位置推定　　　　　　　　(b) 信頼度付き自己位置推定

図3　グラフィカル・モデルは確率変数同士の関係をグラフで可視化したものである
これらのモデルは有効非循環グラフ，またはベイジアン・ネットワークと呼ばれる

位置推定方法をMCL（Monte Carlo Localization）と呼びます．ROSにはAMCL（Adaptive MCL）が実装されています．

一方で信頼度付き位置推定のモデルでは，制御入力u，センサ観測z，地図m，および機械学習による位置推定結果の正誤判断dが与えられた基で，時刻tにおける位置xと位置推定状態sの同時確率分布を求めます．

$$p(x_t,\ s_t|u_{1:t},\ z_{1:t},\ d_{1:t},\ m) \cdots\cdots\cdots\cdots (3)$$
ここで，正誤判断d：位置推定に成功している確率（0から1の連続値），位置推定状態$s\in\{0,1\}$：$s=1$で位置推定成功，$s=0$で位置推定失敗状態

すなわち$p(s=1)$が位置推定結果に対する信頼度となります．式(1)から式(2)に変形したように，式(3)は次の2つの式に展開されます．

$$p(z_t|x_t,\ m)\int p(d_t|x_t,\ s_t,\ z_t,\ m)p(s_t)ds_t$$
$$\times \int p(x_t|x_{t-1},\ u)p(x_{t-1}|u_{1:t-1},\ z_{1:t-1},\ d_{1:t-1},\ m)dx_{t-1}$$
$$\cdots\cdots\cdots\cdots\cdots\cdots\cdots\cdots\cdots\cdots\cdots\cdots\cdots (4)$$
$$p(d_t|x_t,\ s_t,\ z_t,\ m)$$
$$\times \int p(s_t|s_{t-1},\ u_t)$$
$$\times p(s_{t-1}|x_{t-1},\ u_{1:t-1},\ z_{1:t-1},\ d_{1:t-1},\ m)$$
$$ds_{t-1} \cdots\cdots (5)$$

式(4)は，式(2)と同様に，位置に関する確率分布がベイズ・フィルタを用いて再帰的に計算できることを意味します．粒子フィルタを用いて近似計算できます．式(2)と異なる点は，観測モデルとは異なる尤度分布$p(d_t|x_t,\ s_t,\ z_t,\ m)$を用いていることです．この分布は，正誤判断$d$に対する尤度分布であるため，本稿では「判断モデル」と呼ぶことにします．

また式(5)も，位置推定状態sに関する確率分布は，ベイズ・フィルタを用いて再帰的に計算できることを意味します．この時，$p(s_t|s_{t-1},\ u_t)$は，制御入力に対する信頼度の変化を表しています．一般的に移動に伴い信頼度は減衰するので，本稿ではこの分布を「信頼度減衰モデル」と呼びます．

今，式(5)に示す確率分布が，位置x_tを与えられた下で解析的に計算できるとした場合，式(3)に示す同時分布を推定するために，RB粒子フィルタ（Rao-Blackwellized Particle Filter）を適用できて，効率的な推定が可能です．

● **推定したい変数が2つでも推定するのは片方だけでよいラオ-ブラックウェルの定理で計算を簡略化**

RB粒子フィルタとは，ラオ-ブラックウェル（Rao-Blackwell）の定理を適用した粒子フィルタです．この定理は推定したい変数が2つ（複数でもよい）存在する場合に，片方の変数が与えられたら，もう片方の変数は解析的に計算ができるというものです．

粒子フィルタとは，各粒子が推定したい変数の1状態を表し，多数の粒子を用いることで目的変数の確率分布を近似します．RB粒子フィルタは，各粒子が2つの変数をもち，1変数を粒子フィルタにより与え，もう片方の変数は粒子の状態を用いて解析的に計算する方法になります．

これにより，同じ時刻で分布を推定するために必要な粒子数を削減でき，効率的な推定を可能とします．なお，本システムで用いる粒子はそれぞれ位置x_t，信頼度$p(s_t=1)$，および尤度ω_tを状態量として有します．

信頼度付き位置推定システムでは位置推定の正誤を

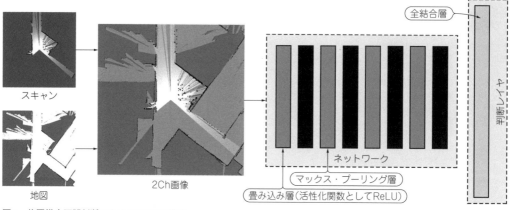

スキャン

地図

2Ch画像

全結合層

4パイ層中

ネットワーク

マックス・プーリング層

畳み込み層(活性化関数としてReLU)

図4　位置推定正誤判断のためのCNNの構造

判断し，成功しているかどうかを表す確率dを出力する機能を用います．この機能は，粒子フィルタなどを用いて式(1)を推定した結果に対しても適用でき，位置推定の正誤を判断するために利用できます．しかし，この判断システムは必ず不確かさを含むため，この値を直接利用すると正誤判断の結果にノイズが増えます．一方で，RB粒子フィルタを用いて推定すると，このノイズを抑制できます．

　これは，式(4)に示すように，尤度計算を行うときに正誤判断dに関する出力が用いられるためです．すなわち，信頼度の高い(もしくは低い)粒子に対して推定結果が誤っている(もしくは正しい)とされた場合に，尤度が低下します．

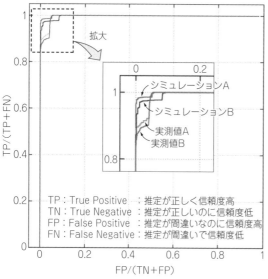

TP : True Positive 　：推定が正しく信頼度高
TN : True Negative 　：推定が正しいのに信頼度低
FP : False Positive 　：推定が間違いなのに信頼度高
FN : False Negative ：推定が間違いで信頼度低

図5　CNNによる識別性能は極めて高く，実際約90%の精度で識別することができる
CNNの識別性能に基づくROC曲線で，左上の角に近いほどよい．A，Bの2つの環境でシミュレーションおよび実際の環境で作成したデータを用いて検証した結果を示す

実験…ニューラル・ネットワークで位置推定結果の正誤を自動判定する

● 機械学習で位置推定の正誤を判断する

　本稿では，畳込みニューラル・ネットワークCNN (Convolutional Neural Network)を用いて位置推定の正誤判断器を実際に作ってみます．出力が0から1になるという制約を満たせば，他の学習器，もしくは何かしらのモデルに基づく方法を用いることも可能です．実装の容易さや性能を考慮し，本記事ではCNNを用います．なお，CNNを実装するフレームワークとしてはKerasを利用しました．

　図4にCNNの機能を示します．図4の左に示す2枚のグレー・スケール画像は，LiDARの計測，推定位置を中心とした地図を画像化したものです．CNNには，この2枚のグレー・スケール画像をマージした2チャネルの画像を入力します．中間層は，複数の畳み込み層(活性化関数としてReLUを使用)とマックス・プーリングの層です．また教師データになるラベルとして，位置推定に成功している状態に対してラベル1を与え，失敗している状態に対してラベル0を与えます．CNNは，入力データに対して0から1の連続値を出力する回帰を行うため，出力層にはシグモイド関数を活性化関数として適用します．なお，ロス関数としては以下の次式を利用します．

$$\min \frac{\lambda}{2}||\omega_{net}||_2 + \sum_{i=1}^{N}(y_i - d_i)^2 \cdots\cdots\cdots\cdots (6)$$

　ここでλは任意の正則化係数，$||\omega_{net}||_2$はネットワークの重みのL_2ノルム，$y_i \in \{0, 1\}$とd_iはi番目の入力データに対するラベルとネットワークの出力の値，Nは学習データ数を表します．画像データに関しては，前後左右10 mずつのサイズで画像を作成し，画像の解像度は0.05 mとしています．この画像のサイズを100×100にリサイズし，CNNに入力します．なお画

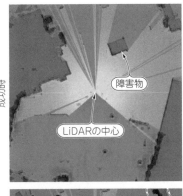

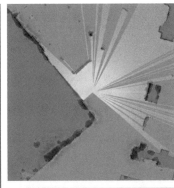
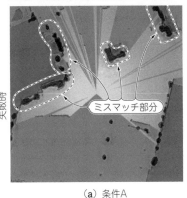

（a）条件A　　　　　　　　　（b）条件B　　　　　　　　　（c）条件C

図6　CNNはセンサ観測と地図がミスマッチしている場所に反応している
Guided Grad-CAMを用いてCNNの反応箇所を可視化したA，B，Cの3条件に関して，それぞれ位置推定成功時と失敗時にCNNが反応した領域（黒色）を示す．スキャン（透白に近い部分）とランドマーク（灰色の部分）がマッチしていない部分，すなわちミスマッチ部分にCNNが反応している

像のデータ・サイズに関しては，CNNの計算と精度のトレード・オフで決める必要があります．

● **シミュレーションで学習データを用意する**

　CNNを用いる際の問題の1つは，学習データをどのように作成するかです．今回は学習データをシミュレーションを用いて作成しました．シミュレーション用のソフトウェアは，私が公開しているGitHubからダウンロードできます[5]．

　シミュレーションを用いると，動的障害物やランドマークの除去などの動的環境を容易に再現でき，かつ位置推定結果の真値を得ることが可能です．また，2次元のLiDARの計測値は容易にシミュレーションできるため，シミュレーション・データで学習した結果を実環境で用いても，大差が表れないという利点もあります．

　図4に示すように，LiDARの計測値，および真値を中心とした地図の画像をそれぞれ記録していき，これを位置推定成功状態のデータ（ラベル1）とします．また真値に対して故意にノイズを加え，閾値（位置誤差50 cm，角度誤差3°）を超えた状態を位置推定失敗状態（ラベル0）とし，同様に画像データを記録していきます．

● **CNNによる正誤判断の性能**

　シミュレーションにより作成したデータ（成功時，失敗時ともに約5千枚）を用いてCNNの学習を行います．

　学習データを作成した環境とは異なる環境で作成したデータを用いてCNNの判断性能を検証（テスト）した結果を**図5**に示します．この図はROC（Receiver Operating Characteristic）曲線であり，ROC曲線が面積1の正方形を構成する場合に，認識率100 ％になることを意味します．

　テスト・データは，実環境で作成されたデータも含みます．実環境で取得したデータを使うときは，位置推定した結果が真値であると仮定します．

　図5を見てわかるように，CNNによる識別性能は極めて高く，実際約90 ％の精度で識別できます．しかし100 ％にはならず，正誤判断の結果は若干の不確かさを含みます．本稿で紹介するシステムは，この不確かさによる影響を低減させる効果があります．

● **同時推定の利点**

　一般的に，CNNを用いて識別のタスクを行うにあたり，学習用のデータ数が1万枚なのはあまり多いとはいえませんが，CNNは高い識別性能を有しています．これは，今回CNNに要求されているタスクが複

雑ではないことが主な要因です.

図6はGuided Grad-CAMという手法を用いて,CNNが反応した領域に色を付けています.図6からわかるように,CNNはセンサ観測と地図がミスマッチしている場所に反応しています.CNNはミスマッチのような識別しやすい特徴を学習したといえて,その意味で多量の学習データを要さずにすんだと考えられます.

近年の機械学習は,極めて複雑な認識や予測を実現することが可能です.しかし簡単なタスクの方が予測性能が良いという事実があります.

ここで紹介する方法は,観測モデルを用いて位置推定を行いながら,機械学習を用いて位置推定の正誤を判断するシステムです.モデルでできないところを機械学習で補完し,逆に機械学習で行っていない部分をモデルで補完しています.機械学習側に複雑なタスクを要求しないため,高い性能の学習器が得られました.モデル化と機械学習を効果的に利用できた好例です.

プログラムの制作と実装

● 粒子フィルタの推定計算ループ① 状態更新

粒子フィルタでは,制御入力u_tを用いて,位置x_tと位置推定状態s_tに関する確率分布の更新を行います.

▶動作モデルの更新

位置x_tに関する確率を更新するためには,動作モデル$p(x|x_{t-1}, u_t)$を用います.これは,時刻$t-1$における粒子群を次式で計算します.

$$x_t = g(x_{t-1}, u_t) \cdots\cdots\cdots (7)$$

ここでgは,制御入力u_tを入力した際の位置x_{t-1}に対する遷移のモデルであり,例えば左右独立2輪駆動のロボットを用いた場合には,次のように定義されます.

$$\begin{pmatrix} x_t \\ y_t \\ \theta_t \end{pmatrix} = \begin{pmatrix} x_{t-1} \\ y_{t-1} \\ \theta_{t-1} \end{pmatrix} + \begin{pmatrix} \Delta l_t \cos\theta_{t-1} \\ \Delta l_t \sin\theta_{t-1} \\ \Delta\theta_t \end{pmatrix} \cdots\cdots (8)$$

$u_t = (\Delta l_t, \Delta\theta_t)^T$であり,$\Delta l_t$は並進移動量,$\Delta\theta_t$は角度移動量です.制御入力のそれぞれの成分に適当なノイズを加えながら各粒子の位置を更新し,動作モデルによる位置分布の更新を近似します.

▶信頼度減衰モデルを組み込む

位置推定状態s_tに対する確率,すなわち信頼度を更新するために,信頼度減衰モデル$p(s_t|s_{t-1}, u_t)$を用います.しかし信頼度と制御入力間のモデルを厳密に定義することは容易ではありません.今回は次に示すヒューリスティックなモデルを用いました.

$$p(s_t = 1) = (1 - (\alpha_1 \Delta l_t^2 + \alpha_2 \Delta\theta_t^2)) p(s_{t-1} = 1)$$
$$\cdots\cdots\cdots\cdots\cdots\cdots (9)$$

α_1とα_2は任意の係数で,実験的に決定します.

● 粒子フィルタの推定計算ループ② 尤度計算

本システムでは,2種類の尤度分布を用いて粒子フィルタの尤度を計算します.

▶観測モデル

観測モデル$p(z_t|x_t, m)$とは,センサ観測に対する尤度を表した分布であり,観測モデルとして尤度場モデルLFM(Likelihood Field Model)を利用します[4].LFMは,3種類の現象に対する尤度分布の線形和を取ったものとして表されます.

$$p(^iz_t|x_t, m) = \begin{pmatrix} z_{hit} \\ z_{max} \\ z_{rand} \end{pmatrix}^T \cdot \begin{pmatrix} p_{hit}(^iz_t|x_t, m) \\ p_{max}(^iz_t|x_t, m) \\ p_{rand}(^iz_t|x_t, m) \end{pmatrix} \cdots (10)$$

ここでp_{hit},p_{max},およびp_{rand}は,それぞれi番目のセンサ観測^iz_tがランドマークに当たる,最大値になるもしくはランダムになる確率を表した分布であり,それぞれ次のように定義されます.

$$p_{hit}(^iz_t|x_t, m)$$
$$= \frac{1}{\sqrt{2\pi\sigma^2_{hit}}} \exp\left\{ -\frac{d_{min}(^iz_t, x_t, m)^2}{2\sigma^2_{hit}} \right\} \cdots (11)$$

$$p_{max}(^iz_t|x_t, m) = \begin{cases} 1 & \text{if}(^iz_t = z_{max}) \\ 0 & \text{otherwise} \end{cases} \cdots\cdots (12)$$

$$p_{rand}(^iz_t|x_t, m) = \begin{cases} 1/z_{max} & \text{if}(0 \leq {}^iz_t < z_{max}) \\ 0 & \text{otherwise} \end{cases}$$
$$\cdots\cdots\cdots\cdots\cdots\cdots (13)$$

σ^2_{hit}はセンサ観測における分散,d_{min}は地図上における観測点から最も近い障害物までの距離を返す関数,^iz_tはi番目のセンサ観測の距離,z_{max}は最大の計測距離を表します.

z_{hit},z_{max},およびz_{rand}は,それぞれの事象がどれだけ起こりやすいかを表現する係数であり,総和が1になる制約を満たす必要があります.本来であれば期待値最大化法などを用いてデータ・ドリブンに決定しますが,経験則的に$z_{hit} = 0.9$,$z_{max} = 0.05$,$z_{rand} = 0.05$とします.

最終的な観測モデルは,各センサ観測が独立していると仮定し,次のように定義されます.

$$p(z_t|x_t, m) = \prod_{i=1}^{K} p(^iz_t|x_t, m) \cdots\cdots\cdots (14)$$

ここでKは観測の個数(例えばLiDARのビームの個数)です.

▶判断モデル

判断モデル$p(d_t|x_t, s_t, z_t, m)$は,正誤判断に対する尤度を表した分布であり,以下のようにモデル化します.

$$p(d_t|x_t, s_t, z_t, m)$$
$$= \begin{pmatrix} d_{posi} \\ d_{nega} \end{pmatrix}^T \cdot \begin{pmatrix} p_{posi}(d_t|x_t, s_t, z_t, m) \\ p_{nega}(d_t|x_t, s_t, z_t, m) \end{pmatrix} \cdots (15)$$

ここでp_{posi}とp_{nega}は,正誤判断が正誤判断が正しい場合,もしくは正しくない場合に対する尤度分布を

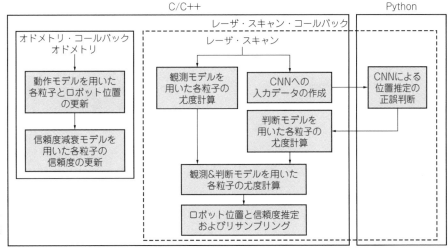

図7 C/C++側 で1つ,
Python側で1つのノード
を用いて実装している処理
フロー実装の一例

表し,次のように定義することとします.

$$p_{posi}(d_t|\boldsymbol{x}_t, \ s_t, \ \boldsymbol{z}_t, \ \boldsymbol{m}) = \frac{d_t^{a-1}(1-d_t)^{b-1}}{B(a, \ b)} \cdots (16)$$

$$p_{nega}(d_t|\boldsymbol{x}_t, \ s_t, \ \boldsymbol{z}_t, \ \boldsymbol{m}) = \mathrm{unif}(0, \ 1) \cdots\cdots (17)$$

Bはベータ関数,unif(0, 1)は0から1の間で定義される一様分布であるとします.aとbは任意の係数であり,$s=1$の場合には$a=5$,$b=1$とし,$s=0$の場合には$a=1$,$b=5$としました.またd_{posi}とd_{nega}の和は1になる必要があり,CNNの認識性能を考慮して,$d_{posi}=0.9$,$d_{nega}=0.1$とします.

▶尤度

観測モデルと判断モデルを利用し,最終的な粒子フィルタに対する尤度は次のように計算します.

$$\omega_t = p(\boldsymbol{z}_t|\boldsymbol{x}_t, \ \boldsymbol{m})$$
$$\times \sum_{i=0}^{1} p(d_t|\boldsymbol{x}_t, \ s_t=i, \ \boldsymbol{z}_t, \ \boldsymbol{m})p(s_t=i)\omega_{t-1}$$
$$\cdots\cdots\cdots\cdots\cdots\cdots\cdots (18)$$

ここで,位置推定状態sは連続変数ではなく離散変数であるため,総和の形になっています.

● 処理フローの一例

実装方法はさまざまありますが,ここでは実際にROSを用いて実装した処理の一例を示します.

ROSはC/C++とPythonに対応しています.個人的にですが,ロボットの位置推定や制御などを行う際には細かいプログラミングをすることが多く,C/C++が適していると考えています.一方で近年の機械学習のライブラリの多くはPythonに対応しており,これらを簡単に使用する場合にはPythonが適していると考えています.

そこで今回は,位置推定およびCNNに入力するデータの作成をC/C++側で行い,CNNによる予測はPythonを用いて実装しました.

図7に実装した処理フローを示します.C/C++側では,オドメトリとレーザ・スキャンを購読(ROSでトピックを受け取ること)します.

オドメトリ・データを購読した際には,式(8)を用いて粒子の位置,および式(9)を用いて信頼度を更新します.

レーザ・スキャン・データを購読した際には,まず観測モデルを用いて粒子の尤度計算を行います.

これと並列して,CNNに入力するためのデータを作成して配信(ROSでトピックを出力すること)します.Python側はこのデータを購読し,CNNの予測を行った結果を配信します.

C/C++側は,このCNNによる予測結果を更に購読し,この結果を用いて判断モデルを用いた尤度計算を行います.

そのあとに,式(15)を用いて位置推定状態を更新し,式(18)を用いて各粒子の尤度ω_tを計算します.

最終的に,位置の重み付き平均の結果を推定位置とし,最尤粒子が有する信頼度$p(s=1)$を信頼度の推定結果とします.

効果の検証

● 検証環境

検証はシミュレーション環境と実機を用いた2つの環境にて行います.どちらの環境においても,2次元のLiDARとオドメトリが利用できるものとします.

2次元のLiDARとしては,北陽電機社製のUTM-30LXを用いました.このLiDARの性能は,最大計測距離30 m,計測角度270°,角度分解能0.25度となっています.なおどちらの実験も,CNNのための学習データを作成していない環境で行っています.

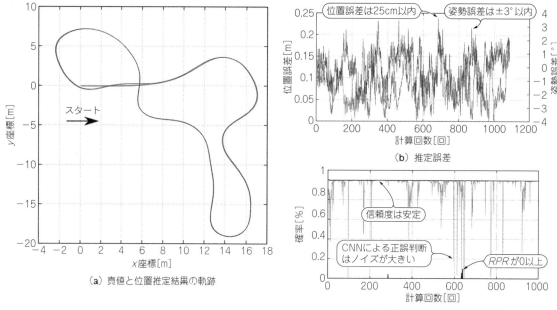

（a）真値と位置推定結果の軌跡

（b）推定誤差

（c）信頼度とCNNによる正誤判断

図8 信頼度は常に1に近い状態である位置推定成功時における信頼度推定結果（シミュレーション）

● **比較方法**

ここでは，AMCL（Augmented MCL）との比較を行います[4]．AMCLは観測モデルによる尤度の履歴を用いて，モデルに基づかないランダムな粒子を配合する割合 RPR（Random Particle Rate）を推定します．RPR が0を超えた場合は，モデルに基づかない観測により位置推定が失敗した状態にある可能性が高いと解釈できます．

● **シミュレーションによる検証**

図8に，正しく位置推定が行えている際の検証結果を示します．図8（a）が真値と位置推定結果の軌跡，図8（b）が位置誤差と角度誤差，図8（c）が推定された信頼度，最尤粒子に対するCNNの出力値，および RPR をそれぞれ示します．

CNNの出力はノイズが大きくなっていますが，信頼度は常に1に近い状態です．また推定誤差が少ない状態で，RPRの値が0を超えている状態が確認できます．

図9には，位置推定が途中で失敗するようなパラメータを故意に選択した際の検証結果を示します．初期状態では推定誤差が小さいのですが，実験の途中で誤差が増減していることが見て取れます．この状況に対して推定された信頼度は，ノイジな振る舞いをすることなく，誤差の増減に伴い0と1に近い値に遷移しています．一方でこの際CNNによる出力は，図8と同様にノイジな振る舞いとなっています．またRPRも，信頼度ほどはうまく位置推定の正誤を説明しているとはいえません．

これらの結果から，単にCNNの値を直接利用すると，正誤判断の結果がノイジになってしまいますが，本システムを用いることで安定的に信頼度が推定できることがわかります．

シミュレーション検証結果の参考として，動画を上げておきます[7]．本検証では，多くの動的障害物を再現しています．ここで述べているシステムが環境の動的変化に対して頑健に機能できていることが確認できます．

● **実機を用いた検証**

図10に示すのは，実機を用いて検証を行い，推定された位置推定の軌跡に対して，推定された信頼度で色を付けた結果です．シミュレーション結果ではないので，真値がないことに注意してください．

CNNの学習データは，シミュレーション環境で作成したデータのみを用いています．ア，イ，およびウ地点において，故意にロボットの位置をずらしています．

信頼度付き位置指定システムを用いると，故意に位置をずらした状況を即座に信頼度が低い状態であると認識できています．今回の検証では，信頼度が低いと認識された場合には粒子の分布をリセットする処理を入れました．そのおかげで，位置推定失敗状態から即座に復帰できていることが確認できます．

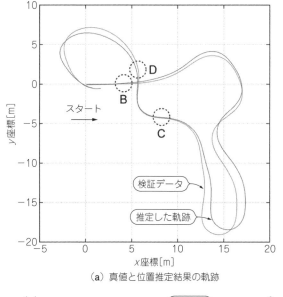

（a）真値と位置推定結果の軌跡

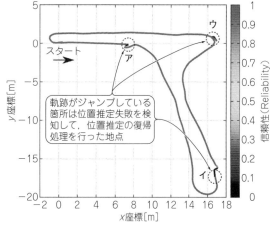

図10　故意に位置をずらした状況を即座に信頼度が低い状態であると認識できるか実験してみた結果
ア，イ，およびウ地点において故意にロボットを移動させて位置推定に失敗させている

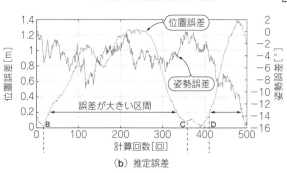

（b）推定誤差

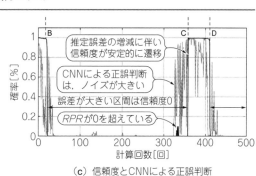

（c）信頼度とCNNによる正誤判断

図9　実験の途中で誤差が増減している位置推定失敗時における信頼度推定結果（シミュレーション）

　実機を用いた検証結果の参考として，動画をあげておきます[8]．実際の環境においても，信頼度が正しく推定できていることが確認できます．

◆参考文献◆

(1) N. Akai et al.; Reliability estimation of vehicle localization result, In Proc. IEEE Intelligent Vehicles Symposium（IV），2018.

(2) N. Akai et al.; Mobile robot localization considering class of sensor observations, In Proc. IEEE/RSJ International Conference on Intelligent Robots and Systems（IROS），2018.

(3) C.M. ビショップ（著），元田 浩（監訳），栗田 多喜夫（監訳），樋口 知之（監訳），松本 裕治（監訳），村田 昇（監訳）；パターン認識と機械学習，丸善出版，2012年．

(4) Sebastian Thrun（著），Wolfram Burgard（著），Dieter Fox（著），上田 隆一（翻訳）；確率ロボティクス，マイナビ出版，2016年．

(5) GitHub；https://github.com/NaokiAkai/AutoNavi

(6) UTM-30LX；https://www.hokuyo-aut.co.jp/search/single.php?serial=21

(7) シミュレーション動画；https://www.youtube.com/watch?v=n_3BXbCpYBk

(8) 実機動画；https://www.youtube.com/watch?v=QzG3beQkQnY

コラム 「自動運転車両」と「自律移動ロボット」に求められる位置推定能力の違い

● 要件

位置推定を行う際に問題視されることは，環境変化（がんけんせい）による推定精度・頑健性の低下や，計算・メモリなどの効率性です．これらは位置推定における「基本的な技術要求」といえます．

すなわち，自律移動ロボットや自動運転車両などの機体が変わったとしても，これら基本的な問題に対する要求は変わりません．しかし，位置推定の結果がどのように利用されるか，または位置推定の失敗によりどのような影響が現れるかという観点から見ると，自律移動ロボットや自動運転車両に利用される位置推定の性質の違いが見えてきます．

● 違い① 自動運転車両は道路しか走らない

自律移動ロボットが走行する環境は，道路のような交通ルールの存在する環境と比べると，複雑といえます．自動運転車両の場合は，道路に存在する白線を目印として自動走行する方法が使えます．

自律移動ロボットの場合には，白線のように何かを目印として走行する方法の適用が困難です．そのため自律移動ロボットの自動走行は，厳密な位置推定結果（誤差0.1m程度）に基づいて行われます．

一方で自動運転車両の場合には，白線を認識するために必要な精度の位置推定（誤差1.0m程度）が実現できれば，位置推定の要求を満たせます．

ただし，ここで述べていることはあくまで一般的に採用されることが多い方法というだけであり，曖昧な位置推定結果を用いる自律移動ロボットや，厳密な位置推定結果を用いる自動運転車両も存在します．

● 違い② 位置推定失敗は自動運転車両の方が痛い

図1に示すように，位置推定は自動走行の根幹技術であり，位置推定が失敗すると，指定経路から逸脱して走行することになります．これは，位置推定の後段に続く，経路計画が出力する軌跡の位置が，実際の走行経路の位置と異なってしまうためです．

指定経路の逸脱が発生した場合，自律移動ロボットは比較的移動速度が遅いため，緊急停止で危険を回避できます．しかし自動運転車両は移動速度が速いため，必ずしも緊急停止で危険を回避できません．そのため自動運転車両の場合には，位置推定結果の信頼度を把握し，位置推定が失敗しそうなときは，その不測の事態に備えることが重要です．すなわち，

位置推定結果に対する信頼度を予測する術が必要です．

もちろん，位置推定に失敗しないように頑健性を向上させることも重要ですが，これは自律移動ロボットでも同じであり，位置推定の失敗認識や，失敗からの復帰機能（例えば大域的位置推定）が重要です．

● 違い③ 自動運転車両は地図のリアルタイム更新に向かない

SLAM（Simultaneouls Localization and Mapping）という位置推定と地図構築（もしくは更新）を同時に行う技術があります．SLAMをオンラインで行いながら自動走行することも可能です．特に，地図の更新がオンラインで行えると，鮮度の高い地図が利用できるので，環境変化に対する頑健性が向上します．

一方で，SLAMには地図構築に失敗すると位置推定にも失敗するデメリットがあります．システム安全性の面から見ると，SLAMを行いながら自動走行を行うことは自動運転車両には適さないといえます．自動運転車両における位置推定は，地図更新が必要な時は別途行い，位置推定時には地図変化に対する頑健性を向上させることが効果的です．

● 自動運転車両における位置推定と本稿で扱う内容

自動運転車両における位置推定の重要さを考えると次のような課題を改善すべきだと考えています．

- 位置推定が失敗しそうかどうかを認識し，後段の安全対策に利用できる情報（信頼度）を使えるか
- 環境変化が起きていない場所を正確に認識し，環境変化のある頑健な位置推定を行えるか

本稿では，1つ目の信頼度に関する研究を紹介しています．2次元のLiDAR（Light Detection and Ranging）を有する小型移動ロボットに，信頼度出力を持つ自己位置推定システムを実装する方法に関して述べます．

前提として，開発環境として（ROS）Robot Operating Systemを用い，ロボットは位置推定を行うために必要な2次元の占有格子地図を所有するものとします．占有格子地図は，ROSのGMappingを使っているので，妥当な前提です．

なお，本システムを自動運転車両に実装した際の資料には参考文献(1)，環境変化の認識については参考文献(2)にあります．　　　　〈赤井 直紀〉

自己位置推定を進化させる オープンソース・ソフトウェア

目黒 淳一, 關野 修, 湊谷 亮太 Junichi Meguro, Osamu Sekino, Ryota Minatoya

位置推定のための オープンソース・ソフトウェアあれこれ

● 自動運転のオープンソースの世界

オープンソース化された技術の組み合わせでさまざまなことができるようになっています.自動運転の世界でも同様で,主にROS(Robot Operating System)を通じて,さまざまな技術が公開されています.

オープンソースですので,ソースコードが公開されており,利用者は自前で問題点の把握をすることができますし,必要があれば改造もできます.また,Webに公開されている情報だけで,クルマがあれば数日程度のセットアップ・検証で自動運転が可能な時代となっています(可能なだけで,安全性の観点で推奨はしませんが).

● その1…簡単に使える2次元amcl/gmapping

ここで,位置推定に注目をして,ロボットや自動車で利用でき,オープンソース化されているスキャン・マッチングの手法を表1に示します.

LiDAR(Light Detection And Ranging)のスキャン・マッチングの方法としては,2次元グリッド地図を利用したamcl(Adaptive Monte Carlo Localization)が有名です.

2次元グリッド地図はgmappingにより作成できます.

このamcl/gmappingの組み合わせは,比較的安価な2D LiDARで利用でき,かつパラメータ調整をする項目が少ないため,容易に用いることができます.しかし,地図が2次元グリッドであるため,市街地で運用するような自動車の自動運転には適さない場合が多くなります.

● その2…3次元用ICP/NDTのPCL実装

一方,3次元地図にも適用できる方法としては,
- ICP(Interactive Closest Point)
- NDT(Normal Distribution Transform)

が有名です.

ICPもNDTも形状を利用した特徴量で,NDTの方が高速にマッチング処理できるため,自動運転ではNDTが用いられる場合が多く見受けられます.

ICPもNDTもアルゴリズムはPCL(Point Cloud Library)に実装され,ソースコードはオープンソース化されています.

● その3…自動運転用オープンソースAutoware

また,オープンソースの自動運転用ソフトウェア「Autoware」にもPCLが組み込まれています.Autowareをセットアップすれば,3D LiDARを使っ

表1 スキャン・マッチング自己位置推定オープンソース・ソフトウェア例
ロボットや自動車で利用できる

形式	位置推定			地 図		
	マッチング手法		入手先	作成手法		入手先
2次元グリッド	amcl		`http://wiki.ros.org/amcl`	gmapping		`http://wiki.ros.org/gmapping`
3次元点群	ICP(3D)/NDT(3D)	PCL	`https://github.com/PointCloudLibrary/pcl`	各種SLAM	NDT_Mapping(Autoware実装版)	`https://github.com/Autoware-AI/autoware.ai`
		Autoware(内部でPCLも活用)	`https://github.com/Autoware-AI/autoware.ai`		Cartographer	`https://github.com/cartographer-project/cartographer`

他,Apolloプロジェクトでも位置推定手法としてHistogram Filterが利用されている `https://github.com/ApolloAuto`

て手軽に3次元のスキャン・マッチングを試すことが可能です.

Autowareは自動運転向けにパッケージ化されたオープンソース・ソフトウェアで,名古屋大学発のスタートアップ企業である株式会社ティアフォーが開発・公開が行い,広く世界中に普及しています.さまざまな団体で利用されていて,各企業が公開している自動運転車両でもAutowareが利用されている例もあります.

本稿ではまず,Autowareに実装されているNDTを紹介します.

● その4…cm級GNSSの定番RTKLIB

一方,GNSSを利用した衛星測位のオープンソースとしては,RTKLIB(http://www.rtklib.com/)がデファクト・スタンダードとして用いられています.RTKLIBは,u-blox社を始めとしたGNSS受信機のデータを利用して,さまざまな方法の測位手法を施すことができ,cmクラスの位置推定が可能なRTK(Real Time Kinematic)の方法も実装されています.

▶自動運転ソフトウェアとして使う課題

RTKLIBには,自動車でよく用いられる慣性センサIMU(Inertial Measurement Unit)や,車速センサと複合するアルゴリズム(例:Kalman Filter,Particle Filter)は実装されていません.

ここでカルマン・フィルタ(Kalman Filter)であれば,Autowareにも実装されています.GNSS受信機の測位結果とAutowareを組み合わせれば,カルマン・フィルタによるGNSS/IMUを利用することができます.

しかし,単純なカルマン・フィルタには,IMUや車速センサの誤差推定機能や,GNSS受信機の測位解の信頼性を判定する機能はありません.そのため,比較的低価格なGNSS受信機やIMUを利用する場合を想定すると,RTKが利用できない場所ではセンサの誤差が蓄積します.またマルチパスの誤差が頻発した際にもフィルタが発散してしまうため,単純に自動車の自動運転に用いることはできません.

● その5…cm級GNSS & IMUフュージョン用Eagleye

そこで本稿では自動運転用のGNSS/IMUオープンソース・ソフトウェアとして,Eagleyeを紹介します.

Eagleyeは,名城大学と株式会社マップフォーが開発・公開をしている,汎用的なGNSS受信機と慣性センサ(IMU)を用いたGNSS/IMUオープンソース・ソフトウェアです.

具体的には,汎用的なGNSS受信機(u-blox製F9P等)や,数万円レベルで入手可能な(執筆時点),低価格で高精度なMEMS-IMUを統合するアルゴリズムとなります.

加えて,ワンボードでEagleyeが利用できるようにGNSS受信機,IMU,CANからのセンサ値が取得可能なEagleye Loggerも開発されています.

閉鎖空間の限定環境下にはなりますが,Eagleyeだけで自動運転を実現した例もあります[2].

● データセット付きなので始めやすい

これらのAutowareやEagleyeは,両方ともソースコードとそれを利用できるデータセットが公開されています.自動運転の位置推定を勉強したい,試してみたい方には,基本的な技術を把握したあとに触るソースコード,データセットとしてちょうどいい対象でしょう.

自動運転オープンソース・ソフトウェアAutoware

● Autowareとは

Autowareは,オープンソースの自動運転ソフトウェアです.自己位置推定,環境認識,経路計画,経路追従など自動運転に必要な機能を備え,大学の研究開発から企業の製品開発まで幅広く利用されています.

GitHubで公開されていて,UbuntuとROS(Robot Operating System)が動作するPC環境で動作します.

Autoware公開先
```
https://github.com/Autoware-AI/
autoware.ai
```
それに加えて車両やセンサを用意することで,自動運転システムを構築することが可能です.

また,データセットが公開されているので,実際の車両やセンサがなくても気軽に試すことが可能です.

本稿では特に位置推定部分に注目し,その技術と利用方法を紹介します.

● 対応するLiDAR & スキャン・マッチング自己位置推定

Autowareでは,事前に作成した3次元地図と,自車両に取り付けたLiDARによって,リアルタイムに計測した周辺環境のスキャン・データをマッチングさせて3次元点群内の自車両の位置を推定できます.

Autowareでは,LiDARとして,ROSに対応したものを利用することができます(表2).

表2 Autowareは Velodyne社のLiDARなどに対応している
一部の例を抜粋

型　名	メーカ
HDL-64e	
HDL-32e	Velodyne
VLP-16	
3D-URG	Hokuyo

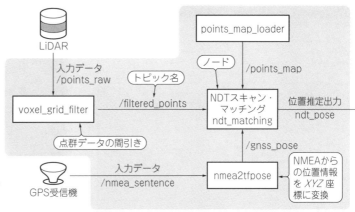

図1 スキャン・マッチング自己位置推定の処理フローの例
AutowareにおけるNDTマッチングのノード・グラフ

3次元スキャン・マッチングの手法としてさまざまな方法がありますが，AutowareではNDT（Normal Distribution Transform）が用いられています．他手法と比べて，ロバスト性が高く，計算が高速なことが用いられる理由です．

NDTは3次元地図データを一定のボクセルに分割し，ボクセル内の全てのポイントの分布を正規分布として近似して扱います．LiDARのスキャン・データとボクセルを比較することで，点対点のマッチングよりも高速なマッチングが可能となっています．

● **スキャン・マッチング自己位置推定の開発環境**

実際にAutowareを使ってNDTスキャン・マッチングによる自己位置推定を試す方法を紹介します．処理フローを**図1**に示します．

NDTスキャン・マッチングを実行するためには，LiDARのデータと3次元点群のデータ（PCD；Point Cloud Data）が必要となります．

また，AutowareはROSの枠組みを利用しているため，ROSのインストールが必要となります．

OSはUbuntuが用いられることが一般的です．

▶①UbuntuにROSをインストール

最初にUbuntu（今回は18.04LTS）がインストールされたPCを用意し，ROSをインストールします．詳細な手順は以下のようなWebサイトが参考になります．以降，バージョンアップによって手順等変わることがあり得ますが，適宜読み替えてください．

ROS Melodicインストール方法
```
http://wiki.ros.org/melodic/
Installation/Ubuntu
```
▶②Autowareのインストール

次にAutowareをインストールします．Autowareはソースコードからビルドします．詳細な手順は以下のWebサイトが参考になります．

Autowareインストール方法（ソース・ビルド）
```
https://github.com/Autoware-AI/
autoware.ai/wiki/Source-Build
```
▶③データセットのダウンロード

動作確認用に，デモ用データセットとして公開されている名古屋市守山区の3次元点群データ（PCD）とLiDARとGNSS情報が含まれる計測データ（rosbag）をダウンロードします．

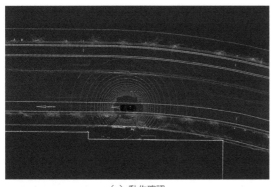

（a）動作確認

（b）軌跡表示

図2 位置推定画面

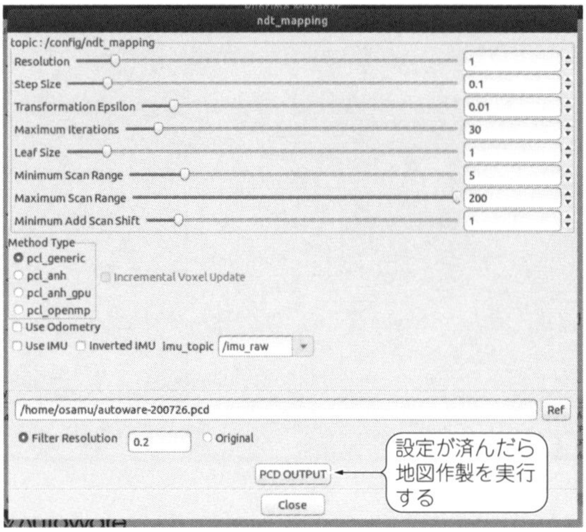

図3 地図作製を作成する前にプログラム(NDT Mapping)の設定を行う

（図中）設定が済んだら地図作製を実行する

図4 地図作製プログラム(NDT Mapping)実行中

図5 作製した3次元地図
イオン守山店駐車場

デモデータ使用方法
`https://github.com/Autoware-AI/autoware.ai/wiki/ROSBAG-Demo`
デモデータ使用方法解説動画
`https://www.youtube.com/watch?v=OWwtr_71cqI`

▶④動作確認

Autowareを起動し、セットアップします。すると NDTスキャン・マッチングが開始され、NDTでの位置推定をすることができるようになります（図2）。

● 3次元地図の作製

3次元点群の作成方法も紹介します。先ほど入手したデモ用データセットはMMS(Mobile Mapping System)と呼ばれる測量用車両によって計測された3次元点群でした。Autowareではそれ以外にLiDARの計測データからSLAMの技術から3次元点群を作成することも可能です。ROSのデータ形式であるrosbagでLiDARのデータを収集すれば、3次元点群を生成できます。AutowareではSLAMにもNDTの技術を採用しています。

Autowareにおける3次元点群の作成フローを以下に示します。

▶①車両とLiDARの取り付け位置の設定
Autowareを起動し、SetupタブのTFボタンを選びます。

▶②地図作成用プログラム(NDT Mapping)の起動
Coumputingタブのndt_mappingにチェックを入れてノードを起動します（図3）。

▶③計測データの再生
SimulationタブのRefボタンをクリックし、計測データを選択しPlayボタンをクリックしrosbagを再生します（図4）。

▶④3次元点群のPCDフォーマットでの出力
再生終了後、ndt_mappingの横のappボタンをクリックし、Refボタンをクリックして保存場所を指定したあと、PCD OUTPUTボタンをクリックすると地図作製処理終了後にPCDファイルが出力されます（図5）。

作成されたPCDファイルの3次元点群は、Autowareだけでなく、他のソフトウェアで用いることもできます。

例えば、CloudCompare(`https://www.danielgm.net/cc/`)を用いると、データの読み込みだけでなく修正も可能です。

GNSS/IMU位置推定 オープンソース・ソフトウェアEagleye

● Eagleyeとは

EagleyeはオープンソースのGNSS/IMU複合航法ソフトウェアです。GNSSとIMU、車速センサの情報を組み合わせて、リアルタイムで高精度に自己位置推定を行うことができます。GitHubに公開されています。

（a）車両

（b）低価格な汎用センサ

（c）計測モニタ

写真1　自動運転用オープンソースEagleye実験車両

Eagleye公開元
```
https://github.com/MapIV/eagleye
```
　自動運転のためにEagleye用データを取得している実験車両を**写真1**に示します.

● **Eagleyeが求められる背景＆対応センサ**

　自動運転や地図生成に用いられていたGNSSとIMUを用いた複合航法システムは精度が求められ，従来とても高価でした.Eagleyeでは，低価格で入手できる（執筆時点では数万円程度）GNSS受信機やIMUといった汎用センサの組み合わせで動作することを前提としたアルゴリズムになっています.位置付けを**図6**に示します.

　Eagleyeでは，基本的にはRTKLIBに対応しているGNSS受信機とROSに対応しているIMUで動作するようになっています.例を**表3**に示します.

● **動作環境**

　EagleyeはAutoware等の自動運転システムに組み合わせて利用することを前提にしており，Autowareと同じくUbuntuとROSが動作するPC環境で動作します.

　また，デモ用データセットが公開されているので，実際の車両やセンサがなくても気軽に試すことが可能です.

　EagleyeではGNSS受信機とIMU，そして車両の車輪のデータが必要となります.実験の際には車両のCANバスから車輪速の情報を取得します（**写真1**）.

　これの情報をROSのデータ形式であるrosbagで保存をすれば，Eagleye実行データとして利用できます.もちろん，リアルタイムで取得したデータを利用してEagleyeの計算をさせることもできます.

● **Eagleyeによる自己位置推定の信号処理**

　Eagleyeのアルゴリズムの概要を**図7**に示します.

　まず，自動車の自己位置推定の基本はデッドレコニングです.デッドレコニングとは車両の進行方向，直交方向それぞれの速度を車速センサとヨー・レート・センサから推定し，積分することで車両の相対的な位置を推定する手法です.

　しかし，デッドレコニングでは車速センサやヨー・レート・センサの誤差が時間経過で累積してしまい，高精度な位置推定が難しいという課題と絶対的な位置が不明という問題がありました.

　EagleyeではGNSSの緯度経度高度やドップラー信号から推定できる速度ベクトルを使い，センサの誤差を補正しデッドレコニングを高精度化するとともに，その情報を使用し高周期な緯度経度高度などの絶対的

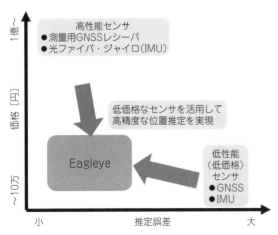

図6　低価格なGNSS受信機/IMUで測定誤差を小さくするのがオープンソースEagleyeの目指すところ

表3　Eagleyeは汎用的に入手できるGNSS受信機/IMUの利用を前提にしている
Eagleyeで対応しているGNSS受信機/IMU

モジュール/型名	メーカ
NEO-M8T/C099-F9P	u-blox
ZED-F9P/EVK-M8T	u-blox

（a）GNSS受信機の例

型名	メーカ
AU7684Nx00	多摩川精機
ADIS16475	アナログ・デバイセズ

（b）IMUの例

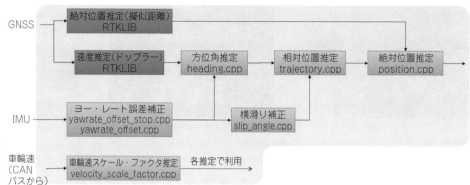

図7 GNSS & IMU
自己位置推定Eagleye
アルゴリズム
Eagleyeではまずデッドレコニングの性能を向上させるために，GNSSドップラ信号を使って，IMUの車輪速の誤差推定と方位角推定を実施する．その後，それらを利用した高精度な走行軌跡を利用してマルチパスを排除した絶対位置推定を行う

な位置推定を行うことを可能としています．

なお，EagleyeではGNSSの測位計算にRTKLIBを利用しています．

▶GNSS誤差が大きい街中での位置推定が安定する

ここで，EagleyeをGNSSの誤差が大きい街中で実行した結果を示します．図8は名古屋駅付近でのEagleyeの実行結果例です．GNSSの測位結果（RTKLIBでの単独測位の結果）は大きな誤差がありますが，Eagleyeの結果は走行している車線上に推定されています．また，正解値との比較の図では名古屋駅周囲の高層ビルに囲まれた場所に置いても，同じ車線を維持しています．文献(1)のWebサイトにはその他の例も公開されています．

● Eagleyeによる自己位置推定の開発環境

実際にEagleyeを使って自己位置推定を実施するフローを紹介します．Autowareと同様にUbuntuとROSのインストールが必要となります．また，EagleyeではRTKLIBも利用をしているため，その準備も必要です．ただし，RTKLIBはEagleye用に改良が必要なため，EagleyeのGitHubで公開されているものを使います．

▶①UbuntuとROSのインストール

Ubuntu(18.04LTS)がインストールされたPCを用意し，ROSをインストールします．次にワークスペースを作成します．詳細な手順はWebサイトを参考にできます．バージョンアップした場合は，適宜読み替えてください．

ROS Melodicインストール方法
```
http://wiki.ros.org/melodic/
Installation/Ubuntu
```
ワークスペース作成方法
```
http://wiki.ros.org/catkin/Tutorials/
create_a_workspace
```

▶②RTKLIB関係のインストール

Eagleye本体をインストールする前準備としてRTKLIB，rtklib_ros_bridge，nmea_navsat_driverをビルドする必要があります．RTKLIBとnmea_navsat_driverはEagleye用に修正されたものを使う必要がありますので注意してください．

RTKLIBはドップラ信号を利用した速度ベクトルを出力と，マルチパス環境下でのリアルタイムの単独測位の性能を改善する修正を施しています．

通常公開されているnmea_navsat_driverはRTK-GNSSのFix解とFloat解の区別がつかない状態となっています．EagleyeではFix解とFloat解の区別が必要なため，修正されています．

また，rtklib_ros_bridgeはRTKLIBの結果をROSで利用するためのノードとなります．

▶③Eagleyeのインストール

これらのビルドが終わったのちに，EagleyeのREADMEに従いEagleyeをインストールします．Eagleyeをビルドして，設定を行えばEagleyeのインストールは完了です．

Eagleye公開先
```
https://github.com/MapIV/eagleye
```

● 計測データのダウンロードとEagleyeの実行

インストール後，デモ用データセットを入手して動作確認を行います．READMEに記載されているSample dataから計測データ(rosbag)をダウンロードし，次にHow to try the sample dataに従い，Eagleyeを起動します．しばらく経過後，推定結果が出力されたら成功です．

● GNSS・IMU・CANバス計測実験のハードウェア

Eagleyeでは，汎用のGNSS受信機とIMU，CANバスからの車速の情報を統合して位置を推定しています．GNSS受信機とIMU，CANバスからのデータ取

（a）ビルに囲まれた場所で車線を走行（GNSS測位結果との比較）

（b）特に高層ビルに囲まれた名古屋駅前（MMS結果との比較）

図8　オープンソースEagleyeを使うとGNSSだけだと精度が出にくいビルに囲まれた街中でも安定して位置推定できる
背景はGoogleMapを利用

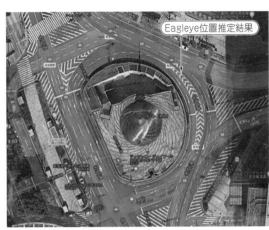

（c）（b）の拡大…名古屋駅前ロータリー

得用ハードウェアの準備が必要となります.

　熟練の技術者にはたいした準備ではないですが，少し使ってみたい方にはハードルが高い準備作業かもしれません．そこで，Eagleye用のデータセットを1枚のボードで簡単に取得できるロガー：Eagleye Loggerを開発しました．構成を**図9**に示します.

　ROS用のドライバも用意しているため，ROSが動作するPCとつなぐだけでEagleyeを利用することができます．なお，Eagleye Loggerは株式会社マップフォー（https://www.map4.jp/）からも販売されています.

▶データ同期の工夫

　Eagleye Loggerでは，自動運転技術開発において重要であるGNSS・IMU・CAN，3つのデータを同時に取得することを目的としています．マイコン1つで3つのデータを取得し，それを1つのパッケージとしてPC（ROS）へ送信できるようにしています．PCから

はUSBでデータを取得することができます．また，マイコンでGNSSからの時刻用PPS（Pulse Per Second）信号を受信することで，正確なタイムスタンプを取得することも可能です.

▶構成

　図9では，主な部品としてGNSSの受信にはu-blox社のF9P搭載ZED-F9P-00B-02を用い，IMUにはAnalog Devices社製ADIS16475をSPI接続で使用しました．また，CAN通信に関してはD-sub（9ピン）コネクタを介し，CANトランシーバであるMCP2551を使用してマイコンと通信しています．IMUに関しては用途に応じて変更をすることが可能です．また，Eagleye LoggerではF9PもUSBで接続できるようUSB-シリアル変換ICを搭載してあるのでRTK用の補正情報の入力や，F9Pの設定変更に用いることもできます.

　マイコン・ボードにはTeensy4.0を使いました．GNSS受信機，IMU，CANデータをマイコンのタイムタグがついた状態でUSBからホストPCに送信します．また，F9PのPPS信号が入力したタイミングも記録しているため，正確な時間を管理できます.

　回路を**図10**に示します.

▶実験時の注意…電源まわり＆ノイズ対策

　Eagleye LoggerにはGNSS・IMU・CANそしてその他の電子部品が実装されているため，10W程の電

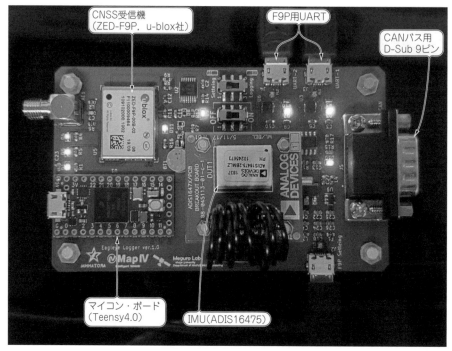

（a）外観

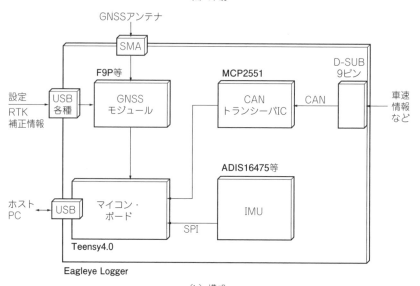

（b）構成

図9　Eagleye実験用にGNSS受信機とIMUとCANバスからのデータを時刻と合わせて取得できる位置推定用マイコン・ボードを作成
「Eagleye Logger」

力が必要となります．特にF9Pは受信した衛星数や内部処理によって大きく消費電力が変化するため，注意が必要です．

　Eagleye Loggerを設計する際も，当初は3端子レギュレータであるAZ1086H‐3.3（最大出力電流：1.5 A）を使用していましたが，発熱の問題などがあり，

PQ3RD23（最大出力電流：2.0 A）に変更することになりました．最終的には，ヒートシンクによる自然冷却により安定して動作できるようになりました．

　加えて，ノイズ対策のために3端子レギュレータを使用しています．ノイズ対策用フェライト・ビーズを各所に実装しました．

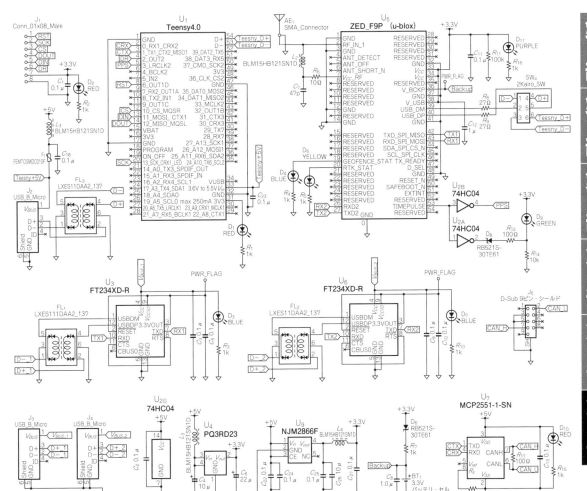

図10 Eagleye実験用回路

オープンソースを生かした さらなる「統合」位置推定

● 各位置推定手法の特徴を生かしていいとこどりしたい

　自動運転には高精度な自己位置推定精度とロバスト性（安定した連続性）が要求されます．そのため自動運転システムでは，さまざまな位置推定手法から出力される結果を統合する必要があります．

　表4に各手法の特徴を示します．

　このように各推定手法には得意不得意があります．

　例えば，RTK測位はcmクラスの高い絶対位置精度を実現することができますが，衛星が観測できない場所では利用することはできません．

　また，NDTスキャン・マッチングでは絶対位置精度は高いですが，3次元点群の特徴の少ない環境ではスキャン・マッチングがうまく行かず，位置推定が不

表4 自動運転ではさまざまな位置推定手法を統合していいとこどりしたい
推定周期は使用するセンサや設定に依存する．数値は一般的に入手可能なセンサやPCを利用した場合の一例

手法	絶対位置精度	ロバスト性	軌跡の連続性	推定周期
Eagleye（相対位置推定）	—	○	○	50 Hz～100 Hz
Eagleye（絶対位置推定）	△	△	△	50 Hz～100 Hz
RTK測位	○	?	?	1 Hz～10 Hz程度
NDTスキャン・マッチング	○	△	△	10 Hz程度

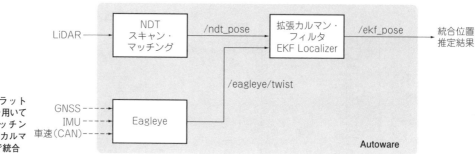

図11　自動運転プラットフォーム Autoware を用いて NDT スキャン・マッチングと Eagleye を拡張カルマン・フィルタ EKF で統合

能になってしまうケースがあります．またアルゴリズムの性質上，軌跡の連続性もデッドレコニングと比較すると低く，数 cm のブレが発生するケースがあります．

一方，Eagleye では GNSS と IMU を統合しているので，相対位置推定(デッドレコニング)の性能では高いロバスト性と連続性を実現することができ，自動運転にも利用可能です．ただし，Eagleye では，絶対位置推定の性能は自動運転には十分ではありません．

● 自動運転のプラットフォームは位置推定手法を統合しやすくなっている

そこで，これらの位置推定手法の欠点を補い利点を生かす方法の一例として，Autoware を用いた Eagleye とのフュージョンを紹介します．ここでは前述したスキャン・マッチングの課題を補完するために Eagleye(相対位置推定)を Autoware に付属している拡張カルマン・フィルタ(EKF；Extended Kalman Filter)を使って統合します(図11)．

具体的には，Eagleye からは補正された車速と IMU のヨーレイトを twist というトピック(/eagleye/twist：ROS のデータ通信)で出力し，NDT スキャン・マッチングでは絶対位置を pose というトピック(/ndt_pose)で出力します．それらのトピックを拡張カルマン・フィルタで統合をすることで，両方の利点をいいとこどりをした位置推定結果(/ekf_pose)を得ることができます．

● 拡張カルマン・フィルタによる統合のフロー

次にフローを説明します．まず，Autoware の Computing タブにある ekf_localizer の横の app ボタンをクリックし，設定を行います(図12)．

ここで，input_twist_name を /eagleye/twist に，twist_rate をジャイロ，車速の周期(例えば 50 Hz)に設定します．

その後，ekf_localizer にチェックを入れることで有効になります．以上の設定により，フュージョン後の位置推定結果は /ekf_pose というトピック名で出力されます．NDT スキャン・マッチング単体で使用す

るよりも滑らかで高周期な位置推定結果が得られるようになります．

● 各位置推定手法の統合結果

図13 に実際に名古屋市守山区で取得したデータを用いて Eagleye と NDT スキャン・マッチングを拡張カルマン・フィルタで統合した結果を示します．▽で示す Eagleye(50 Hz)と NDT スキャン・マッチング(1 Hz)を拡張カルマン・フィルタで統合した結果は，○で示す NDT スキャン・マッチングの位置よりも高周期に出力されています．このように，Eagleye と NDT スキャン・マッチングを統合することで，高精度＆高速に推定できるようになるため，自動運転に適する連続性が高い位置を得ることができます．

● 他の方法で実現することも可能

このようなカルマン・フィルタを用いた NDT の統合は Eagleye を用いなくとも，twist としてジャイロと車速の値を用意すれば得ることもできます．しかし，その場合は事前にジャイロや車速の誤差を補正しておく必要があります．よく知られた方法としては，ジャイロの誤差補正は停止時の平均を使う，速度は GNSS の位置差分と比較する方法が有名です．

また，拡張カルマン・フィルタの状態量(推定したい値)としてジャイロの誤差や車速を含める方法も提案されています．ただし，拡張カルマン・フィルタは GNSS のマルチパスの誤差と相性が悪いため，その対策が必要となります．

Eagleye は GNSS ドップラ信号を利用しているため，移動しながらでもジャイロの誤差の推定が可能であり，また高い相対位置推定性能を利用したマルチパス判定を実施しています．

NDT の代わりに RTK の位置を利用したり，NDT と RTK の値を状況に応じて切り替えてカルマン・フィルタで統合をしたりすることもできます．特に，NDT と RTK を切り替えるような方法では，どちらの値を優先して利用するべきか判断をする必要があります．

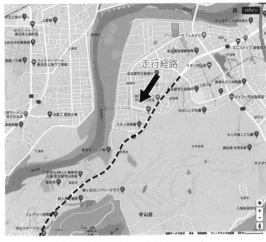

図12 Eagleye と NDT スキャン・マッチングを統合するために Autoware の拡張カルマン・フィルタ・ツール ekf_localizer の設定を行う

この対策のためには，スキャン・マッチングが破綻してしまうような場所があらかじめわかっている場合，その場所に入ったらスキャン・マッチングの結果を使用しないで済ませる等の方法を検討する必要があります．

＊

Eagleye の開発にあたっては，神奈川工科大学 井上 秀雄 教授に協力いただきました．

◆参考文献◆

(1) オープンソース Eagleye 自動運転例が公開されているマップフォーの Web サイト
https://www.map4.jp/technology
(2) 關野 修，渡辺 荘祐，水谷 俊介，高野瀬 碧輝，目黒 淳一，井上 秀雄；コーストレース制御向上に寄与するリアルタイムな自車位置推定アルゴリズムの研究，2019年秋季大会，自動車技術会，2019年10月．

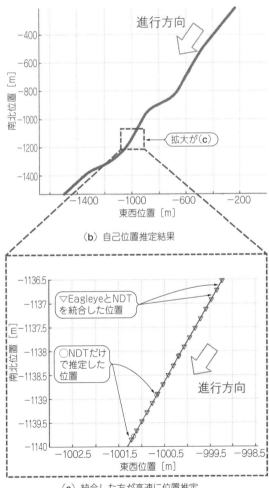

（a）実際の地図（GoogleMap を引用）

（b）自己位置推定結果

（c）統合した方が高速に位置推定

図13 各位置推定手法を統合すると自動運転に求められる高精度＆リアルタイムな推定が実現できる
Eagleye と NDT スキャン・マッチングを EKF で統合した結果．この環境では常時 NDT スキャン・マッチングが可能であるが，NDT スキャン・マッチングは LiDAR の取得周期以上に高周期にすることはできない．一方，twist を統合すればより高周期で位置が推定可能になり，自動運転の精密な制御が可能になる．地図は GoogleMap を利用

実験研究…ミリ波レーダ & GNSS による自己位置推定

天野 義久 Yoshihisa Amano

光学的悪環境に強いミリ波レーダにGNSSを組み合わせた「自己位置推定(SLAM；Simultaneous Localization and Mapping)」の実験を紹介します(**図1，写真1**).

ミリ波レーダは分解能がよくなく，従来単独では実用的な精度と計算時間で位置推定を行うことはできませんでした．今回，cm級GNSS測位と組み合わせることで，精度とリアルタイム性を向上させることができました．

自分周辺の障害物地図Gridmapについてですが，ミリ波レーダは分解能がよくなく，自動運転で求められる「Occupancy Gridmap」を作成することは簡単ではありません．今回は基礎的な「(Amplitude) Gridmap」の作成を行います．

周辺地図Gridmap作成 & 自己位置推定の基本原理

● カメラ画像の手ぶれ補正と同様の処理

周辺地図を作製するAmplitude Gridmapの原理は，カメラ画像処理の世界で確立された「リアルタイムの高速手ぶれ補正」や「画像つなぎ合わせ(stich)」が基本です．文献(1)等が参考になります．

今回，カメラ画像の代わりに，ミリ波レーダ画像を用います．

● 基本原理

図2は高速リアルタイムでカメラを手ぶれ補正する原理です．まずカメラ画像は情報量・データ量が多過ぎるので，少数の特徴点(feature)だけを抽出します．少数の特徴点に絞る，というところが高速リアルタイム処理の秘訣です．

特徴点アルゴリズムには何種類もありますが，カメラ画像にはFAST(Features from Accelerated Segment

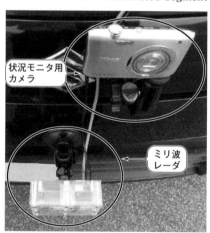

（a）ミリ波レーダ

（b）GNSSアンテナ

写真1 ミリ波レーダやGNSSを組み合わせた自己位置推定の車載実験

図1 ミリ波レーダやGNSSを組み合わせた自己位置推定実験の構成

Test)や，SURF（Speeded‐Up Robust Features）等がよく使われます．

すると図2（a），（b）のように，連続する2つのコマの間で，特徴点ペアどうしの位置が微妙にずれています．このずれは「手ぶれ」等を意味するので，特徴点ペアどうしが誤差最小で重なるように，後ろのコマ画像をアフィン変換すれば，手ぶれ補正の完成です［図2（c）］．

平行移動（Δx，Δy）と回転移動（θ）を表すアフィン変換は，図3の単純な行列掛け算で表せます．行列形式で表現するメリットは，瞬間々々のアフィン変換の累積を，行列掛け算の累積で表せることです．

ミリ波レーダによる自己位置推定の課題＆GNSSを追加する理由

現在の2次元ミリ波レーダは，高解像度化（高分解能化）が進んでします．フレームレートは約33 fps（フレーム／秒）とカメラに近付き，カメラと同じ「画像センサ」になりつつあります．

車載レーダの扇形画像に対して図2のように特徴点ペアのずれを調べれば，それは車の「移動ベクトル」を表します．そして特徴点ペアが重なるようにレーダ画像を次々とつなぎ合わせ（stich）ていけば，車の進路に沿って巨大な地図が出来上がります．副産物として車の自己位置と軌跡も求まります．ただし，基本原理は単純ですが，実現にはいくつも課題があります．

● 課題①…そもそもレーダ画像出力がない

第1の課題ですが，市販されているミリ波レーダの多く，特に車載レーダのほぼ全ては，せっかく内部で求めたレーダ画像（Heat mapと呼ばれる）を外に出力しません．レーダ画像は捨ててしまい，ごく少数の対象リストしか出力しません．

つまり，レーダ画像を自分のPCに取り込むこと自体が，一般の方にとって必ずしも容易でない状況です．

筆者の場合はレーダ開発者側の立場であり，レーダ・モジュール内のファームウェアを自由に改造してこの課題はクリアできるため，ミリ波レーダの可能性を探る実験を行いました．

● 課題②…ミリ波レーダの解像度が低い

第2の課題ですが，市販ミリ波レーダの多くは，レーダ画像の解像度（正確にいえば方位分解能）が低く，にじんでぼやけたレーダ画像しか得られません．にじんでぼやけたレーダ画像をいくら「つなぎ合わせ」しても，やはりにじんでぼやけたGridmapしか得られません．筆者の場合は，高分解能レーダ信号処理アルゴリズムを独自開発しているため，特殊な装置を使わなくてもこの課題はクリアできますが，本来は大規模回路（マルチチップと呼ばれる）のレーダ装置を使う必要があります．

● 課題③…特徴がない場所では自己位置推定が難しい

第3の課題ですが，障害物が全くない広い場所では，レーダ画像を「つなぎ合わせ」する際の目印（特徴点）が何もないため，うまくGridmapが作成できません．

これが今回GNSSと組み合わせた自己位置推定を始めた第1の理由でした．

● 課題④…解像度が低くて特徴点抽出が難しい

第4の課題が1番の大問題ですが，レーダ画像はカメラ画像と比べて圧倒的に情報量が少なく，それゆえFASTやSURF等の特徴点抽出アルゴリズムがうまく機能しませんでした．やむを得ず筆者は下記の試行錯誤法で移動ベクトルを推定しました．

しかし，データ処理に一晩もかかることが珍しくなく，高速リアルタイム処理のめどが立ちませんでした．

これが今回GNSSと組み合わせた自己位置推定を始めた第2の理由でした．

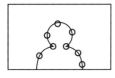

（a）時刻 t の画像と特徴点

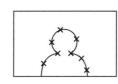

（b）時刻 t＋1の画像と特徴点

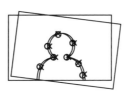

（c）特徴点ペアが一致するようアフィン変換

図2　手ぶれ補正の原理

$$\begin{bmatrix} x_2 \\ y_2 \\ 1 \end{bmatrix} = \begin{bmatrix} cos(\theta) & sin(\theta) & \Delta x \\ sin(\theta) & cos(\theta) & \Delta y \\ 0 & 0 & 1 \end{bmatrix} \cdot \begin{bmatrix} x_1 \\ y_1 \\ 1 \end{bmatrix}$$
新座標　　　　　　　　　　　　　旧座標

図3　手ぶれの瞬間々々の変化の累積を行列積で表せるアフィン変換を使う

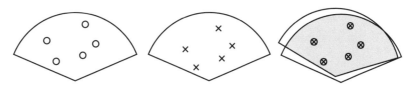

図4　レーダ画像だけから移動ベクトルを推定する方法

（a）時刻 t の画像と滲んだ物体像

（b）時刻 t＋1の画像と滲んだ物体像

（c）重なり領域の画素の平均誤差が最小となるアフィン変換を試行錯誤で探す

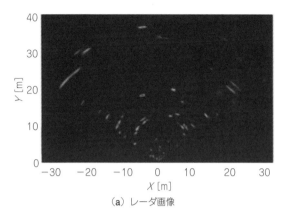

（a）レーダ画像

（c）実際の場所（Google画像使用）

図5　ミリ波レーダだけを用いた自己位置推定＆Gridmap作成例
東京モーターショー（2017年）に出展して反響を得た

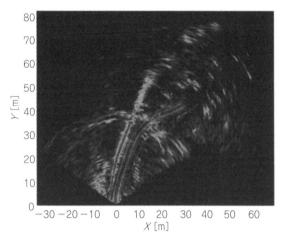

（b）レーダ画像のつなぎ合わせ結果（線が副産物である自己位置推定結果）

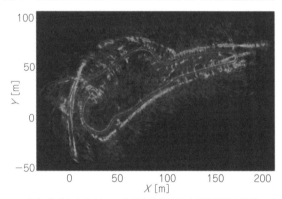

（d）作成したGridmap＆副産物である自己位置推定結果

ミリ波レーダだけを用いた Gridmap作成＆自己位置推定

● アルゴリズム

カメラと同じ特徴点抽出アルゴリズムが使えない状況下で移動ベクトルを高速推定する方法としては，一般的にはオドメトリ（Odmetry）法が使われます．これは，例えば車輪の回転数センサやハンドルの回転角センサ等の情報を総合し，車の運動モデルに基づいて，移動ベクトルを推定する技術です．

しかしながら，この実験のためにはOdmetryセンサを増設した改造車を公道で走らせる必要があります．

代わりに筆者が採用した移動ベクトルの推定法を，**図4**に示します．

時刻 $t+1$ のレーダ画像をアフィン変換し，時刻 t のレーダ画像との重なり領域の画素間の平均誤差を求めます．平行移動（Δx，Δy）と回転運動（$\Delta \phi$）の三重ループを回して毎回上記の平均誤差を求め，誤差パラメータが最小になったときのパラメータ組み合わせ（Δx，Δy，$\Delta \phi$）を試行錯誤で探索しました．三重ループはあまりに計算が重たいため，車の簡易運動モデルを用いて2重ループ（速度 Δv，方向 $\Delta \phi$）に簡略化する工夫もしました．

● 実験結果＆課題

好条件がそろった実験場所では，それなりの精度で地図作製に成功しました（**図5**）．

しかし，1周してほぼ同じ場所に戻って来ると誤差が蓄積して位置ずれが目立ち，またわずか数分間の測定データ処理に一晩もかかり，課題が多くて実用化までは至りませんでした．

▶ミリ波レーダについて

ミリ波レーダは，一般に市販されているAWR1443 boost（Texas Instruments社）を，ファームウェア改造して技術適合証明に通したものを使いました．仮想アンテナ8本で動作させました．AWR1443 boostは自作のMATLABプログラムで制御し，その中で筆者独自開発のアルゴリズムを使用することで位置分解能を高めています．

ミリ波レーダとGNSSを組み合わせた Gridmap作成＆自己位置推定の実験

今では「cm級GNSS」がわずか数万円台で買える時代になっています．実用化に至れず悩んでいた筆者は，**図4**で試行錯誤で行っていた移動ベクトル推定を，GNSSで直接測定するよう変更しました．

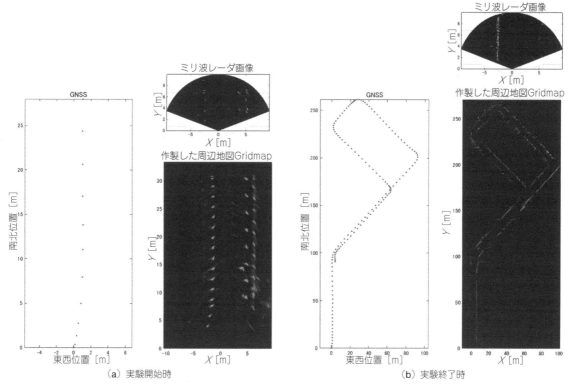

図6　ミリ波レーダとGNSSを組み合わせたGridmap作成＆自己位置推定

（a）実験開始時　　　　　　　　　（b）実験終了時

● 実験の構成

実験の構成を**図1**に，車載実験の様子を**写真1**に示しています．

ミリ波レーダ画像とGNSSデータを取り込んで，自己位置推定を行いました．ミリ波レーダ・カメラ・GNSSはそれぞれバラバラに測定データを蓄積し，実験終了後に自作のMATLABプログラムで，全測定データを統合し，自己位置推定を行いました．

● キー・デバイス

▶使用したGNSS

GNSSにはRTK測位のスタータ・キット（トラ技2周波RTKスタータ・キット【高速測位タイプ】，CQ出版社）を使いました．

▶ミリ波レーダ

なおミリ波レーダは，まだ一般には市販されていないボードを使いました．TEF810Xチップ（NXP社）を搭載し，筆者独自開発の高分解能アルゴリズムをファームに組み込んでいます．

これを自作MATLABプログラムで制御し，仮想アンテナ12本で動作させました．

● 実験結果

実験結果を**図6**に示します．GNSS測定した走行経路を骨格（skeleton）とし，そこにミリ波レーダ画像を衣服（skin）として重ね着させたものです．格安実験系ながらもくろみ通り，走行した住宅街地図が正確に測定するとともに，データ処理時間を大幅に短縮することができました．

車速に対してミリ波レーダのA-Dコンバータのサンプリング速度が十分速くない状態で実験を行ったため，瞬間々々のレーダ画像に斜めに横切るゴーストがしばしば映ってしまうことになりましたが，幸い最終的に作成された地図にはほぼ影響がありませんでした．

＊

手軽になった「cm級GNSS」はさまざまな分野で応用が広がると期待されています．一見すると全く無関係そうなミリ波レーダを研究する筆者も，非常に大きなインパクトを受けています．

◆参考文献◆

(1) Mathworks社のMATLAB用拡張プログラムComputer Vision Toolbox紹介資料
「特徴点のマッチングを使用した映像安定化」
https://jp.mathworks.com/help/vision/examples/video-stabilization-using-point-feature-matching.html
「特徴に基づくパノラマイメージの繋ぎ合わせ」
https://jp.mathworks.com/help/vision/examples/feature-based-panorama-image-stitching.html

〈著者一覧〉 五十音順

赤井 直紀

天野 義久

池田 貴彦

今井 宏人

内村 裕

江丸 貴紀

エンヤ ヒロカズ

岡本 修

木谷 友哉

久保 信明

酒井 文則

実吉 敬二

鈴木 洋介

關野 修

田口 海詩

藤澤 奈緒美

松岡 洋

湊谷 亮太

宮崎 仁

目黒 淳一

渡辺 豊樹

クルマ/ロボットの位置推定技術

編　集	トランジスタ技術SPECIAL編集部
発行人	櫻田 洋一
発行所	CQ出版株式会社
	〒112-8619　東京都文京区千石4-29-14
電　話	編集 03-5395-2148
	広告 03-5395-2131
	販売 03-5395-2141

2020年10月1日　初版発行
2023年10月1日　第2版発行

©CQ出版株式会社 2020
（無断転載を禁じます）

定価は裏表紙に表示してあります
乱丁，落丁本はお取り替えします

編集担当者　上村 剛士
DTP・印刷・製本　三晃印刷株式会社
Printed in Japan